高等学校大学计算机课程系列教材

数据库原理及应用
SQL Server 2012 第3版·微课视频版

陈晓兵 刘金岭 周泓 主编
倪晓红 王媛媛 任加欢 徐义晗 汪涛 副主编

清华大学出版社
北京

内 容 简 介

本书是为高等院校应用型本科计算机专业或相关专业精心编写的一本基于课程思政的数据库课程教学用书，以 SQL Server 2012 为核心系统，较完整地论述了数据库系统的基本概念、基本原理和 SQL Server 的应用技术。

本书分为三部分，共 12 章。第一部分为基础篇（第 1~3 章），讲述数据库的基本理论知识及数据库设计的相关技术，内容主要包括数据库系统概述、关系数据库基本理论和数据库设计；第二部分为技术篇（第 4~11 章），讲述 SQL Server 2012 数据库基础、数据库与数据表管理、数据查询与游标机制、视图与索引、SQL Server 子程序、数据库并发控制、数据库安全管理、数据库备份与恢复等内容；第三部分为应用篇（第 12 章），介绍 ADO.NET 访问 SQL Server 数据库的简单应用。

本书结合应用型本科学生的特点，用通俗的语言和实例解释了抽象的概念，将抽象概念融合到具体的数据库管理系统 SQL Server 2012 中，便于学生理解和掌握。

本书可作为高等院校应用型本科相关专业数据库原理及应用课程的教材，也可作为从事信息领域工作的科技人员的参考书。

版权所有，侵权必究。举报：010-62782989，beiqinquan@tup.tsinghua.edu.cn。

图书在版编目（CIP）数据

数据库原理及应用：SQL Server 2012：微课视频版/陈晓兵，刘金岭，周泓主编. -- 3 版. -- 北京：清华大学出版社，2025.4. -- （高等学校大学计算机课程系列教材）. -- ISBN 978-7-302-69012-2

Ⅰ. TP311.132.3

中国国家版本馆 CIP 数据核字第 2025NW7409 号

策划编辑：魏江江
责任编辑：王冰飞
封面设计：刘　键
责任校对：王勤勤
责任印制：丛怀宇

出版发行：清华大学出版社
网　　址：https://www.tup.com.cn，https://www.wqxuetang.com
地　　址：北京清华大学学研大厦 A 座　　邮　编：100084
社 总 机：010-83470000　　邮　购：010-62786544
投稿与读者服务：010-62776969，c-service@tup.tsinghua.edu.cn
质量反馈：010-62772015，zhiliang@tup.tsinghua.edu.cn
课件下载：https://www.tup.com.cn,010-83470236

印 装 者：三河市铭诚印务有限公司
经　　销：全国新华书店
开　　本：185mm×260mm　　印　张：18.25　　字　数：447 千字
版　　次：2017 年 7 月第 1 版　　2025 年 4 月第 3 版　　印　次：2025 年 4 月第 1 次印刷
印　　数：35501~37000
定　　价：59.80 元

产品编号：110289-01

前　言

党的二十大报告指出：教育、科技、人才是全面建设社会主义现代化国家的基础性、战略性支撑。必须坚持科技是第一生产力、人才是第一资源、创新是第一动力，深入实施科教兴国战略、人才强国战略、创新驱动发展战略，开辟发展新领域新赛道，不断塑造发展新动能新优势。高等教育与经济社会发展紧密相连，对促进就业创业、助力经济社会发展、增进人民福祉具有重要意义。

2009 年，教学团队结合当时的教学和应用开发需求，出版了《数据库原理及应用》，受到了广大应用型本科师生和计算机爱好者的欢迎，并于 2011 被评为江苏省高等院校精品教材；2013 年 9 月出版了《数据库系统及应用教程——SQL Server 2008》，截至 2022 年 11 月印刷了 17 次；2017 年 7 月出版了《数据库原理及应用——SQL Server 2012》，荣获"十二五"江苏省高等学校重点教材；2023 年 5 月出版了《数据库原理及应用——SQL Server 2012》（第 2 版·微课视频版），2024 年荣获江苏"十四五"普通高等教育本科规划教材；同时开展了"数据库原理及应用"课程的建设，荣获江苏省和天津市"一流课程"。随着数据库技术的不断升级，应用越来越广泛，结合广大师生的反馈意见以及新的教学和应用开发经验，制订了全新的修订方案，编写了本书的第 3 版。

本次修订立足于数据库技术发展动态，通过系统梳理高校师生的教学反馈，结合当前教学实践需求与应用开发经验，对教材体系进行了部分调整、修改与优化。在延续前版核心框架的基础上，以 SQL Server 2012 为教学支撑平台，重点完成对原有内容的精简与更新，以及对新技术的融入。改版内容主要包括以下方面。

（1）融入思政元素。在数据库技术概述章节中增设国产数据库技术专题，彰显我国数据库技术自主创新的蓬勃态势；在数据库设计与实现相关章节中通过新增思政实例，实现价值引领。

（2）优化理论传授。在传统数据库理论部分适度压缩层次数据库和网状数据库的篇幅；删除与操作系统耦合过深的存储理论，使内容更加聚焦于核心知识点。

（3）强化工程实践。凝练编者团队数据库设计经验，巧妙融入数据库设计章节，为学生提供宝贵的实战技巧与经验分享。通过系统化的内容优化与教学创新设计，形成"基础理论扎实、技术视野开阔、工程能力突出"的鲜明特色，既满足本科教学需求，也可作为数据库开发人员的进阶指南。

本书的核心特色如下。

（1）思政引领。本书围绕"价值引领"与"技术赋能"两大核心主线，巧妙设计并融入思政元素，在技术传授中始终贯穿科技报国的崇高理念，激发学生的产业报国使命感，培育兼具卓越技术能力与社会责任感的专业人才。

(2) 理论精炼，聚焦前沿。以关系数据库为主线构建知识框架，系统梳理知识体系、优化知识结构配置，精简传统数据库技术，聚焦现代与前沿数据库技术，使读者能够快速掌握核心知识。

(3) 理论与实践深度融合。本书兼顾理论教学与实践教学的双重需求，精心构建"理论—模型—工程"三级知识链条，强化"理论—设计—实现"之间的知识映射与无缝衔接，助力读者全面提升综合能力。

(4) 教学友好。本书章节布局合理、难易梯度适中、实例选择贴切，既确保了学术的深度与广度，又充分兼顾了学习体验与理解难度，使读者能够轻松掌握并灵活应用所学知识。

为便于教学，本书提供丰富的配套资源，包括教学大纲、教学课件、电子教案、程序源码、在线作业、习题答案、实验报告模板和 500 分钟的微课视频。

资源下载提示

课件等资源：扫描封底的"图书资源"二维码，在公众号"书圈"下载。

素材（源码）等资源：扫描目录上方的二维码下载。

在线自测题：扫描封底的作业系统二维码，再扫描自测题二维码，可以在线做题及查看答案。

微课视频：扫描封底的文泉云盘防盗码，再扫描书中相应章节的视频讲解二维码，可以在线学习。

清华大学出版社魏江江分社长和王冰飞老师对本书的编写给出了指导性的意见，在此表示衷心的感谢。

由于编者水平有限，书中疏漏之处在所难免，殷切希望广大读者批评指正。

编 者

2025 年 1 月

目　录

扫一扫
源码下载

第一部分　基　础　篇

第 1 章　数据库系统概述 ··· 2
1.1　数据管理技术的发展 ·· 2
　　1.1.1　数据和数据管理 ·· 2
　　1.1.2　数据管理发展的 3 个阶段 ·· 3
1.2　数据库系统 ·· 5
　　1.2.1　数据库系统的组成 ··· 6
　　1.2.2　数据库系统结构 ·· 8
1.3　数据模型 ··· 10
　　1.3.1　数据处理的 3 个阶段 ·· 10
　　1.3.2　常见的数据模型 ·· 14
1.4　常用国产数据库简介 ··· 18
　　1.4.1　金仓数据库 ·· 18
　　1.4.2　南大通用数据库 ·· 21
　　1.4.3　达梦数据库 ·· 24
　　1.4.4　神舟通用数据库 ·· 26
　　1.4.5　国产数据库的优势和不足 ·· 27
习题 1 ·· 28

第 2 章　关系数据库基本理论 ·· 29
2.1　关系数据模型 ·· 29
　　2.1.1　关系数据结构 ··· 29
　　2.1.2　关系运算 ··· 33
　　2.1.3　关系的完整性约束 ··· 34

2.2 关系代数基本理论 36
　　2.2.1 传统的集合运算 37
　　2.2.2 专门的关系运算 40
　　2.2.3 关系代数表达式及其应用实例 43
2.3 关系数据库的规范化理论 44
　　2.3.1 关系模式规范化的必要性 45
　　2.3.2 函数依赖 46
　　2.3.3 关系的范式及规范化 48
　　2.3.4 关系模式的分解 50
习题 2 53

第 3 章 数据库设计 54

3.1 数据库设计概述 54
　　3.1.1 数据库设计目标和方法 54
　　3.1.2 数据库设计的基本步骤 56
3.2 需求分析 57
　　3.2.1 需求分析的任务和目标 58
　　3.2.2 需求分析的步骤 58
　　3.2.3 数据流图 59
　　3.2.4 数据字典 62
3.3 概念结构设计 62
　　3.3.1 概念结构设计任务和 E-R 模型的特点 63
　　3.3.2 概念结构设计的基本方法 63
　　3.3.3 概念结构设计的主要步骤 64
　　3.3.4 局部 E-R 模型的设计 65
　　3.3.5 全局 E-R 模型的设计 71
　　3.3.6 概念结构设计实例 76
3.4 逻辑结构设计 80
　　3.4.1 E-R 模型向关系模式的转换 80
　　3.4.2 关系模式的优化 84
3.5 物理结构设计 87
　　3.5.1 设计物理结构 87
　　3.5.2 评价物理结构 88
3.6 数据库实施 89
3.7 数据库运行和维护 89
习题 3 90

第二部分 技 术 篇

第 4 章 SQL Server 系统概述 92

4.1 SQL Server 系统简介 92

4.1.1　SQL Server 的版本 ·· 92
　　　4.1.2　SQL Server 系统数据库 ······································· 93
　　　4.1.3　SQL Server 的 3 个关键系统表 ····························· 94
　4.2　Transact-SQL 简介 ··· 96
　　　4.2.1　SQL 语言的发展与特点 ······································· 96
　　　4.2.2　Transact-SQL 语法基础 ··· 97
　4.3　Transact-SQL 流程控制语句 ·· 106
　　　4.3.1　BEGIN…END 语句 ·· 106
　　　4.3.2　分支语句 ··· 106
　　　4.3.3　循环语句 ··· 108
　　　4.3.4　RETURN 语句 ·· 109
　　　4.3.5　WAITFOR 语句 ·· 110
　　　4.3.6　TRY…CATCH 语句 ·· 110
　4.4　SQL Server 存储机制 ··· 111
　　　4.4.1　SQL Server 数据页概述 ······································ 111
　　　4.4.2　SQL Server 数据页结构 ······································ 112
　习题 4 ·· 112

第 5 章　数据库和数据表管理 ··· 113

　5.1　SQL Server 数据库概述 ··· 113
　　　5.1.1　数据库文件类型 ·· 113
　　　5.1.2　数据库文件组 ·· 114
　5.2　SQL Server 数据库基本管理 ·· 114
　　　5.2.1　创建用户数据库 ·· 114
　　　5.2.2　数据库结构的修改 ··· 119
　　　5.2.3　数据库文件的更名、删除 ··································· 122
　5.3　SQL Server 数据表管理 ··· 123
　　　5.3.1　表的创建与维护 ·· 123
　　　5.3.2　表中数据的维护 ·· 131
　习题 5 ·· 134

第 6 章　数据查询与游标机制 ··· 135

　6.1　基本查询 ··· 135
　　　6.1.1　SELECT 查询语句的结构 ···································· 135
　　　6.1.2　简单查询 ··· 136
　　　6.1.3　带有 WHERE 子句的查询 ·································· 138
　　　6.1.4　带有 ORDER BY 子句的查询 ····························· 141
　　　6.1.5　带有 GROUP BY 子句的查询 ····························· 141
　　　6.1.6　输出结果选项 ·· 142

	6.1.7 联合查询	143
6.2	多表查询	144
	6.2.1 连接查询	144
	6.2.2 子查询	148
6.3	游标机制	154
	6.3.1 游标概述	154
	6.3.2 游标的管理	155
	6.3.3 使用游标修改和删除表数据	159
习题 6		160

第 7 章 视图与索引 ············· 161

7.1	视图	161
	7.1.1 视图概述	161
	7.1.2 创建视图	162
	7.1.3 修改视图	166
	7.1.4 删除视图	168
	7.1.5 使用视图	168
7.2	索引	170
	7.2.1 索引概述	170
	7.2.2 创建索引	172
	7.2.3 管理索引	174
习题 7		176

第 8 章 SQL Server 子程序 ············· 177

8.1	存储过程	177
	8.1.1 存储过程概述	177
	8.1.2 创建存储过程	179
	8.1.3 调用存储过程	184
	8.1.4 管理存储过程	185
8.2	触发器	187
	8.2.1 触发器概述	188
	8.2.2 创建触发器	189
	8.2.3 管理触发器	194
8.3	用户定义函数	196
	8.3.1 用户定义函数概述	196
	8.3.2 创建用户定义函数	197
	8.3.3 管理用户定义函数	199
习题 8		200

第 9 章　数据库并发控制 ·· 201

9.1　事务 ▷ ·· 201
9.1.1　事务概述 ·· 201
9.1.2　管理事务 ·· 203
9.2　并发数据访问管理 ▷ ·· 208
9.2.1　并发数据操作引起的问题 ·· 208
9.2.2　封锁机制 ·· 210
9.2.3　事务隔离级 ·· 214
习题 9 ·· 217

第 10 章　数据库安全管理 ·· 218

10.1　身份验证 ·· 218
10.1.1　Windows 验证模式 ··· 218
10.1.2　混合验证模式 ··· 218
10.2　身份验证模式的设置 ·· 219
10.2.1　使用"编辑服务器注册属性" ··· 219
10.2.2　使用"对象资源管理器" ·· 220
10.3　登录账户管理 ▷ ·· 220
10.3.1　创建登录账户 ··· 220
10.3.2　管理登录账户 ··· 224
10.4　数据库用户管理 ▷ ·· 225
10.4.1　创建数据库用户 ·· 225
10.4.2　删除数据库用户 ·· 226
10.5　角色管理 ·· 227
10.5.1　SQL Server 角色类型 ·· 227
10.5.2　固定服务器角色管理 ·· 228
10.5.3　固定数据库角色管理 ·· 231
10.5.4　用户定义数据库角色 ·· 232
10.6　权限管理 ▷ ·· 234
10.6.1　语句权限 ·· 235
10.6.2　对象权限 ·· 235
10.6.3　隐含权限 ·· 237
10.6.4　授予用户或角色权限 ·· 238
10.6.5　拒绝用户或角色权限 ·· 239
10.6.6　撤销用户或角色权限 ·· 240
10.6.7　使用系统存储过程查看权限 ··· 240
习题 10 ·· 241

第 11 章 数据库备份与还原 ……………………………………………………………… 242

11.1 备份与还原概述 ▷ …………………………………………………………… 242
11.1.1 备份方式 ……………………………………………………………… 242
11.1.2 备份与还原策略 ……………………………………………………… 244
11.2 分离和附加数据库 …………………………………………………………… 245
11.2.1 分离数据库 …………………………………………………………… 246
11.2.2 附加数据库 …………………………………………………………… 248
11.3 数据库备份 …………………………………………………………………… 249
11.3.1 创建和删除备份设备 ………………………………………………… 249
11.3.2 备份数据库方法 ……………………………………………………… 251
11.4 数据库还原 ▷ ………………………………………………………………… 259
11.4.1 数据库还原的技术 …………………………………………………… 259
11.4.2 数据库还原的方法 …………………………………………………… 263
习题 11 ……………………………………………………………………………… 266

第三部分 应 用 篇

第 12 章 ADO.NET 访问 SQL Server 数据库 ▷ ……………………………………… 268

12.1 数据库访问技术 ADO.NET ………………………………………………… 268
12.1.1 ADO.NET 概述 ……………………………………………………… 268
12.1.2 数据库访问模式 ……………………………………………………… 271
12.2 数据库的连接 ………………………………………………………………… 272
12.2.1 使用 SqlConnection 对象连接数据库 ……………………………… 272
12.2.2 ASP.NET 连接数据库测试 …………………………………………… 274
12.3 数据库的基本操作 …………………………………………………………… 274
12.3.1 用户登录界面 ………………………………………………………… 274
12.3.2 向数据库添加数据 …………………………………………………… 275
12.3.3 记录数据管理 ………………………………………………………… 276
12.4 存储过程调用 ………………………………………………………………… 278
12.4.1 无参数存储过程调用 ………………………………………………… 278
12.4.2 带参数存储过程调用 ………………………………………………… 279
12.4.3 用户自定义函数调用 ………………………………………………… 280
12.5 执行 SQL 事务处理 …………………………………………………………… 281
习题 12 ……………………………………………………………………………… 282

第一部分 基 础 篇

第 1 章 数据库系统概述
第 2 章 关系数据库基本理论
第 3 章 数据库设计

第 1 章　数据库系统概述

数据库技术是现代信息科学与技术的重要组成部分，是计算机数据处理与信息管理系统的核心。数据库技术研究和解决了计算机信息处理过程中大量数据有效地组织和存储的问题，在数据库系统中减少数据存储冗余、实现数据共享、保障数据安全以及高效地检索数据和处理数据。数据库技术的根本目标是要解决数据的共享问题。

数据库系统涉及许多基本概念，主要包括信息、数据、数据处理、数据库、数据库管理系统以及数据库系统等。

1.1　数据管理技术的发展

数据管理技术的发展是和计算机技术及其应用的发展联系在一起的，经历了由低级到高级的发展过程。

1.1.1　数据和数据管理

数据库系统的核心任务是数据管理。数据库技术是一门研究如何存储、使用和管理数据的技术，是计算机数据管理技术的最新发展阶段。数据库应用涉及数据（data）、信息（information）、数据处理（data processing）和数据管理（data management）等基本概念。

1. 数据和信息

现代社会是信息的社会，信息以惊人的速度增长，因此，如何有效地组织和利用它们成为急需解决的问题。数据库系统的目的是高效地管理及共享大量的信息，而信息与数据是分不开的。

数据和信息是数据处理中的两个基本概念，有时可以混用，但有时必须分清。数据是信息的一种表现形式，数据通过能书写的信息编码表示信息。信息有多种表现形式，可通过手势、眼神、声音或图形等方式表达，但是数据是信息的最佳表现形式。由于数据能够书写，因而它能够被记录、存储和处理，从中挖掘出更深层的信息。因此，也可以说，数据是原材料，信息是产品，信息是数据的含义。例如数据 1、3、5、7、9、11、13、15，这是一组原始数据，对其进行分析便可以看出：这是一组首项是 1、公差为 2 的等差数列，我们可以比较容易地知道它的任意项的值和前 n 项的和，这便是一条信息。而从数据 1、3、-23、4、5、-1、41 中不能提炼出任何有用的内容，故它不是信息。

数据和信息可以混用，有时一些数据对某些人来说可能是信息，而对另外一些人而言则可能只是数据。例如，在运输管理中，运输单对司机来说是信息，这是因为司机可以从该运输单上知道什么时候要为什么客户运输什么物品。而对负责经营的管理者来说，运输单只是数据,因为从单张运输单中无法知道本月经营情况,也不能掌握现有可用的司机、运输工具等情况。

2. 数据处理与数据管理

数据处理是对数据的采集、存储、检索、加工、变换和传输,基本目的是从大量的、可能是杂乱无章的、难以理解的数据中抽取并推导出对于某些特定的人们来说是有价值、有意义的数据。例如,某省全体高考学生各门课程成绩的总分按从高到低的顺序进行排序,统计各个分数段的人数等,进而可以根据招生人数确定录取分数线。数据处理是系统工程和自动控制的基本环节。数据处理贯穿于社会生产和社会生活的各个领域。数据处理技术的发展及其应用的广度和深度,极大地影响着人类社会发展的进程。

数据管理是利用计算机硬件和软件技术对数据进行有效的收集、存储、检查、维护并实现对数据的各种运算和操作。其目的在于充分有效地发挥数据的作用。实现数据有效管理的关键是数据组织。随着计算机技术的发展,数据管理经历了人工管理、文件管理、数据库管理3个阶段。

1.1.2 数据管理发展的3个阶段

计算机硬件、系统软件的发展和计算机应用范围不断扩大是促使数据管理技术发展的主要因素。随着数据管理技术的不断发展,标志着数据存储冗余不断减小、数据独立性不断增强以及数据操作更加方便和简单。

1. 人工管理阶段

在这一阶段(20世纪50年代中期之前),计算机主要用于科学计算,其他工作还没有展开。外部存储器只有磁带、卡片和纸带等,还没有磁盘等直接存取存储设备。软件也处于初级阶段,只有汇编语言,没有操作系统和数据管理方面的软件。数据处理方式基本是批处理。这个阶段有如下几个特点:

(1) 数据不保存,数据也无须长期保存。

(2) 计算机系统不提供对用户数据的管理功能。用户编制程序时,必须全面考虑好相关的数据,包括数据的定义、存储结构以及存取方法等。程序和数据是一个不可分割的整体。数据脱离了程序就无任何存在的价值,数据无独立性。

(3) 只有程序的概念,没有文件的概念。数据的组织形式必须由程序员自行设计。

(4) 数据不能共享。不同的程序均有各自的数据,这些数据对不同的程序通常是不相同的,也不可共享。即使不同的程序使用了相同的一组数据,这些数据也不能共享,程序中仍然需要各自加入这组数据,不能省略。基于这种数据的不可共享性,必然导致程序与程序之间存在大量的重复数据,浪费了存储空间。

(5) 数据面向程序,不单独保存数据。基于数据与程序是一个整体,数据只为本程序所使用,数据只有与相应的程序一起保存才有价值,否则就毫无用处。所以,所有程序的数据均不单独保存。

例如,学校管理系统有人事管理、学生管理和课程管理三部分,在人事管理阶段应用程序与数据之间的依赖关系如图1.1所示。

2. 文件管理阶段

在这一阶段(20世纪50年代后期至60年代中期),计算机不仅用于科学计算,还用于

图 1.1 应用程序和数据的依赖关系

信息管理。随着数据量的增加,数据的存储、检索和维护问题成为紧迫的需要,数据结构和数据管理技术迅速发展起来。此时,外部存储器已有磁盘、磁鼓等直接存取存储设备。软件领域出现了高级语言(如 Fortran、Algol60 等)和操作系统(如 GM-NAA I/O、IBSYS 等)。操作系统中的文件系统是专门管理外存的数据管理软件。数据处理的方式有批处理,也有联机实时处理。

这一阶段的数据管理有以下特点:

(1) 数据以"文件"形式可长期保存在外部存储器的磁盘上。由于计算机的应用转向了信息管理,因此对文件要进行大量的查询、修改和插入等操作。

(2) 数据的逻辑结构与物理结构有了区别,但比较简单。程序与数据之间具有"设备独立性",即程序只需用文件名就可以进行数据操作,不必关心数据的物理位置。由操作系统的文件系统提供存取方法(读/写)。

(3) 文件组织已多样化。有索引文件、链接文件和直接存取文件等。但文件之间相互独立、缺乏联系。数据之间的联系要通过程序去构造。

(4) 数据不再属于某个特定的程序,可以重复使用,即数据面向应用。但是文件结构的设计仍然是基于特定的用途,程序基于特定的物理结构和存取方法。因此程序与数据结构之间的依赖关系并未根本改变。

在文件系统阶段,由于具有设备独立性,因此当改变存储设备时,不必改变应用程序。但这只是初级的数据管理,在数据的物理结构修改时,仍然需要修改用户的应用程序,即应用程序具有"程序-数据依赖"性。有关物理表示的知识和访问技术将直接体现在应用程序的代码中。

(5) 对数据的操作以记录为单位。这是由于文件中只存储数据,不存储文件记录的结构描述信息。文件的建立、存取、查询、插入、删除及修改等所有操作,都要用程序来实现。

文件系统阶段是数据管理技术发展中的一个重要阶段。在这一阶段,得到充分发展的数据结构和算法丰富了计算机科学,为数据管理技术的进一步发展打下了基础。

随着数据管理规模的扩大,数据量急剧增加,文件系统显露出了 3 个明显的缺陷:

(1) 数据冗余(redundancy)。由于文件之间缺乏联系,造成每个应用程序都有对应的文件,有可能同样的数据在多个文件中重复存储。

(2) 数据不一致(inconsistency)。这往往是由数据冗余造成的,在进行数据更新操作时,稍不谨慎,就可能使同样的数据在不同的文件中不一样。

(3) 数据联系弱(poor data relationship)。这是由于文件之间相互独立,相互之间又缺乏联系造成的。

例如,学校管理系统有人事管理、学生管理和课程管理三部分,在文件管理阶段应用程序与数据之间的依赖关系如图 1.2 所示。

图 1.2　应用程序和数据的依赖关系

3. 数据库管理阶段

在 20 世纪 60 年代末,磁盘技术取得了重要进展,具有数百兆容量和快速存取的磁盘陆续进入市场,成本也不高。同时,计算机在管理中应用规模更加庞大、数据量急剧增加,为数据库技术的产生提供了良好的物质条件。数据库系统克服了文件系统的缺陷,提供了对数据更高级、更有效的管理。概括起来,数据库阶段的管理方式具有以下特点:

(1) 数据结构化。数据结构化是数据库系统与文件系统之间的根本区别。数据库中包含许多单独的数据文件,这些文件的数据具有特定数据结构(数据项不可再分、类型相同)。文件之间也存在相互的联系,在整体上也服从一定的组织形式,从而满足管理大量数据的需求。

(2) 较高的数据共享性。数据共享是指数据不再面向某个应用而是面向整个系统,使得多个用户同时存取数据而互不影响。如同一企业中的不同部门,甚至不同企业、不同地区的用户都可以使用同一个数据库中的数据,减少了数据冗余。

数据共享性可以大大减少数据冗余,节约存储空间,还能够避免数据之间的不相容性与不一致性。

(3) 统一管理和控制数据。利用专门的数据库管理系统实现对数据定义、操作、统一管理和控制。在应用程序和数据库之间保持高度的独立性,数据具有完整性、一致性和安全性,并具有充分的共享性,有效地减少了数据冗余。

例如,学校管理系统有人事管理、学生管理和课程管理三部分,在数据库管理阶段应用程序与数据之间的依赖关系如图 1.3 所示。

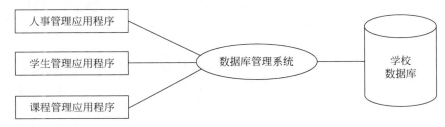

图 1.3　应用程序和数据的依赖关系

1.2　数据库系统

数据库系统(DataBase System,DBS)是为适应数据处理需要而发展起来的一种较为理想数据处理的核心机构。它是一个实际可运行的,用于存储、维护数据的软件系统并且可以向应用系统提供数据,是存储介质、处理对象和管理系统的集合体。

1.2.1 数据库系统的组成

数据库系统是指在计算机系统中引入数据库后的系统,一般由计算机硬件、数据库、数据库管理系统、数据库开发工具、数据库应用系统、数据库管理员和用户构成。数据库系统各元素的层次结构如图1.4所示。

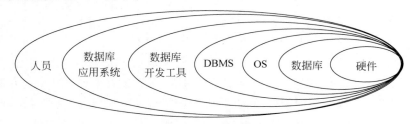

图1.4 数据库系统层次结构

1. 计算机硬件

计算机硬件是数据库系统的物质基础,是存储数据库及运行数据库管理系统的硬件资源,主要包括主机、存储设备、输入输出设备以及计算机网络环境。

2. 数据库

数据库(DataBase,DB)是指长期存储在计算机内、有组织的、统一管理的相关数据的集合。数据库能为各种用户共享,具有较小的数据冗余度,数据间联系紧密而又有较高的数据独立性等。

特别需要指出的是,数据库中存储数据具有"集成"和"共享"的特点。

所谓"集成",是指把某个特定应用环境中的与各种应用相关的数据及其数据之间的联系(联系也是一种数据)全部集中并按照一定的结构形式进行存储,或者说,把数据库看成若干个性质不同的数据文件的联合和统一的数据整体,并且在文件之间局部或全部消除了冗余,使数据库系统具有整体数据结构化和数据冗余度小的特点。

所谓"共享",是指数据库中的一块块数据可为多个不同的用户所共享,即多个不同的用户使用多种不同的语言,为了不同的应用目的同时存取数据库,甚至同时存取同一块数据。共享实际上是基于数据库具有"集成"特点这一事实的结果。

3. 计算机软件

数据库系统中的软件包括操作系统(Operating System,OS)、数据库管理系统、数据库开发工具及数据库应用系统。操作系统给用户提供良好的应用接口,数据库系统必须在操作系统的支持下才能正常运转。

数据库管理系统(DataBase Management System,DBMS)为用户或应用程序提供访问数据库的方法,包括数据库的建立、查询、更新及各种数据控制。数据库系统各类用户对数据库的各种操作请求,都是由数据库管理系统来完成的,它是数据库系统的核心软件。

数据库管理系统有大小之分,常见的大中型数据库管理系统有 Oracle、DB2、SQL Server、Sybase 等,小型数据库管理系统有 Foxpro、Access、MySQL 等。

数据库管理系统的主要功能有以下五方面。

(1) 数据库的定义功能:数据库管理系统提供数据定义语言(Data Definition

Language,DDL)定义数据库的三级结构、两级映像,定义数据的完整性约束、保密限制约束等。

(2) 数据库的操纵功能：数据库管理系统提供数据操纵语言(Data Manipulation Language,DML)实现对数据的操作。基本的数据操作有两类：检索(查询)和更新(包括插入、删除、更新)。

(3) 数据库的保护功能：数据库中的数据是信息社会的战略资源,对数据的保护是至关重要的大事。数据库管理系统对数据库的保护通过如下四方面实现。

- 数据库的恢复：在数据库被破坏或数据不正确时,系统有能力把数据库恢复到正确的状态。
- 数据库的并发控制：在多个用户同时对同一个数据进行操作时,系统应能加以控制,防止破坏数据库中的数据。
- 数据完整性控制：保证数据库中数据及语义的正确性和有效性,防止任何对数据造成错误的操作。
- 数据安全性控制：防止未经授权的用户存取数据库中的数据,以避免数据的泄露、更改或破坏。

(4) 数据库的维护功能：这一部分包括数据库的数据载入、转换、转储,数据库的改组以及性能监控等功能。

(5) 数据字典：数据库系统中存放三级结构定义的数据库称为数据字典(Data Dictionary, DD)。对数据库的操作都要通过访问数据字典才能实现。数据字典中还存放数据库运行时的统计信息,例如记录个数、访问次数等。管理数据字典的实用程序称为"数据字典系统",访问数据字典中的数据是由数据字典系统实现的。在现有的大型系统中,把数据字典系统单独抽出来成为一个软件工具。

有两点需要说明：一是数据库管理系统功能强弱随系统而异,大系统功能较强、较全,小系统较弱、较少；二是应用程序并不属于数据库管理系统范围,应用程序是用主语言和DML编写的,程序中DML语句由数据库管理系统执行,而其余部分仍由主语言编译程序完成。

4. 人员

开发、管理和使用数据库系统的人员主要是数据库管理员(DataBase Administrator, DBA)、系统分析员(System Analyst,SA)和数据库设计人员、应用程序员和用户。

1) 数据库管理员

在数据库环境下,有两类共享资源：一类是数据库,另一类是数据库管理系统软件。因此需要有专门的管理机构来监督和管理数据库系统。DBA则是这个机构的一个(组)人员,负责全面管理和控制数据库系统。具体职责包括：

(1) 决定数据库中的信息内容和结构。数据库中要存放哪些信息,DBA要参与决策。因此DBA必须参加数据库设计的全过程,并与用户、应用程序员、系统分析员密切合作,搞好数据库设计。

(2) 决定数据库的存储结构和存取策略。DBA要综合各用户的应用需求,与数据库设计人员共同决定数据的存储结构和存取策略,以求获得较高的存取效率和存储空间的利用率。

（3）定义数据的安全性要求和完整性约束条件。DBA 的重要职责之一是保证数据库的安全性和完整性。因此 DBA 负责确定各个用户对数据库的存取权限、数据的保密级别和完整性约束条件。

（4）监控数据库的使用和运行。DBA 还有一个重要职责就是监视数据库系统的运行情况，及时处理运行过程中出现的问题。例如，当系统发生各种故障时，数据库会因此遭到不同程度的破坏，DBA 必须在最短时间内将数据库恢复到正确状态，并尽可能地不影响或少影响计算机系统其他部分的正常运行。为此，DBA 要定义和实施适当的备份和还原策略。如周期性地转储数据、维护日志文件等。

（5）数据库的改进、重组或重构。DBA 还负责在系统运行期间监视系统的空间利用率、处理效率等性能指标，对运行情况进行记录、统计分析，依靠工作实践并根据实际应用环境，不断改进数据库设计。不少数据库产品都提供了对数据库运行状况进行监视和分析的工具，DBA 可以使用这些软件完成这项工作。

另外，在数据运行过程中，大量数据不断插入、删除、修改，时间一长，会影响系统的性能。因此，DBA 要定期对数据库进行重组织，以提高系统的性能。

当用户的需求增加和改变时，DBA 还要对数据库进行较大的改造，包括修改部分设计，即数据库的重构造。

2）系统分析员和数据库设计人员

系统分析员负责应用系统的需求分析和规范说明，要和用户及 DBA 相结合，确定系统的硬件和软件配置，并参与数据库系统的概要设计。

数据库设计人员负责数据库中数据的确定、数据库各级模式的设计。数据库设计人员必须参与用户需求调查和系统分析，然后进行数据库设计。在很多情况下，数据库设计人员就由数据库管理员担任。

3）应用程序员

应用程序员负责设计和编写应用系统的程序模块，并进行调试和安装。

4）用户

这里用户是指最终用户。最终用户通过应用系统的用户接口使用数据库。常用的接口方式有浏览器、菜单驱动、表格操作、图形显示及报表打印等。

综上所述，数据库中包含的数据是存储在存储介质上的数据文件的集合；每个用户均可使用其中的数据，同一组数据可以为多个用户共享；数据库管理系统为用户提供对数据的存储组织、操作管理功能；用户通过数据库管理系统和应用程序实现对数据库系统的操作与应用。

1.2.2 数据库系统结构

为了有效地组织、管理数据，提高数据库的逻辑独立性和物理独立性，美国国家标准协会（American National Standards Institute，ANSI）数据库管理系统研究小组于 1978 年提出了标准化的建议，为数据库设计了一个严密的三级模式体系结构，它包括外模式（external schema）、概念模式（conceptual schema）和内模式（internal schema）。三级结构之间差别往往很大，为了实现这 3 个抽象级别的联系和转换，数据库管理系统提供了外模式与概念模式和概念模式与内模式的两级映像。数据库系统体系结构如图 1.5 所示。

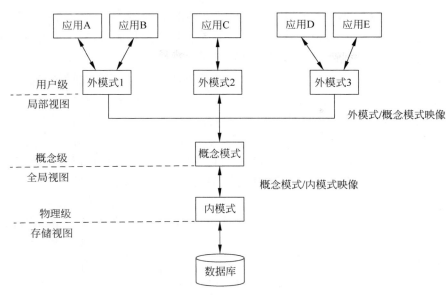

图 1.5 数据库系统体系结构

1. 外模式

外模式又称为子模式或用户模式,是用户与数据库系统的接口,是用户能够看见和使用的局部数据逻辑结构和特征的描述。外模式是从概念模式中导出与某一应用有关的数据子集的逻辑表示。一个数据库可以有多个外模式。如果不同用户在应用需求、看待数据的方式以及对数据保密的要求等方面存在差异,则其外模式描述就是不同的。即使对概念模式中的同一数据,其在外模式中的结构、类型、长度、保密级别等都可以是不同的。

外模式是保证数据库安全性的一个有力措施,每个用户只能看见和访问所对应的外模式中的数据,数据库中的其余数据是不可见的。

2. 概念模式

概念模式又称为模式或逻辑模式,是数据库中全部数据逻辑结构和特征的描述,是所有用户的公共数据视图。一个数据库只有一个概念模式,通常以某种数据模型为基础,综合地考虑所有用户的需求,并将这些需求有机地结合成一个逻辑整体。定义概念模式一方面要定义数据的逻辑结构,例如数据记录由哪些数据项构成,数据项的名称、类型、取值范围等;另一方面还要定义数据项之间的联系,定义数据记录之间的联系以及定义数据的完整性、安全性等要求。

3. 内模式

内模式也称为存储模式或物理模式,是对数据物理结构和存储方式的描述,是数据在数据库内部的表示方式,一个数据库只有一个内模式。内模式是数据库最低一级的逻辑描述,它定义所有内部数据类型、索引和文件的组织方式,以及数据控制等方面的细节。例如,记录的存储方式是顺序存储,还是按照 B 树存储或按 Hash(哈希)方法存储;又如数据是否压缩存储、是否加密等。

4. 两级映像

为了能够实现数据库的 3 个抽象层次的联系和转换,数据库管理系统在这三级模式之间提供了两级映像。

外模式/概念模式映像：对于每一个外模式，数据库系统都有一个外模式/概念模式映像，它定义了该外模式与概念模式之间的对应关系。当概念模式改变时，如增加新的关系、新的属性或改变属性的数据类型等，只需要数据库管理员对各个外模式/概念模式映像做相应的改变，就可以使外模式保持不变。应用程序是依据数据的外模式编写的，从而应用程序可以不必修改，保证了数据与程序的逻辑独立性。

概念模式/内模式映像：该映像是唯一的，它定义了数据库的全局逻辑结构与存储结构之间的对应关系。当数据库的存储结构发生改变的时候，如数据库选用了另一种存储结构，此时只需数据库管理员对概念模式/内模式映射做相应的改变，就可以使概念模式保持不变，从而应用程序也不必修改，保证了数据与程序的物理独立性。

外模式/概念模式映像一般在外模式中描述，概念模式/内模式映像一般在内模式中描述。

对于数据独立性有如下两点说明：一方面，由数据与程序之间的独立性，使得数据的定义和描述可以从应用程序中分离出去，由于数据的存取由数据库管理系统管理，用户不必考虑存取路径等细节，从而简化了应用程序的编制，大大减少了应用程序的维护和修改工作；另一方面，由于数据库三级模式结构使数据库系统达到了高度的数据独立性，但同时也给系统增加了额外的开销，也就是说，需要在系统中保存和管理三级结构、两级映像的内容，并且数据传输要在三级结构中来回转换，从而增加了存储空间和运行时间的开销。

1.3 数据模型

计算机不能直接处理现实世界中的客观事物，所以人们必须事先将客观事物进行抽象，将之组织成为计算机最终能处理的某一数据库管理系统支持的数据模型。数据模型(data model)包括数据库数据的结构部分、操作部分和约束条件，它是研究数据库技术的核心和基础。

1.3.1 数据处理的 3 个阶段

人们把客观存在的事物以数据的形式存储到计算机中，经历了对现实生活中事物特性的认识、概念化到计算机数据库中的具体表示的逐级抽象过程，这就需要进行两级抽象，首先把现实世界转换为概念世界，然后将概念世界转换为某一个数据库管理系统所支持的数据模型，即现实世界—概念世界—数据世界 3 个阶段。有时也将概念世界称为信息世界，将数据世界称为机器世界。其抽象过程如图 1.6 所示。

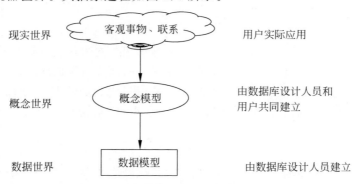

图 1.6　现实世界到数据世界的抽象过程

数据模型是现实世界中数据特征的抽象，它表现为一些相关数据组织的集合。在实施数据处理的不同阶段，需要使用不同的数据抽象，包括概念模型(conceptual model)、逻辑模型(logic model)和物理模型(physical model)。

1. 概念模型

概念模型也称为信息模型，是对现实世界的认识和抽象描述，按用户的观点对数据和信息进行建模，不考虑在计算机和数据库管理系统上的具体实现，所以被称为概念模型。概念模型是对客观事物及其联系的一种抽象描述，它的表示方法很多，目前较常用的是美籍华人陈平山(Peter Chen)于1976年提出的实体-联系模型(Entity-Relationship Model，E-R模型)。E-R模型是现实世界到数据世界的一个中间层，它表示实体及实体间的联系。涉及的基本术语有：

(1) 实体(entity)。客观存在、可以相互区别的事物称为实体。实体可以是具体的对象，例如一名男学生、一辆汽车等；也可以是抽象的对象，例如一次借书、一场足球比赛等。

(2) 实体集(entity set)。性质相同的同类实体的集合，称为实体集。例如所有的男学生，全国足球锦标赛的所有比赛等。有时，在不引起混淆的情况下也称实体集为实体。

(3) 属性(attribute)。实体有很多特性，每一个特性称为一个属性。每一个属性有一个值域，其类型可以是整数型、实数型、字符串型等。例如，实体学生属性有学号、姓名、年龄、性别等。

(4) 实体标识符(entity identifier)。能唯一标识实体的属性或属性集，称为实体标识符。有时也称为关键码，或简称为键(key)。例如，学生的学号可以作为学生实体的标识符。

例如，学生实体由学号、姓名、性别、年龄、学院等属性组成，具体学生"吕占英"的信息('S15','吕占英','女',21,'CS')是一个实体，其中S15表示学生的学号，CS表示"计算机学院"。2017级计算机学院的全体同学的数据集为一个实体集。其中学号、姓名、性别、年龄、学院等是实体的属性，S15是实体标识符。

现实世界的客观事物之间是有联系(relationship)的，即很多实体之间是有联系的。例如，学生和选课之间存在选课联系，教师和学生之间存在讲授联系。实体间的联系是错综复杂的，有两个实体之间的联系，称为二元联系；也有多个实体之间的联系，称为多元联系。

二元联系主要有以下3种情况：

(1) 一对一联系(1:1)。如果对于实体集A中的每一个实体，实体集B中至多有一个(也可以没有)实体与之联系，反之亦然，则称实体集A与实体集B具有一对一联系，记为1:1。

例如，在学校中，一个班级只有一个班长，而一个班长只在一个班中任职，则班级与班长之间的联系就是一对一联系。

(2) 一对多联系(1:N)。如果对于实体集A中的每一个实体，实体集B中有N(N≥0)个实体与之联系，反之，对于实体集B中的每一个实体，实体集A中至多只有一个实体与之联系，则称实体集A与实体集B有一对多联系，记为1:N。

例如，一个班级中有多名学生，而每个学生只能属于一个班级，则班级与学生之间的联系就是一对多联系。

(3) 多对多联系(M:N)。如果对于实体集A中的每一个实体，实体集B中有N(N≥0)个实体与之联系，反之，对于实体集B中的每一个实体，实体集A中也有M(M≥0)个实体与之联系，则称实体集A与实体集B具有多对多联系，记为M:N。

例如，一门课程同时有多个学生选修，而一个学生可以同时选修多门课程，则课程与学生之间的联系就是多对多联系。

实际上，一对一联系是一对多联系的特例，而一对多联系又是多对多联系的特例。

E-R 图是用一种直观图形方式建立的现实世界中实体与联系模型的工具，也是进行数据库设计的一种基本工具。在 E-R 图中用矩形表示现实世界中的实体，用椭圆形表示实体的属性，用菱形表示实体间的联系。实体名、属性名和联系名分别写在相应的图形框内，并用线段将各框连接起来。

用 E-R 图来表示两个实体之间的这 3 类联系，如图 1.7 所示。

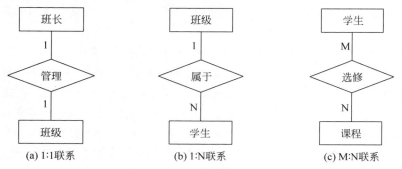

图 1.7　两个实体间的联系

例如，有一个简单"学生选课"数据库，包含学生、选修课程和任课教师 3 个实体，其中一个学生可以选修多门课程，每门课程也可以有多个学生选修，一名教师可以担任多门课程的讲授，而一门课程只允许一名教师讲授。该数据库系统的概念模型如图 1.8 的 E-R 图所示。

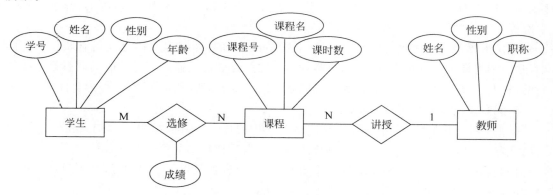

图 1.8　学生选课数据库系统的 E-R 图

概念模型反映了实体之间的联系，独立于具体的数据库管理系统所支持的数据模型，是各种数据模型的共同基础。

三元联系是 3 个实体之间的联系，这些实体之间也存在着一对一、一对多或多对多的联系。

例如，对于课程、教师与参考书 3 个实体，如果一门课程可以有多个教师讲授，使用若干本参考书，而每一个教师只讲授一门课程，每一本参考书只供一门课程使用，则课程与教师、参考书之间的联系是一对多的，如图 1.9(a)所示。

又如,有3个实体:供应商、项目和零件,一个供应商可以供给多个项目的多种零件,而每个项目可以使用多个供应商供应的多种零件,每种零件可由不同供应商供给,由此看出供应商、项目、零件三者之间是多对多的联系,如图1.9(b)所示。

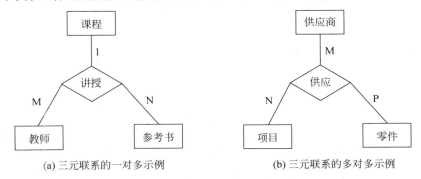

图 1.9　3个实体之间的联系示例

要注意,3个实体之间多对多的联系和3个实体两两之间的多对多联系的语义是不同的。如有产品、零件和材料3个实体,一种产品中含有多种零件,一种零件又可以在多种产品中应用。同样,一种零件由多种材料构成,而每一种材料又用于多种零件生产中。这样,产品、零件和材料3个实体具有两两之间多对多联系,如图1.10所示。

图 1.10　3个实体具有两两之间多对多联系示例

同一个实体集内的各实体之间也可以存在一对一、一对多、多对多的联系,称为一元联系。例如,一个公司的所有员工组成的实体集内部具有领导与被领导的联系,即某一员工(经理)领导若干名员工,而一个员工仅被另外一个员工(经理)直接领导,因此这是一对多的联系,如图1.11所示。

图 1.11　单个实体集之间一对多联系示例

2. 逻辑模型

逻辑模型是对应于数据世界的模型,是数据库中实体及其联系的抽象描述。数据库系统的逻辑模型不同,相应的数据库管理系统也不同。在数据库系统中,传统的逻辑模型有层次模型、网状模型和关系模型三种,非传统的逻辑模型有面向对象模型(Object-Oriented Model,OOM)。

客观事物是信息之源,是设计、建立数据库的基础,也是使用数据库的目的。概念模型和逻辑模型是对客观事物及其相互关系的两种描述,实现了数据处理3个阶段的对应转换。

逻辑模型中的数据描述如下。

字段(field):标记实体属性的命名单位称为字段。它是可以命名的最小信息单位,所以又称为数据元素或数据项。字段的命名往往和属性名相同。例如,学生有学号、姓名、性别、年龄等字段。

记录(record):字段的有序集合称为记录。一般用一个记录描述一个实体,所以记录又可以定义为能完整地描述一个实体的字段集。例如一个学生记录,由有序的字段集(学号,姓名,性别,年龄,学院)组成。

文件(file)：同一类记录的集合称为文件。文件是用来描述实体集的。例如，所有的学生记录组成了一个学生文件。

关键码(key)：能唯一标识文件中每个记录的字段或字段集，称为记录的关键码(简称为键)。

3. 物理模型

物理模型用于描述数据在物理存储介质上的组织结构，与具体的数据库管理系统、操作系统和计算机硬件都有关系。

从概念模型到逻辑模型的转换是由数据库设计人员完成的，从逻辑模型到物理模型的转换是由数据库管理系统完成的，因此，一般人员不必考虑物理实现的细节。

1.3.2 常见的数据模型

数据库发展至今，有如下常见的数据模型。

1. 层次模型

层次模型(hierarchical model)是数据库系统中最早出现的数据模型，它的典型代表是1968年由IBM公司推出的第一个大型商用信息管理系统(Information Management System,IMS)，这也是世界上最早的大型数据库管理系统。层次数据库系统采用树状结构来表示各类实体以及实体间的联系。现实世界中许多实体之间的联系本来就呈现出一种很自然的层次关系，如一个单位的行政机构、一个家族的世代关系等。

根据树状结构的特点，建立数据的层次模型必须满足如下两个条件：

- 当结点没有父结点时，该结点就可以作为根结点；
- 其他结点有且仅有一个父结点。

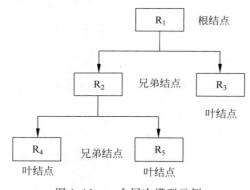

图1.12 一个层次模型示例

在层次模型中，同一双亲的子女结点称为兄弟结点(sibling)，没有子女结点的结点称为叶结点。图1.12给出了一个层次模型。其中，R_1为根结点；R_2和R_3为兄弟结点，是R_1的子女结点；R_4和R_5为兄弟结点，是R_2的子女结点；R_3、R_4和R_5为叶结点。

图1.13是一个教师/学生层次模型。该层次模型有4个记录类型，即实体。实体学院是根结点，由学院编号、学院名、地点3个属性组成。它有两个子结点，分别是系实体和学生实体。实体系是学院的子结点，同时又是教师实体的双亲结点，它由系编号和系名两个属性组成。实体学生由学号、姓名、成绩3个属性组成。实体教师由教师号、姓名、研究方向3个属性组成。学生与教师是叶结点，他们没有子结点。由学院到系、系到教师、学院到学生都是一对多的联系。

层次模型的优点主要有：

(1) 层次模型的数据结构比较简单清晰。

(2) 层次数据库的查询效率高。因为层次模型中记录之间的联系用有向边表示，这种联系在DBMS中常常用指针来实现。因此这种联系也就是记录之间的存取路径。当要存

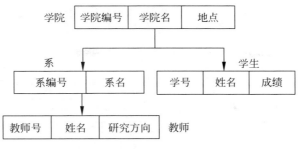

图 1.13 教师/学生层次模型示例

取某个结点的记录值时,DBMS 就沿着这一条路径很快找到该记录值,所以,层次模型的查询性能优于关系模型和网状模型。

(3) 层次数据模型提供了良好的完整性支持。

层次模型的缺点主要有:

(1) 现实世界中很多联系是非层次型的,如结点之间具有多对多联系。

(2) 一个结点具有多个双亲等,层次模型表示这类联系的方法很笨拙,只能通过引入冗余数据(易产生不一致性)或创建非自然的数据结构(引入虚拟结点)的方法来解决。对插入和删除操作的限制比较多,因此应用程序的编写比较复杂。

(3) 查询子女结点必须通过双亲结点。

(4) 由于结构严密,层次命令趋于程序化。

可见,用层次模型对具有一对多层次联系的实体描述非常自然、直观、容易理解。这是层次数据库的突出优点。

2. 网状模型

在现实世界中事物之间的联系更多的是非层次关系的,用层次模型表示非树状结构是很不直接的。网状模型(network model)则可以消除这一弊端。在关系数据库出现之前,网状 DBMS 要比层次 DBMS 用得更普遍。网状数据模型的典型代表是 DBTG 系统,亦称 CODASYL 系统,这是 20 世纪 70 年代数据系统语言研究会(Conference On Data System Language,CODASYL)下属的数据库任务组(DataBase Task Group,DBTG)提出的一个系统方案。网状模型允许多个结点没有双亲结点,也允许结点有多个双亲结点。此外它还允许两个结点之间有多种联系(称之为复合联系)。在网状模型中要为每个联系命名,并指出与该联系有关的双亲结点和子结点。例如,图 1.14 是网状模型的一个例子,图 1.14 中 R_3 有两个双亲结点 R_1 和 R_2,因此,把 R_1 与 R_3 之间的联系命名为 L_1,R_2 与 R_3 之间的联系命名为 L_2。

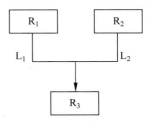

图 1.14 一个网状模型示例

下面以学生选课为例,看一看网状数据库是怎样来组织数据的。

按照常规语义,一个学生可以选修若干门课程,某一课程可以被多个学生选修,因此学生与课程之间是多对多联系。为此引进一个学生选课的实体,它由 3 个属性组成,即学号、课程号、成绩,表示某个学生选修某一门课程及其成绩。这样,学生选课数据库包括 3 个实体:学生、课程和选课。

每个学生可以选修多门课程。对学生实体中的一个值,选课实体中可以有多个值与之联系,而选课实体中的一个值,只能与学生实体中的一个值联系。学生与选课之间的联系是一对多的联系,课程与选课之间的联系也是一对多的联系。图 1.15 所示为学生选课数据库的网状数据模型。

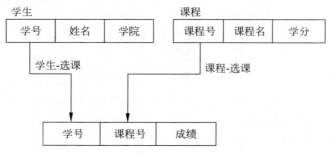

图 1.15　学生/选课/课程的网状数据模型

网状数据模型的优点主要有:

(1) 能够更为直接地描述现实世界,如一个结点可以有多个双亲,结点之间可以有多种联系。

(2) 具有良好的性能,存取效率较高。

网状数据模型的缺点主要有:

(1) 结构比较复杂,而且随着应用环境的扩大,数据库的结构就变得越来越复杂。

(2) 网状模型的数据表示、数据操作复杂。

(3) 由于记录之间的联系是通过存取路径实现的,应用程序在访问数据时必须选择适当的存取路径,因此,用户必须了解系统结构的细节,这样就加重了编写应用程序的负担。

3. 关系模型

关系模型(relational model)是目前比较流行的一种数据模型。自 20 世纪 80 年代至今,所推出的数据库管理系统几乎都支持关系模型。关系模型是用规范化的二维表来表示实体及其相互之间的联系。每个关系(relation)均有一个名字,称为关系名。每一行称为该关系的一个元组(tuple),每一列称为一个属性(attribute)。一个关系不能有相同的元组和相同的属性。如表 1.1 所示的学生登记表。

表 1.1　学生登记表

学　号	姓　名	年　龄	性　别	学　院　名	年　级
201712004	于金凤	19	女	计算机学院	2017
201714006	刘德峰	20	男	数学学院	2017
201716008	高艳霞	18	女	经管学院	2017
…	…	…	…	…	…

关系模型具有下列优点:

(1) 关系模型与非关系模型不同,它是建立在严格数学概念基础上的。

(2) 关系模型概念单一。无论实体还是实体之间的联系都用关系来表示。对数据的检索和更新结果也是关系(即二维表)。所以其数据结构简单、清晰,用户易懂易用。

(3) 关系模型的存取路径对用户透明,从而具有更高的数据独立性、更好的安全保密性,也简化了程序员工作和数据库开发建立工作。

当然,关系数据模型也有缺点,其中最主要的缺点是:由于存取路径对用户透明,查询效率往往不如非关系数据模型高。因此为了提高性能,DBMS 必须对用户的查询请求进行优化,这样就增加了开发 DBMS 的难度。

本书所用到的 SQL Server 就是关系数据库管理系统(Relationship DataBase Management System,RDBMS),关系数据库的相关概念将在第 2 章中详细介绍。

4. 面向对象模型

面向对象模型是一种新兴的数据模型,它是将数据库技术与面向对象程序设计方法相结合的数据模型。面向对象数据模型的存储是以对象为单位,每个对象包含对象的属性和方法,具有类和继承等特点。

例如对于图 1.8 所表示的 E-R 图,可以设计成图 1.16 的面向对象模型。模型中有 5 个类,分别是类学习_1(实体学生和课程的联系)、类学习_2(实体课程和教师的联系)、类学生、类课程、类教师。其中,类学习_1 的属性学号取值为类学生中的对象,属性课程号取值为类课程中的对象;类学习_2 的属性课程号取值为类课程的对象,属性姓名取值为类教师对象,这就充分表达了图 1.8 中 E-R 图的全部语义。

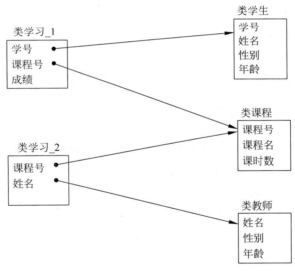

图 1.16　学生选课的面向对象模型

面向对象模型的优点主要有:
(1)能有效地表达客观世界和有效地查询信息。
(2)可维护性好。
(3)能很好地解决应用程序语言与数据库管理系统对数据类型支持的不一致问题。

面向对象模型的缺点主要有:
(1)技术还不成熟。面向对象模型还存在着标准化问题,是否修改 SQL 以适应面向对象的程序,还是用新的对象查询语言来代替它,目前还没有解决。
(2)面向对象系统开发的有关原理才刚开始,只是雏形阶段,还需要一段时间的研究。但在可靠性、成本等方面还是可以接受的。

(3) 理论还需完善。到现在为止，还没有关于面向对象分析的一套清晰的概念模型，怎样设计独立于物理存储的信息还不明确。

1.4 常用国产数据库简介

2011年4月6日，工业和信息化部、科学技术部等五部门在工信部联信〔2011〕160号印发《关于加快推进信息化与工业化深度融合的若干意见》中提到要建立实用、高效的工业设计基础数据库、资源信息库等公共服务平台，加强资源共享。2017年7月8日印发的《新一代人工智能发展规划》（国发〔2017〕35号）中也提及要依托国家数据共享交换平台、数据开放平台等公共基础设施，建设政府治理、公共服务、产业发展、技术研发等领域大数据基础信息数据库，支撑开展国家治理大数据应用。现阶段，国家对核心领域关键技术的重视已经到了前所未有的程度。数据库作为基础软件，是构建信息系统的基础底座，是发展数字经济的重要支撑。根据中国通信标准化协会发布的《数据库发展研究报告（2024年）》显示，我国数据库市场规模已超522亿元，并展现出强劲的增长势头，预计到2028年，我国数据库市场总规模将超930亿元。国内数据库厂商正快速发展并积极抢占市场份额，下面简要介绍4款常用的国产数据库管理系统。

1.4.1 金仓数据库

金仓数据库管理系统 KingbaseES（简称金仓数据库或 KES）是北京人大金仓信息技术股份有限公司研发的具有自主知识产权的关系型数据库管理系统，具有完整的大型通用数据库管理系统特征，提供高效、完备的数据库管理功能。2024年8月，北京人大金仓信息技术股份有限公司变更为中电科金仓（北京）科技股份有限公司，简称"电科金仓"。据赛迪顾问发布的《2023—2024年中国平台软件市场研究年度报告》，2023年，电科金仓在关键应用领域销售套数保持第一，并在中国医疗行业和交通行业销售量居中国厂商第一位置。

1. 金仓数据库生态产品

金仓数据库生态产品如图1.17所示。

图1.17 金仓数据库生态产品

1) KES(金仓 OLTP 数据库管理系统)

KES 是一款面向大规模并发交易处理的企业级关系型数据库。该产品支持严格的 ACID 特性、结合多核架构的极致性能、行业最高的安全标准，以及完备的高可用方案，并提供可覆盖迁移、开发及运维管理完全使用周期的智能便捷工具。产品融合了人大金仓在数据库领域几十年的产品研发和企业级应用经验,可满足各行业用户多种场景的数据处理需求。

2) KADB(金仓 OLAP 分布式分析型数据库系统)

KADB(金仓 OLAP 分布式分析型数据库系统 KingbaseAnalyticsDB)是人大金仓推出的 MPP 数据库产品。产品应大数据时代海量数据分析处理的需求,采用 shared-nothing 分布式架构,具有高性能,高扩展性能力,承载了人大金仓在大规模并行计算和数据库管理领域先进的研发成果,它定位于数据分析类应用市场,可以处理 TB~PB 级别的数据,并能集成多种异构数据源进行数据挖掘和分析。在处理复杂查询,如多表连接、聚合等方面,也体现出了很好的性能。KADB 适用于数据仓库、决策支持、高级分析等分析类应用场景。

3) KDMS(金仓数据库迁移评估工具)

KDMS 是金仓提供的一款 SAAS 服务,免费对所有人开放。首先通过 KDMS 对 Oracle、SQL Server、DB2、MySQL 等主流数据库的对象、SQL 语句进行迁移工作量评估,生成评估报告;其次用户可以使用 KDMS 智能翻译技术对迁移源库的对象、SQL 语法自动识别翻译转换为 KES 支持的 SQL/PLSQL 脚本,从而高效、高质完成源数据库迁移到 KES 的工作,因此 KDMS 被誉为数据库语言的"翻译家",数据库对象的"搬运工"。

4) KFS(金仓异构数据库同步软件 Kingbase FlySync)

KFS 是面向同城/异地灾备、数据库平滑升级替换、数据集中共享与分发、应用上云迁移、数据库负载均衡等场景的数据同步产品。该产品基于增量日志解析技术,性能高、时延低、资源占用极少,能够实现异构数据源之间大规模增量数据的任意方向流转和实时同步,帮助用户打破数据孤岛,轻松共享分发数据。KFS 支持丰富的软硬件平台和数据源,同步拓扑可以一对一、一对多、多对一、级联等方式任意组合延伸,并可在数据同步过程中保证端到端的事务级数据完整性和高可用性。

5) KDTS(金仓数据库迁移工具)

KDTS 是一款高性能、大数据量的多线程迁移工具,其操作简单,稳定高效,可帮助用户轻松完成数据库迁移工作。它支持同构、异构数据源之间的数据迁移,可以配置多个迁移任务,支持数据结构迁移、全量数据迁移;支持列名映射;支持数据迁移过滤。KDTS 使用多线程异步处理机制,大大提升了迁移效率,用户可以方便查看迁移报告,直观了解每个数据库对象和数据的迁移结果。

6) KRDS(金仓云数据库服务管控平台)

云化是数据库行业的发展趋势,KRDS 提供一站式 KES 云端数据库全生命周期管理解决方案;在多云并存环境中对数据库集中纳管;支持单机、集群、高可用,使云管平台的实施、运维等工作易用、高效。

7) KMonitor(金仓数据库监控工具)

KMonitor 是一款 KES 数据库的全访问监控平台,可对服务器状态、数据库资源和数据库性能、集群情况进行全天候监控和告警,使用户全面掌握 KES 运行情况、健康状况,及时获取异常信息并快速做出合理应对,保障数据库及业务应用安全。此外,DBA 用户也可通过直观丰富的数据库性能报表,快速排查故障问题以及进行容量规划。

8) KStudio(金仓数据库开发工具)

KStudio 是金仓自主研发的一款功能强大的数据库管理工具,可为数据库开发人员、

DBA 提供高效、高质的数据库开发、调试、维护等各项功能。KStudio 服务于数据库开发、运维的全过程,遵循极简主义,为用户提供极致高效的使用体验。

2. 金仓数据库特征

KES 具有"三高"(高可靠、高性能、高安全)、"三易"(易迁移、易使用、易管理)的特点,并支持所有国内外主流 CPU、操作系统与云平台部署。

1)高可靠

计算机系统中不可避免地会发生硬件故障、软件错误、操作员失误以及恶意破坏事件,这些问题都会造成运行事务的非正常中断,或部分数据丢失,因此数据库管理系统应具有可靠的保护手段,能把数据库从错误状态恢复到正确状态。KES 不仅提供数据备份、恢复与复制等多种高可靠性技术,而且还具备负载均衡、读写分离等多种高可用技术,确保数据库对外提供 7×24 小时的不间断服务能力。KES 是国产数据库中少数的具有在关键行业、关键应用上经过长期验证的国产数据库产品,已有在电力调度核心业务系统 D5000 稳定运行 13 年、山东电信传输网管系统稳定运行 9 年、光大银行中间业务系统稳定运行 5 年等多个案例。

2)高性能

KES 提供了多种性能优化手段,具体包括并行计算、索引覆盖等技术,并可构建读写分离集群、高可用集群、多副本,让企业能从容应对高负载大并发的任务。以某公司 POC 为例,在其某业务系统测试中,对源库 Oracle11G 和目标库 KES 的性能进行测试比对 KES 适配调优后,KES 在事务平均响应时间、平均事务成功率、平均点击率、事务数/秒等性能测试方面表现更优。

3)高安全

数据安全是信息安全的核心。KES 完全遵照安全数据库国家标准 GB/T 20273—2006 结构化保护级(即第四级,等同于 TCSECB2 级,高于国外厂商安全级别)的技术要求,系统化地进行了安全功能的研制。KES 率先通过公安部颁发的安全四级认证、EAL4+、国家某局涉密系统等认证,完整获得各业务相关领域的销售许可证。

4)易迁移

业界领先的 KDMS 数据迁移评估工具能够提供卓越的从 Oracle、SQL Server、DB2、MySQL 等源库向 KES 目标库迁移的能力;可将数据类型、PL/SQL、函数、存储过程、触发器、系统视图等源库语法自动翻译转换为 KES 目标库识别语法,自动转换成功率高达 95% 以上,从而最大限度地降低用户向 KES 迁移的工期和成本。金仓数据库数据迁移示意图如图 1.18 所示。

5)易使用

(1)易实施:KES 集成了图形化的集群部署工具,以向导的方式实现创建用户、安装 KES 软件、创建数据库、安装集群软件、进行集群管理和集群中节点的管理。

(2)易开发:KES 集成了数据库对象管理工具,支持所有主流编程语言的开发框架,方便程序员高效地开发 KES 应用程序。此外,金仓研发了一款功能强大的独立数据库管理工具 KStudio,为数据库开发人员提供方便、高效、高质的开发、调试、维护功能。

6)易管理

KES 提供了一系列管理工具,易学易用,能有效降低对数据库管理员的工作技能要求,

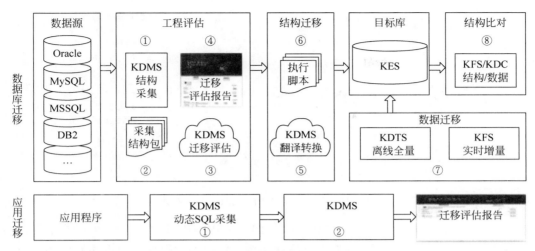

图 1.18　金仓数据库数据迁移示意图

大幅提高工作效率,并降低数据库日常管理和维护成本。

3. 未来展望

(1) 技术创新。人大金仓将继续加大对人工智能和大数据技术的投入,推动数据库的智能化发展。通过引入机器学习算法,提升数据库的自我优化能力和自动故障检测能力。

(2) 行业解决方案。针对金融、政府、医疗等特定行业,开发定制化的解决方案,以满足行业用户的特殊需求,从而增强市场竞争力。

(3) 国际化布局。积极拓展国际市场,提升品牌影响力,特别是在东南亚和欧美市场的推广,以获取更多的用户基础。

1.4.2　南大通用数据库

2021 年,GBASE 南大通用正式发布了 GBase 8a MPP Cluster(简称"8a 集群")V9.5.3 版本,是 GBASE 南大通用自主研发、国内领先的大规模分布式并行数据库集群系统,具有满足数据密集型行业日益增大的数据分析、数据挖掘、数据备份和即席查询等需求的能力,已在银监会、农总行、中国移动、海关总署等数百家用户形成规模化应用,目前部署节点总数超过 35 000 个,管理数据超过 400PB。

1. GBase 8a MPP Cluster 核心技术

GBase 8a MPP Cluster 为非对称部署的联邦架构,三大核心组件均可单独部署,其中,GCluster 调度集群和 GCWare 管理最大节点数为 64,GNode 计算集群支持 1000 个以上的节点部署,可处理 100PB 以上的结构化数据。其核心技术如图 1.19 所示。

1) 数据存储

(1) 列存储技术。表的每一列物理上分开存储;数据以 DC(数据单元)为单位进行组织,存成 DC 文件;DC 文件依据操作系统的文件大小限制进行分裂和存储;DC 是基本 I/O 单位,只有查询所涉及的列才产生 I/O;每个 DC 包含 65 536 行数据,数据行数不足时以 DC 尾块形式单独存放;DC 尾块不封装不压缩。

(2) 高效压缩。GBase 8a MPP Cluster 数据库内置多种压缩算法,基于一列内同类型数据,实现高压缩比存储。较高的压缩比为海量数据的存储节省了存储投资和电能消耗;

图 1.19　GBase 8a MPP Cluster 核心技术

压缩态数据使得数据处理过程中大幅降低磁盘 I/O；压缩比可达 1∶20，远远高于行存储；实现库级、表级、列级三级压缩选项；压缩算法按数据类型和数据分布不同而优化，自动选择最优压缩算法，灵活平衡性能与压缩比关系；可以对压缩方式进行修改。

(3) 粗粒度智能索引。粗粒度：轻量级索引，索引的建立和维护对系统资源的占用和性能影响几乎为 0；通明性：索引自动建立，并且随数据变化自动更新，无须人工干预；有效性：大大缩小查询和数据物化的范围，迅速定位目标数据集。

2) 并行计算。

(1) 多线程并行计算。集群接口驱动可以有效实现对上层应用请求的负载均衡（在应用调用接口驱动的连接串中配置集群管理节点的多个 IP，接口驱动内部会进行连接的负载均衡）。应用层请求响应节点完成 SQL 解析并生成执行计划，协调集群相关节点并发参与计算和处理，极大地提高了整个集群节点的并发度，充分发挥了集群性能。

(2) 多节点并行计算。集群采用 MPP 大规模集群架构，每个节点都有独立的 CPU、内存和磁盘，因此每个节点都是独立运算，最终将结果进行汇总返回给最开始的 Hash 节点。

3) 集群高可用

(1) 管理节点高可用。元数据自动同步，避免单点故障——所有调度集群节点的元数据都在后台自动同步，对用户透明；自动故障倒换，确保 SQL 持续运行——GCWare 服务实时探测节点失效并且马上启动故障倒换机制；多类日志保障，节点信息同步——重新恢复调度节点根据 GCWare 日志信息恢复到最新的元数据；限定故障规模，保证数据安全——当调度集群大规模节点故障，达到或超过调度集群节点总数的 1/2 时，集群为保护元数据安全将停止工作。

(2) 计算节点高可用。指标数据按照一定的规则分别存储在不同的节点上，各节点根据预先设定的分片规则进行备份。数据高可用：支持多副本，最多两个；支持指定副本存放位置。多分片机制：实现负载均衡；解决木桶效应。

4) 数据集成

(1) 数据集成方案。GBase 8a MPP 支持多种数据源的加载和同步操作；通过和 Kafka 系统无缝集成，GBase 8a MPP 实现和主流关系型、非关系型数据库的实时接入流式加载。

(2) 批量加载。简单易用：SQL 方式下发加载命令；支持 ftp、http、hadoop 等多种数据源。高性能：加载只写主分片，副本内部自动同步，性能大幅提升。加载速度：30T+/小时。可扩展：集群整体加载吞吐能力随节点数增加而线性提升。

（3）数据导出。查询数据导出：通过 select 语句的形式导出数据；支持普通文本、定长文本、压缩文件、HDFS 文件导出；支持远程导出。表结构导出：导出表结构、存储过程和自定义函数。

5）集群扩展

（1）在线扩容/缩容。分片搬移方式扩容和缩容，扩容和缩容过程中无须停止服务器。

（2）VC 管理。业务和数据减少，在线弹性缩容；释放节点进入 Free Nodes 列表。

（3）线性动态拓展。采用高性能单节点的 MPP 架构，进行集群扩展时，可以保证平滑扩展和性能的线性增长特性。

6）安全管理

（1）动态数据脱敏。用户权限控制；指定脱敏属性字段；多种脱敏方式：默认脱敏 default()、随机脱敏 random(start,end)、自定义脱敏 partial(prefix,padding,suffix)、哈希脱敏 sha()。

（2）高效透明加密。透明加密/解密：数据在后台自动加密和解密；轻量级数据加密/解密：加解密负载对整体性能影响小于 5%；面向数据列的加密/解密；根据数据字段的安全级别进行加密。

（3）图形化管理监控系统。监控集群运行状态、监控资源利用情况和监控网络通信情况。

2. GBase 8a MPP Cluster 核心技术产品架构

GBase 8a MPP Cluster 采用 MPP ＋ Shared Nothing 的分布式联邦架构，节点间通过 TCP/IP 网络进行通信，每个节点采用本地磁盘存储数据，支持对称部署和非对称部署。GBase 8a MPP Cluster 产品总共包含三大核心组件及辅助功能组件，其中，核心组件包含分布式管理集群 GCWare、分布式调度集群 GCluster 和分布式存储计算集群 GNode。产品架构如图 1.20 所示。

所有组件的功能如下。

GCWare：组成分布式管理集群，为集群提供一致性服务。GCWare 主要负责记录并保存集群结构、节点状态、节点资源状态、并行控制和分布式排队锁等信息；在多副本数据操作时，记录和查询可操作节点，提供各节点数据一致性状态。

GCluster：组成分布式调度集群，是整个集群的统一入口。GCluster 主要负责从业务端接受连接并将查询结果返回给业务端；接受 SQL、进行解析优化，生成分布式执行计划，选取可操作的节点执行分布式调度，并将结果反馈给业务端。

GNode：组成分布式存储集群，是集群数据的存储和计算单元。GNode 主要负责存储集群数据、接收和执行 GCluster 下发的 SQL 并将执行结果返回给 GCluster、从加载服务器接收数据进行数据加载。

GCMonit：用于实时监测 GCluster 和 GNode 核心组件的运行状态，一旦发现某个服务程序的进程状态发生变化，就根据配置文件中的内容执行相应的服务启动命令，从而保证服务组件正常运行。

GCWare_Monit：用于实时监测 GCWare 组件的运行状态，一旦发现服务进程状态发生变化，就根据配置文件中的内容执行相应的服务启动命令，从而保证服务组件正常运行。

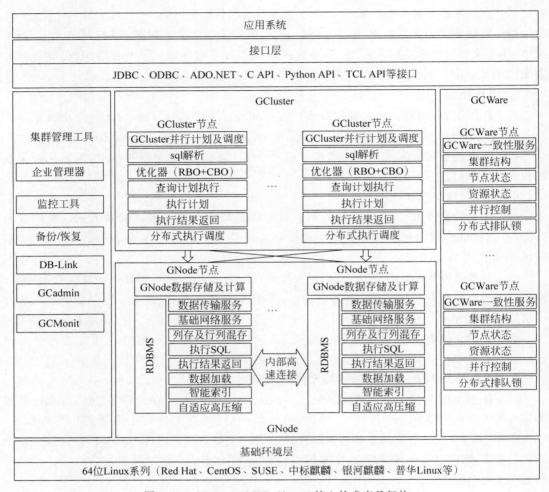

图 1.20 GBase 8a MPP Cluster 核心技术产品架构

GCRecover & GCSyncServer：用于多副本间的数据同步。一旦发生多副本间数据文件不一致，则调用该进程进行同步，从而保证多副本数据文件的一致性。

3. 未来展望

（1）产品多样化。天津南大通用考虑扩展产品线，推出更多适应不同业务需求的数据库产品，特别是在云计算和大数据环境下的数据库解决方案。

（2）合作与生态。加强与高校、科研机构及企业的合作，构建开放的生态系统，吸引更多的合作伙伴和开发者，提高产品的市场认可度。

（3）用户体验提升。聚焦用户体验，优化产品界面和功能，提供更为直观易用的管理工具，从而降低用户的学习成本，提升用户满意度。

1.4.3 达梦数据库

达梦数据库（DM Database）是由武汉达梦数据库股份有限公司开发的一款关系型数据库管理系统。DM8 是在总结 DM 系列产品研发与应用经验的基础上，坚持开放创新、简洁实用的理念，推出的新一代自研数据库。DM8 吸收借鉴当前先进技术思想与主流数据库产品的优点，融合了分布式、弹性计算与云计算的优势，对灵活性、易用性、可靠性、高安全性等方面进行了大规模改进、多样化架构，充分满足不同场景需求，支持超大规模并发事务处理和事务-分析混合型业务处理，动态分配计算资源，实现更精细化的资源利用、更低成本的投入。一个数据库，满足用户多种需求，让用户能更加专注于业务发展。

1. 达梦数据库的特征

DM 除了具备一般 DBMS 所应具有的基本功能外，还特别具有以下核心特性。

1) 多维融合，满足多样需求

（1）达梦读写分离架构——数据库读写分离。支持自动故障切换；支持事务级读写负载分离；支持读写分配比例可调整；读多写少业务场景下的性能近线性提升。

（2）达梦混合事务分析处理技术——行列融合 2.0。具备事务-分析混合型业务处理的能力，满足用户对 HTAP 应用场景的需求；具备变更缓存、高级日志两个关键特性，弥合行存储与列存储的鸿沟。

2) 精雕细琢，提升用户体验

（1）多项细节优化，增强易用性。为用户带来 359 项产品细节打磨，优化细节增强易用性。

（2）省心便捷的运维管理。全新的集中式运维管理工具——DEM；管理工具集成新的 SQL 助手 2.0；运行环境提示与误删保护。

（3）持续增强安全性。高安全等级的数据库管理系统，达到国家安全四级、EAL4+级满足 GB/T 20273、GB/T 18336；增强改进多项安全性。

（4）技术生态再升级。支持更广泛的技术选型；支持多种云计算基础设施环境；支持多种软硬件平台。

3) 平滑迁移，实现"软着陆"

（1）广泛的 SQL 语法兼容性。

（2）专用 DB API 特性兼容。

（3）便捷的数据迁移。

（4）达梦柔性迁移解决方案。

2. 客户案例

1) 国家电网

自 2008 年首次试点以来，已连续提供服务超 14 年。从备调系统到主调系统、省网到国网、D5000 智能调度到调控云，达梦数据库在提高系统性能和安全性的同时，为客户节省建设成本达数亿元。

2) 南方电网

支撑电网管理平台三大域（资产域、计财域、人资域），共 45 个系统，总数据量近 100TB，用户量 30 万以上，关键系统业务性能 TPS 达 8 万以上，稳定性达 99.999%。

3) 银行/保险/证券机构

2017 年在金融行业核心系统实现快速突破，得到行业内的广泛认可，目前已应用于 200 多家银行、保险和证券机构。

4) 数字政务

服务于 70 多家部委级单位，其中，核心、重点党政系统均已采用最新版本 DM8。在 32

个省及直辖市的相关领域,达梦数据库的销售额占总市场份额 50% 以上。

3. 未来展望

(1) 智能化转型。达梦数据库将继续推动智能化转型,利用人工智能技术提升数据库的性能监控、故障诊断和自动化运维能力,帮助用户更高效地管理数据库。

(2) 云服务发展。随着云计算的普及,达梦将加强云数据库服务的研发,提供灵活的云部署和服务,支持多种云平台的集成,以满足不同用户的需求。

(3) 安全与合规。在数据安全和隐私保护方面,继续强化安全性措施,确保其产品符合国内外法规要求,增强用户信任。

1.4.4 神舟通用数据库

神舟通用数据技术有限公司简称"神舟通用公司",是由北京神舟航天软件技术有限公司、天津南大通用数据技术有限公司、东软集团股份有限公司、杭州驰网软件有限公司四家共同投资组建的国家高新技术软件公司,致力于神通国产数据库的研发及产业化,是国内最具有影响力的基本软件公司之一。

神通数据库管理系统(MPP 集群版)是以多年大型通用数据库领域的研发实力为基础,集深厚的航天信息化建设经验,集成多项先进技术,为满足航天、政府、金融、电信等行业的海量数据分析统计应用需求而打造的分布式数据库软件,具有负载均衡、在线扩展、高可用性、数据生命周期管理等集群特性,提供丰富的数据分布方案和高速数据导入接口,同时具有高效的查询处理性能,支持 TB~PB 级的数据存储与分析,可广泛应用于各领域的大数据分析建设。

1. 神通数据库管理系统核心特性

1) 自主研发,掌握核心技术

(1) 内核源代码自研率将近 100%,具有数据安全访问、数据安全存储、数据安全传输、数据安全权限管理等优势。

(2) 符合国家信息安全技术标准,属于国内高安全级别数据库,具有访问控制、身份鉴别、权限管理、审计、加密等数据安全技术。

(3) 具有基于物理日志的实时攻击检测和防护技术、敏感数据物理隔离技术等安全增强专利技术。

2) 性能强大,满足多样化需求

(1) 多种高效存储和数据处理技术,提供联机交易处理能力和数据仓库分析特性。

(2) 众多专利加持,具有分层并行查询、矢量化运算、数据聚集、内存总量控制、内外两级缓存技术、智能化的高性能查询处理器等核心技术。

(3) 适应云计算框架的动态扩展能力,节点数随需扩展。

(4) 独特的数据压缩专利技术,降低存储采购成本。

3) 权威认证,信息安全有保障

(1) 集成多项数据加密存储技术,有效保障客户数据安全。

(2) 通过公安部等保四级认证,符合《国家安全信息技术标准》和国家信息安全等级保护要求。

(3) 支持异地容灾和恢复功能,保证数据安全性和业务连续性。

（4）提供多种集群部署模式，包括双机热备和读写分离集群，有效保障并提升业务系统的整体性能。

4）高兼容性，行业应用更宽广

（1）适配多种自主可控硬件体系及操作系统平台，保证完整安装部署和稳定运行。

（2）与 Oracle、MySQL 等主流数据库的语法和通用功能相互兼容。

（3）提供完善的数据迁移服务及自动化迁移工具。

5）贴合需求，运维管理更简单

（1）功能贴合用户需求，可根据行业特点进行定制化改造。

（2）支持集中式的命令行客户端及基于跨平台技术的风格统一的全图形化客户端管理工具，可对网络上不同硬件平台和版本的数据库进行统一管理、访问和查询。

2. 产品应用

1）事务处理

为用户单位管理信息系统和业务生产系统中日常的事务处理提供数据存储及管理支撑，例如各种交易系统、OA 系统、控制系统、管理系统等，满足高并发、高负载压力、高连续性需求。

2）分析处理

为大规模数据管理提供高性价比的通用计算平台，可用于支撑各类数据仓库系统、BI 系统和决策支持系统，为上层应用的决策分析提供服务。

3. 未来展望

（1）智能化发展。随着人工智能技术的不断进步，可以集成智能化功能，例如自动化查询优化、智能故障诊断和自我学习能力，以提升系统性能和可靠性。

（2）支持多模态数据。应考虑支持多种数据模型，包括关系型、文档型、图形型等，以满足不同业务场景的需求。

（3）云原生架构。随着云计算的普及，可以推进云原生架构的开发，提供更为灵活和可扩展的云数据库解决方案，支持多种云服务平台的集成。

（4）大数据支持。加强与大数据技术（如 Hadoop、Spark）的合作，提供高效的数据存储与分析能力，帮助用户更好地处理海量数据。

1.4.5 国产数据库的优势和不足

随着信息技术的飞速发展，数据库作为存储、管理数据的关键基础设施，其地位日益重要。近年来，国产数据库的发展势头强劲，逐渐成为国内信息技术领域的一大亮点。目前，国产数据库已经在金融、电信、政府、能源等关键行业得到广泛应用，成为支撑我国信息化建设的重要力量。在技术层面，国产数据库不断取得突破。一些领先的国产数据库产品在性能、功能、安全性等方面已经达到了国际先进水平。同时，国产数据库也在积极探索新技术、新应用，例如分布式数据库、内存数据库等，以适应云计算、大数据等新兴技术的需求。

1. 国产数据库的优势

（1）数据存储和处理。一些国产数据库使用不同的数据存储和处理方式。例如，一些数据库更倾向于使用自研的分布式存储和处理技术，以满足大规模数据处理和高并发访问的要求。

(2) 安全和隐私。国产数据库更注重本土数据安全和隐私保护。由于数据安全和隐私对于许多组织和企业来说是至关重要的,国产数据库会提供更多的安全功能和选项,以满足本地需求。

(3) 本地化支持。国产数据库通常提供本地化的语言和文化支持,包括中文界面、中文文档和技术支持,这有助于用户更好地理解和使用数据库。

(4) 成本效益。国产数据库在成本方面具有一定的优势。由于无须支付高额的国际版权费用,国产数据库会提供更具竞争力的价格,并更好地满足本地市场的需求。

(5) 政策和法规要求。国产数据库更符合本地的政策和法规要求,包括数据存储和处理的合规性要求。这对于处理涉及个人身份信息(PII)等敏感数据的组织和企业尤为重要。

然而,我们也应看到,国产数据库的发展仍面临一些挑战。首先,与国际知名数据库产品相比,国产数据库在品牌影响力、市场份额等方面仍有较大差距。其次,国产数据库产品的生态建设尚不完善,缺乏足够的开发、运维人才和第三方服务支持。

2. 几种常用国产数据库产品对比

几种常用国产数据库产品对比如表 1.2 所示。

表 1.2 几种常用国产数据库产品对比

数据库	数据模型	技术架构	部署方式	产品特点	应用场景
人大金仓	关系型	分布式	本地、云部署	高度容错、可支撑6级灾难恢复能力等级要求	电子政务、国防军工、电力、金融
南大通用	关系型	分布式	本地、云部署	高性能、高性价比、高易用性	金融、电信、政务、国防、企事业
达梦	关系型	分布式	云原生	支持Web应用、对称多处理机系统	国家电网、航空航天、国家安全、国防军工、金融银行、电子政务、公检法司
神舟通用	关系型	分布式	本地部署	获公安部三级安全认证、安全性高	航空航天、国防、船舶、政府、金融、电信、能源

习 题 1

习题

自测题

第 2 章　关系数据库基本理论

关系数据库是目前应用最为广泛的主流数据库,由于它以数学方法为基础管理并处理数据库中的数据,所以关系数据库与其他数据库相比具有比较突出的优点。20 世纪 80 年代以来,数据库厂商新推出的数据库管理系统产品主要以关系数据库为主,非关系数据库产品也大都添加上了关系接口。关系数据库的出现和发展,促进了数据库应用领域的扩大和深入。因此关系数据库的理论、技术和应用十分重要,也是本书的重点研究内容之一。

2.1　关系数据模型

关系数据模型采用人们熟悉的二维表来描述实体及实体之间的联系,每一个关系就是一张规范的二维表,概念清晰,使用方便。

2.1.1　关系数据结构

数据结构是所研究对象类型的集合。关系模型的数据结构非常单一,在关系模型中,概念世界的实体及实体间联系均用关系来表示。

1. 关系模式

每个关系都有一个模式,称为关系模式(relation schema),由一个关系名及它的所有属性名构成。一般表示为:关系名(属性1,属性2,…,属性n)。在不引起混淆的情况下,也常常称关系名为关系模式或关系。

如关系模式 R(A,B,C),也称为关系 R 或关系模式 R。

表 2.1 是一张学生表,它是一张二维表格。显然,这就是一个关系。

为简单起见,对表格数学化,用字母表示表格的内容。表 2.1 可用如图 2.1 所示的表格表示。

表 2.1　学生表(实体集)

SNO	SNAME	SEX	AGE	COLLEGE
S1	程晓晴	F	21	CS
S2	姜　芸	F	20	IS
S3	李小刚	M	21	CS

关系中属性个数称为"元数"(arity),元组个数称为"基数"(cardinality)。

在关系模型中,字段称为属性,字段值称为属性值,记录类型称为关系模式。在图 2.1 中,关系模式名是 R,关系模式简单表示为 R(A,B,C,D,E)。记录称为元组,元组的集合称为关系或实例(instance)。

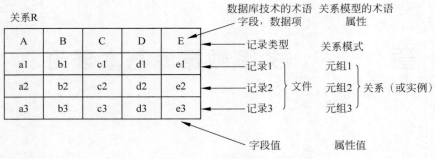

图 2.1 关系模型术语

一般用前面的大写英语字母 A、B、C、…表示单个属性,用后面的大写字母…、W、X、Y、Z 表示属性集,用小写字母表示属性值。

关系 R 元数为 5,基数为 3。有时也习惯直接称关系为表格,元组为行,属性为列。关系中每一个属性都有一个取值范围,称为属性的域(domain)。属性 A 的域用 DOM(A)表示。每一个属性对应一个值域,不同的属性可对应于同一值域。

从表 2.1 所示学生表的实例,可以归纳出关系具有如下特点:

(1) 关系(表)可以看成由元组(行)和属性(列)组成的二维表格。它表示一个实体的集合。

(2) 表中一行称为一个元组,可用来表示实体集中一个具体的实体。

(3) 表中的列称为属性,给每一列起一个名称即属性名,表中的属性名不能相同。

(4) 列的取值范围称为域,同列具有相同的域,不同的列也可以有相同的域。例如,SEX 的取值范围是{M(男),F(女)},AGE 为整数域。

(5) 表中任意两个元组(行)不能相同。

尽管关系与二维表格传统的数据文件有类似之处,但它们又有区别,严格地说,关系是一种规范化了的二维表格,具有如下性质:

(1) 属性值是原子的,不可分解。

(2) 没有重复元组。

(3) 没有行序。

(4) 理论上没有列序,但一般使用时都有列序。

2. 键

在关系数据库中,键(key)也称为码或关键字,它通常由一个或几个属性组成,能唯一地表示一个元组。

超键(super key):在一个关系中,能唯一标识元组的属性或属性组称为关系的超键。

候选键(candidate key):如果一个属性组能唯一标识元组,且又不含有多余的属性,那么这个属性组称为关系的候选键。

主键(Primary Key,PK):如果一个关系中有多个候选键,选其中的一个候选键为关系的主键。用主键实现关系定义中"表中任意两个元组(行)不能相同"的约束。包含在任何一个候选键中的属性称为主属性(primary attribute),不包含在任何键中的属性称为非主属性(nonprimary attribute)或非键属性(non-key attribute)。

例如,在表 2.1 的关系中,设属性组 K={SNO,COLLEGE},虽然 K 能唯一标识学生记录,但 K 只能是关系的超键,还不能作候选键使用。因为 K 中"COLLEGE"是一个多余属性,只有

SNO 能唯一标识学生记录,因而 SNO 是一个候选键。另外,如果规定"不允许有同名同姓的学生",那么 SNAME 也可以是一个候选键。关系的候选键可以有多个,只需要选用其中一个作为元组的唯一标识即可。例如,使用 SNO 来标识学生记录,那么 SNO 就是主键了。

外键(Foreign Key,FK):若一个关系 R 中包含有另一个关系 S 的主键所对应的属性组 F,则称 F 为 R 的外键。并称关系 S 为参照关系,关系 R 为依赖关系。

例如,学生关系和学院关系分别为:

学生(SNO,SNAME,SEX,AGE,SDNO)
学院(SDNO,SDNAME,CHAIR)

学生关系的主键是 SNO,学院关系的主键为 SDNO,在学生关系中,SDNO 是它的外键。更确切地说,SDNO 是学院表的主键,将它作为外键放在学生表中,实现两个表之间的联系。在关系数据库中,表与表之间的联系就是通过公共属性实现的。我们约定,在主键的属性下面加下画线,在外键的属性下面加波浪线。

3. 关系模式、关系子模式和存储模式

关系模型基本上遵循数据库的三级体系结构。在关系模型中,概念模式是关系模式的集合,外模式是关系子模式的集合,内模式是存储模式的集合。

1) 关系模式

关系模式是对关系的描述,严格来讲,除了应该包含模式名以及组成该关系的诸属性名以外,还应该包含值域名和模式的主键。一个具体的关系称为一个实例。

例 2.1 图 2.2 是一个简单教学管理数据库模型的实体联系图(E-R 图)。实体类型"学生"属性 SNO、SNAME、SEX、AGE、COLLEGE 分别表示学生的学号、姓名、性别、年龄和学生所在学院;实体类型"课程"的属性 CNO、CNAME、CDEPT、TNAME 分别表示课程号、课程名、课程所属学院和任课教师。学生用 S 表示,课程用 C 表示。S 和 C 之间联系 SC 是 M:N 联系(一个学生可选多门课程,一门课程可以被多个学生选修),SC 的属性成绩用 GRADE 表示。

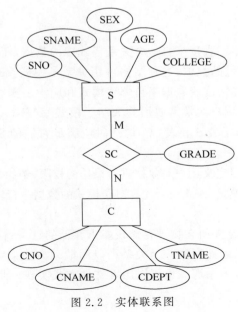

图 2.2 实体联系图

图 2.2 中 E-R 图表示的学生情况部分转换成相应的关系模式为：

S(SNO,SNAME,SEX,AGE,COLLEGE)

关系模式 S 描述了学生的数据结构，它是图 2.2 中学生实体的关系模式。

图 2.2 所转换成的关系模式集如图 2.3 所示，其中，SNO、CNO 为关系 SC 的主键，SNO、CNO 又分别为关系 SC 的两个外键。

> 学生关系模式 S(SNO,SNAME,SEX,AGE, COLLEGE)
> 选修关系模式 SC(SNO,CNO,GRADE)
> 课程关系模式 C(CNO,CNAME,CDEPT,TNAME)

图 2.3 关系模式集

表 2.2 是这个关系模式的实例。

表 2.2 关系模式集的 3 个具体关系

（a）学生关系

SNO	SNAME	SEX	AGE	COLLEGE
S1	王丽萍	F	19	CS
S2	姜芸	F	20	IS
S3	马长友	M	20	CS

（b）课程关系

CNO	CNAME	CDEPT	TNAME
C1	高等数学	IS	王红卫
C2	数据库原理	CS	李绍丽
C3	数据结构	CS	刘良

（c）选修关系

SNO	CNO	GRADE
S1	C1	87
S1	C2	78
S1	C3	90
S2	C1	67
S2	C2	79
S2	C3	56
S3	C1	80
S3	C2	76
S3	C3	92

关系模式是用数据定义语言（DDL）定义的。关系模式的定义包括模式名、属性名、值域名以及模式的主键。由于不涉及物理存储方面的描述，因此关系模式仅仅是对数据本身的特征描述。

2）关系子模式

有时，用户使用的数据不直接来自一个关系模式中的数据，而是通过外键连接从若干关系模式中抽取满足一定条件的数据，这种结构可用关系子模式实现。关系子模式是用户所需数据结构的描述，其中包括这些数据来自哪些模式和应满足哪些条件。

例 2.2 在例 2.1 中，用户常常需要用到成绩子模式 G(SNO,SNAME,CNO,GRADE)。子模式 G 对应的数据来源于表 S 和表 SC，构造时应满足它们的 SNO 值相等，子模式 G 的构造过程如图 2.4 所示。

子模式定义语言还可以定义用户对数据进行操作的权限，例如是否可读、更新等。由于关系子模式来源于多个关系模式，因此是否允许对子模式的数据进行插入和修改就不一定了。

3）存储模式

存储模式描述了关系是如何在物理存储设备上存储的。关系存储时的基本组织方式是文件。由于关系模式有键，因此存储一个关系可以用散列方法或索引方法实现。如果关系中元组数目较少（如 100 以内），那么也可以用堆文件方式实现。此外，还可以对任意的属性集建立辅助索引。

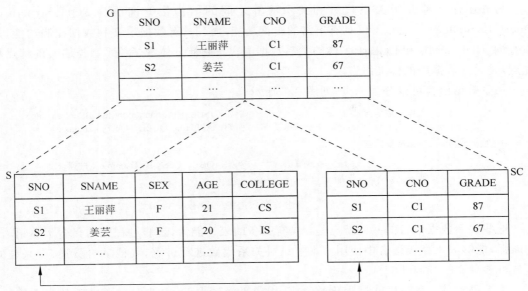

图 2.4 子模式 G 的构造过程

2.1.2 关系运算

关系运算的特点是集合运算方式,即运算的对象和结果都是集合。这种运算方式也称为一次一集合(set-at-a-time)的方式。

1. 基本的关系运算

关系模型中常用的关系运算包括查询(query)、插入(insert)、删除(delete)和更新(update)运算。

关系的查询表达能力很强,是关系运算中最主要的部分。查询运算又可以分为选择(select)、投影(project)、连接(join)、除(divide)、并(union)、差(except)、交(intersection)、笛卡儿积(Cartesian product)等。

其中,选择、投影、并、差、笛卡儿积是五种基本运算,其他运算是可以用基本运算来定义和导出的,就像乘法可以用加法来定义和导出一样。

2. 关系运算的表示

早期的关系运算通常用代数方式或逻辑方式来表示,分别称为关系代数(relational algebra)和关系演算(relational calculus)。关系代数是用关系的运算来表达查询要求的,关系演算是用谓词来表达查询要求的,关系演算又可按谓词变元的基本对象是元组变量还是域变量分为元组关系演算和域关系演算。关系代数、元组关系演算和域关系演算三种语言在表达能力上是完全等价的。

关系代数、元组关系演算和域关系演算均是抽象的查询语言,这些抽象的语言与具体的 RDBMS 实现的实际语言并不完全一样。但它们能用作评估实际系统中查询语言能力的标准或基础。实际的查询语言除了提供关系代数或关系演算的功能外,还提供了许多附加功能,例如统计函数(statistical function)、关系赋值和算术运算等,使得目前实际查询语言功能十分强大。

另外还有一种介于关系代数和关系演算之间的结构化查询语言 SQL(Structured Query Language)。SQL 不仅具有丰富的查询功能,而且具有数据定义和数据控制功能,是集查询、DDL、DML 和 DCL 于一体的关系数据语言。它充分体现了关系数据语言的特点和优点,是关系数据库的标准语言。

关系数据语言可以分为三类,如图 2.5 所示。

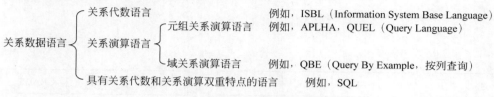

图 2.5 描述关系数据的三类语言

这些关系数据语言的共同特点是:具有完备的表达能力,是非过程化的集合运算语言,功能强,能够嵌入高级语言中使用。本书只对关系代数进行讲解,其他不再赘述,有兴趣的读者可参考文献[3]和[6]。

关系语言是一种高度非过程化的语言,用户不必请求 DBA 为其建立特殊的存取路径,存取路径的选择由 RDBMS 的优化机制来完成。例如,在一个存储有几百万条记录的关系中查找符合条件的某一条或某一些记录,从原理上讲可以有多种查找方法。例如,可以顺序扫描这个关系,也可以通过某一种索引来查找。不同的查找路径(或者称为存取路径)的效率是不同的,有的完成某一个查询可能很快,有的可能极慢。RDBMS 中研究和开发了查询优化方法,系统可以自动地选择较优的存取路径,提高查询效率。

2.1.3 关系的完整性约束

由于关系数据库中数据的不断更新,为了维护数据库中的数据与现实世界的一致性,必须对关系数据库加以约束,关系的完整性约束是对关系的某种约束条件,也就是说,关系的值随时间变化时都应该满足这些约束条件。

1. 域完整性约束

域完整性约束(domain constraints):关系中属性 A 的值应该是域 DOM(A)中的值,并由语义决定其能否取空值(NULL)。

若选修关系 SC 中 DOM(GRADE)是 0~100 的整数时,当某学生的成绩为 76.5 或 105 时则破坏了域完整性约束。NULL 是用来说明在数据库中某些属性值可能是未知的,或在某些场合下是不适应的一种标志。例如,教师的关系模式 T(TNO,TNAME,TDEPT),其属性分别表示教师编号,教师姓名,教师所在学院。如果一个教师刚刚调入并且尚未分配具体单位,属性 TDEPT 可以取空值。

域完整性约束是最简单、最基本的约束。在目前的 RDBMS 中,一般都有域完整性约束检查功能。

2. 实体完整性约束

实体完整性约束(entity integrity constraints):若属性(指一个或一组属性)A 是基本关系 R 的主属性,则 A 不能取空值。

例如,在关系 S(SNO,SNAME,SEX,AGE,SDPET)中,SNO 这个属性为主属性,则

SNO 不能取空值。

按照实体完整性约束的规定,基本关系的主键都不能取空值。如果主键由若干属性组成,则所有这些主属性都不能取空值。例如,在学生选课关系 SC(SNO,CNO,GRADE)中,SNO、CNO 为主键,则 SNO 和 CNO 两个属性都不能取空值。

对于实体完整性约束说明如下几点:

(1) 实体完整性约束是针对基本关系而言的。一个基本关系通常对应现实世界的一个实体集。例如,学生关系对应于学生的集合。

(2) 现实世界中的实体是可区分的,即它们具有某种唯一性标识。例如,每个学生都是独立的个体,是不一样的。

(3) 关系模型中以主键作为唯一性标识。

(4) 如果主属性取空值,就说明存在某个不可标识的实体,即存在不可区分的实体,这与(2)相矛盾,因此这个规则称为实体完整性。

3. 参照完整性约束

现实世界中的实体之间往往存在某种联系,在关系模型中实体及实体间的联系都是用关系来描述的,这样就自然存在着关系与关系间的引用。

参照完整性约束(referential integrity constraint):关系的外键必须是另一个关系主键的有效值或者是空值。

例 2.3 学生实体 S 的属性 SNO、SNAME、SEX、AGE 和 PNO 分别表示学生的学号、姓名、性别、年龄和专业号;"专业"实体 P 的属性 PNO、PNAME 和 PLAN 分别表示学生所学专业的专业号、专业名和专业计划。可以用下面的关系来表示,其中,主键用下画线标识,外键用波浪线标识:

S(SNO,SNAME,SEX,AGE,PNO)
P(PNO,PNAME,PLAN)

这两个关系之间存在着属性的引用,即关系 S 引用了 P 关系的主键 PNO。显然,S 关系中的 PNO 值必须是确实存在的专业的专业号,即 P 关系中有该专业的记录。也就是说,S 关系中的 PNO 属性的取值必须是 P 关系主键属性 PNO 的有效值。但是如果关系 S 中属性 PNO 取空值,则说明该学生尚未分配专业。

例 2.4 在例 2.1 中,3 个关系 S、C、SC 之间的多对多联系也存在着属性的引用,即 SC 关系引用了 S 关系的主键 SNO 和 C 关系的主键 CNO。同样,SC 关系中的 SNO 值必须是确实存在的学生的学号,即 S 关系中有该学生的记录;SC 关系中的 CNO 值也必须是确实存在课程的课程号,即 C 关系中有该课程的记录。换句话说,SC 关系中某些属性的取值必须是其他关系主键属性的有效值。

参照完整性约束是不同关系之间或同一关系的不同元组之间的一种约束。在使用参照完整性约束时,需要注意如下两点:

(1) 外键和相应的主键可以不同名,只要定义在相同的域上即可。

(2) 外键的取值是否为空值,应视具体情况而定。如果外键是相应主键的属性,则不允许外键的值为空。如例 2.1 中,按照参照完整性约束,关系 SC 的 SNO 和 CNO 属性也可以取两类值:空值或被参照关系中已经存在的值。但由于 SNO 和 CNO 是 SC 关系中的主属性,按照实体完整性约束,它们均不能取空值。所以 SC 关系中的 SNO 和 CNO 属性实际上只能取相应被参照关系中已经存在的主键值。

4. 用户定义完整性约束

任何关系数据库系统都应该支持实体完整性约束和参照完整性约束，这是关系模型所要求的。除此之外，不同的关系数据库系统根据其应用环境的不同，往往还需要一些特殊的约束条件。用户定义完整性约束(user defined integrity constraint)就是针对用户的具体应用环境，给出的具体数据的约束条件。它反映某一具体应用所涉及的数据必须满足的语义要求。例如，某个属性必须取唯一值、某个非主属性也不能取空值(在例 2.1 的 S 关系中必须给出学生姓名，就可以要求学生姓名不能取空值)、某个属性的取值范围为 0～100(学生成绩)等。

关系数据库提供了定义和检验这类完整性的机制，以便用统一、系统的方法处理它们，而不需要应用程序承担这一功能。

在早期的 RDBMS 中没有提供定义和检验这些完整性的机制，因此需要开发人员在应用程序中进行检查。例如，在例 2.1 的选修关系 SC 中，每插入一条记录，必须在应用程序中写一段程序来检查其中的 SNO 是否等于 S 关系中的某个 SNO，检查其中的 CNO 是否等于课程关系中的某个 CNO，如果等于，则插入这一条选修记录，否则就拒绝插入，并给出错误信息。

2.2 关系代数基本理论

关系代数是一种抽象的查询语言，用对关系的运算来表达查询。作为研究关系数据库语言的数学工具，关系代数是一种代数符号，其中的查询是通过向关系附加特定的运算符来表示的。

关系代数的运算对象是关系，运算结果也是关系。关系代数用到的运算符包括四类：集合运算符、专门的关系运算符、算术比较运算符和逻辑运算符，如表 2.3 所示。

表 2.3 关系代数运算符

运算类别	运算符	含义
集合运算	$\cup$	并
	$-$	差
	$\cap$	交
	$\times$	笛卡儿积
专门的关系运算	σ	选择
	Π	投影
	$\bowtie$	连接
算术比较运算	$>$	大于
	$\geqslant$	大于或等于
	$<$	小于
	$\leqslant$	小于或等于
	$=$	等于
	$\neq$	不等于
逻辑运算	$\neg$	非
	$\wedge$	与
	$\vee$	或

关系的集合运算是把关系看成元组的集合,每一个元组看成一个元素,关系的运算就类似于传统的集合运算。关系的专门运算不仅涉及关系的元组,而且还涉及元组的属性值。比较运算符和逻辑运算符是辅助专门的关系运算的。

2.2.1 传统的集合运算

传统的集合运算包括关系的并(union)、交(intersection)、差(difference)和笛卡儿积(Cartesian product),它们都是二目运算。在进行关系的并、交、差运算时,参与运算的关系 R 和 S 必须具有相同的属性,相应的属性取自同一个域,而且两个关系的属性排列次序一样,即 R 和 S 具有相同的结构,这是对关系进行并、交、差运算的前提条件。于是,可定义以下四种运算。

1. 并运算

n 元关系 R 和 S 的并记为 R∪S,结果仍然是一个 n 元关系,由属于 R 或 S 的元组组成。形式定义为

$$R \cup S = \{t \mid t \in R \vee t \in S\}$$

其中,t 是元组变量,R 和 S 的元数相同。关系并运算的直观含义如图 2.6 所示。

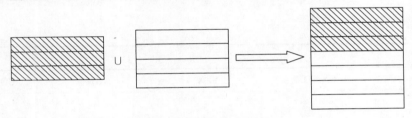

图 2.6 并运算示意图

两个关系的并运算是将两个关系中的所有元组构成一个新关系。并运算要求两个关系属性的性质必须一致,且并运算的结果要消除重复的元组。

2. 交运算

n 元关系 R 和 S 的交记为 R∩S,结果仍然是一个 n 元关系,由同时属于 R 和 S 的元组组成。形式定义为

$$R \cap S = \{t \mid t \in R \wedge t \in S\}$$

其中,t 是元组变量,R 和 S 的属性性质一致。关系交运算的直观含义如图 2.7 所示。

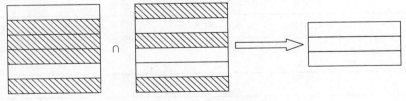

图 2.7 交运算示意图

3. 差运算

n 元关系 R 和 S 的差记为 R−S,结果仍然是一个 n 元关系,由属于 R 但不属于 S 的元组组成。形式定义为

$$R - S = \{t \mid t \in R \wedge t \in S\}$$

其中,t是元组变量,差运算的直观含义如图2.8所示。

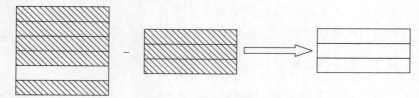

图2.8 差运算示意图

注意,R-S不同于S-R。差运算可用于完成对元组的删除运算。

例 2.5 表2.4(a)和表2.4(b)分别是学生关系R和S。表2.4(c)为关系R与S的并；表2.4(d)为关系R与S的交；表2.4(e)为关系R与S的差。

表2.4 关系R和S及其运算

(a) 关系R

SNO	SNAME	SEX	AGE	COLLEGE
S1	王丽萍	F	19	CS
S2	姜芸	F	20	IS
S3	马长友	M	20	CS
S4	刘世元	M	21	MA

(b) 关系S

SNO	SNAME	SEX	AGE	COLLEGE
S2	姜芸	F	20	IS
S3	马长友	M	20	CS
S5	李秀梅	F	21	CS

(c) 关系R与S的并

SNO	SNAME	SEX	AGE	COLLEGE
S1	王丽萍	F	19	CS
S2	姜芸	F	20	IS
S3	马长友	M	20	CS
S4	刘世元	M	21	MA
S5	李秀梅	F	21	CS

(d) 关系R与S的交

SNO	SNAME	SEX	AGE	COLLEGE
S2	姜芸	F	20	IS
S3	马长友	M	20	CS

(e) 关系R与S的差

SNO	SNAME	SEX	AGE	COLLEGE
S1	王丽萍	F	19	CS
S4	刘世元	M	21	MA

4. 笛卡儿积

在这里的笛卡儿积严格地讲应该是广义的笛卡儿积。因为这里笛卡儿积的元素是元组。

n 元关系 R 和 m 元关系 S 的笛卡儿积记为 R×S,结果是一个(n+m)列元组的集合。元组的前 n 列是关系 R 的一个元组,后 m 列是关系 S 的一个元组。若 R 有 k_1 个元组,S 有 k_2 个元组,则关系 R 和关系 S 的笛卡儿积有 $k_1 \times k_2$ 个元组。形式定义为

$$R \times S = \{t | t = <t^n t^m>, t^n \in R, t^m \in S\}$$

在进行关系 R 与 S 的笛卡儿积实际运算时,可以从 R 的第一个元组开始,依次与 S 的每一个元组组合,生成 R×S 的一个新元组,然后对 R 的下一个元组进行同样的运算,直至 R 的最后一个元组也进行完同样的运算为止,即可得到 R×S 的全部元组。关系的笛卡儿积运算的直观含义如图 2.9 所示。

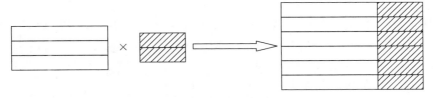

图 2.9 笛卡儿积运算示意图

例 2.6 表 2.5(a)和表 2.5(b)分别是学生关系 R 和选课关系 SC。表 2.5(c)为关系 R 与 SC 的笛卡儿积。

表 2.5 关系 R 和 SC 及其运算

(a) 关系 R

SNO	SNAME	SEX	AGE	COLLEGE
S1	王丽萍	F	19	CS
S2	姜芸	F	20	IS
S3	马长友	M	20	CS

(b) 关系 SC

SNO	CNO	GREAD
S1	C1	87
S1	C2	92
S2	C2	88
S4	C3	72

(c) 关系 R 与 SC 的笛卡儿积

R.SNO	SNAME	SEX	AGE	COLLEGE	SC.SNO	CNO	GREAD
S1	王丽萍	F	19	CS	S1	C1	87
S1	王丽萍	F	19	CS	S1	C2	92
S1	王丽萍	F	19	CS	S2	C2	88
S1	王丽萍	F	19	CS	S4	C3	72
S2	姜芸	F	20	IS	S1	C1	87
S2	姜芸	F	20	IS	S1	C2	92
S2	姜芸	F	20	IS	S2	C2	88
S2	姜芸	F	20	IS	S4	C3	72

续表

R.SNO	SNAME	SEX	AGE	COLLEGE	SC.SNO	CNO	GREAD
S3	马长友	M	20	CS	S1	C1	87
S3	马长友	M	20	CS	S1	C2	92
S3	马长友	M	20	CS	S2	C2	88
S3	马长友	M	20	CS	S4	C3	72

2.2.2 专门的关系运算

专门的关系运算包括选择(selection)、投影(projection)、连接(join)运算等。

1. 选择

选择是在关系 R 中选择满足给定条件的所有元组构成的新关系。形式定义为

$$\sigma_F(R) = \{t | t \in R \wedge F(t) = true\}$$

其中，F 表示选择条件，它是一个逻辑表达式，取逻辑值 true 或 false。在选择条件表达式 F 中，有时属性也用其排列序号来表示，常量值用单引号括起来。选择运算的直观含义如图 2.10 所示。

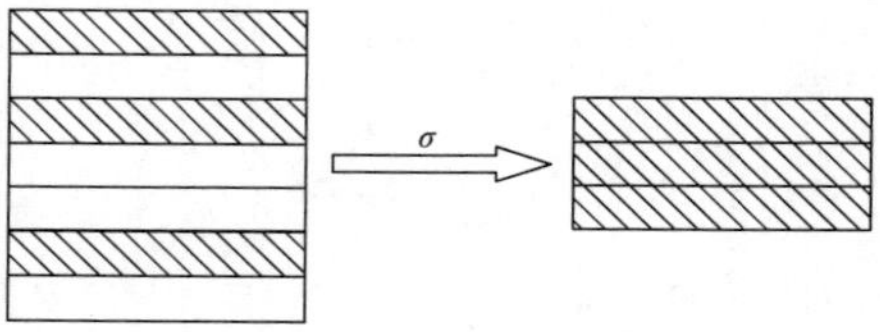

在例 2.1 中的关系 S(SNO,SNAME,SEX, AGE,COLLEGE)中，查找所有男同学的元组，这

图 2.10 选择运算示意图

里的 F 表示为 SEX='M'或 3='M'，又如查找计算机学院(CS)的所有男同学的元组，则 F 表示为 COLLEGE='CS' ∧ SEX='M'或 5='CS' ∧ 3='M'。

选择运算实际上是从关系 R 中选取使逻辑表达式 F 为真的全部元组，这是从行角度进行的运算，即水平方向抽取元组。经过选择运算得到的新关系其模式不变，但其中元组的数目小于或等于原关系中元组的个数，它是原关系的一个子集。

例 2.7 在表 2.2(a)所示的学生关系 S 中，查询计算机学院(CS)的全体学生。用代数表达式表示如下：

$$\sigma_{COLLEGE = 'CS'}(S)$$

或

$$\sigma_{5 = 'CS'}(S)$$

结果如表 2.6 所示。

表 2.6 例 2.7 选择运算结果

SNO	SNAME	SEX	AGE	COLLEGE
S1	王丽萍	F	19	CS
S3	马长友	M	20	CS

例 2.8 在表 2.2(a)所示的学生关系 S 中，查询信息学院(IS)且年龄小于 21 的学生。用代数表达式表示如下：

$$\sigma_{COLLEGE = 'IS' \wedge AGE < '21'}(S)$$

或

$\sigma_{5='IS' \wedge 4<'21'}(S)$

结果如表 2.7 所示。

表 2.7　例 2.8 选择运算结果

SNO	SNAME	SEX	AGE	COLLEGE
S2	姜　芸	F	20	IS

2. 投影

关系 R 上的投影是从 R 中选择出若干属性列组成新的关系。形式定义为

$$\Pi_A(R) = \{t[A] | t \in R\}$$

其中,A 为 R 中的属性列子集合,A 也可以用属性序号表示。投影运算的直观含义如图 2.11 所示。

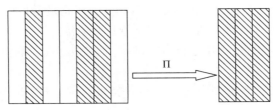

图 2.11　投影运算示意图

投影运算是从列角度进行的运算。经过投影运算得到的新关系所包含的属性个数往往比原关系属性个数少,或者属性的排列顺序不同。

例 2.9　在表 2.2(a)所示的学生关系 S 中,查询学生的姓名和所在系,即求 S 关系上学生姓名和所在学院两个属性上的投影。用代数表达式表示如下:

$\pi_{SNAME,COLLEGE}(S)$

或

$\pi_{2,5}(S)$

结果如表 2.8 所示。

表 2.8　例 2.9 投影运算结果

SNAME	COLLEGE
王丽萍	CS
姜　芸	IS
马长友	CS

投影之后不仅取消了原关系中的某些列,而且还可能取消某些元组。这是因为取消了某些属性列后,就可能出现重复行,而结果中取消了这些重复行。

3. 连接

连接(join)运算是从两个关系的笛卡儿积中选取属性间满足一定条件的元组。形式定义为

$$R \underset{\text{连接条件}}{\bowtie} S = \sigma_{\text{连接条件}}(R \times S)$$

其中,连接条件是关系 R 和 S 上可比属性的比较运算表达式或可比属性组的逻辑运算表达

式。如在关系 R(A,B,C) 和 S(A,C,D) 中,当连接条件为 R.B<S.D(或记为 B<D,不会引起混淆)时是一个比较表达式,当连接条件为 R.A<S.A∧R.B>S.C 时是一个逻辑表达式。当连接条件为等式时,称连接为等值连接(equal join),等值连接的直观含义如图 2.12 所示。

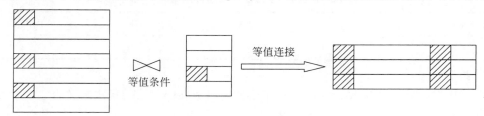

图 2.12 等值连接示意图

如果两个关系所有相同的属性做等值连接,而且又取消了重复属性,则称为自然连接(natural join)。关系 R 和 S 的自然连接记为 R⋈S。这是最常用的一种连接运算,在后面所接触的连接运算中,除非特别声明,一般都是指自然连接。

一般的连接运算是从行的角度进行运算,但自然连接还需要取消重复列,所以是同时从行和列角度进行的运算。

例 2.10 设关系 R 和 S 分别为表 2.4(a) 和表 2.4(b),表 2.9 为一般连接 $R\underset{R.AGE<S.AGE}{\bowtie}S$ 的结果。

表 2.9 关系 R 与 S 在条件 R.AGE<S.AGE 下的连接结果

R.SNO	R.SNAME	R.SEX	R.AGE	R.COLLEGE	S.SNO	S.SNAME	S.SEX	S.AGE	S.DEPT
S1	王丽萍	F	19	CS	S2	姜芸	F	20	IS
S1	王丽萍	F	19	CS	S3	马长友	M	20	CS
S1	王丽萍	F	19	CS	S5	李秀梅	F	21	CS
S2	姜芸	F	20	IS	S5	李秀梅	F	21	CS
S3	马长友	M	20	CS	S5	李秀梅	F	21	CS

例 2.11 设关系 R 和 SC 分别为表 2.5(a) 和表 2.5(b),表 2.10(a) 表示等值连接 $R\underset{R.SNO=S.SNO}{\bowtie}SC$ 的结果,表 2.10(b) 为自然连接 R⋈SC 的结果。

表 2.10 关系 R 和 SC 的连接

(a) 关系 R 与 SC 在条件 R.SNO=SC.SNO 下的连接结果

S.SNO	SNAME	SEX	AGE	COLLEGE	SC.SNO	CNO	GREAD
S1	王丽萍	F	19	CS	S1	C1	87
S1	王丽萍	F	19	CS	S1	C2	92
S2	姜芸	F	20	IS	S2	C2	88

(b) 关系 R 与 SC 的自然连接结果

SNO	SNAME	SEX	AGE	COLLEGE	CNO	GREAD
S1	王丽萍	F	19	CS	C1	87
S1	王丽萍	F	19	CS	C2	92
S2	姜芸	F	20	IS	C2	88

两个关系 R 和 SC 在做自然连接时,选择两个关系在公共属性上值相等的元组构成新的关系。此时,关系 R 中某些元组有可能在 SC 中不存在公共属性上值相等的元组,从而造

成 R 中这些元组在运算时被舍弃了,同样,SC 中某些元组也可能被舍弃。例如,在表 2.10(b)的自然连接中,R 中的第 3 个元组被舍弃掉了。

如果把被舍弃的元组也保存在结果关系中,而在其他属性上填空值(NULL),那么这种连接就称为外连接(outer join)。如果只把左边关系 R 中要舍弃的元组保留称为左外连接(left outer join 或 left join),只把右边关系 SC 中要舍弃的元组保留称为右外连接(right outer join 或 right join),把左边关系 R 中舍弃的元组和右边关系 SC 中舍弃的元组都保留称为全外连接(full outer join 或 full join)。表 2.5(a)关系 R 和表 2.5(b)关系 SC 的左外连接、右外连接和全外连接分别由表 2.11(a)、表 2.11(b)和表 2.11(c)表示。

表 2.11 关系 R 和 SC 的连接

(a) 关系 R 与 SC 左外连接结果

SNO	SNAME	SEX	AGE	COLLEGE	CNO	GREAD
S1	王丽萍	F	19	CS	C1	87
S1	王丽萍	F	19	CS	C2	92
S2	姜芸	F	20	IS	C2	88
S3	马长友	M	20	CS	NULL	NULL

(b) 关系 R 与 SC 右外连接结果

SNO	SNAME	SEX	AGE	COLLEGE	CNO	GREAD
S1	王丽萍	F	19	CS	C1	87
S1	王丽萍	F	19	CS	C2	92
S2	姜芸	F	20	IS	C2	88
S4	NULL	NULL	NULL	NULL	C3	72

(c) 关系 R 与 SC 全外连接结果

SNO	SNAME	SEX	AGE	COLLEGE	CNO	GREAD
S1	王丽萍	F	19	CS	C1	87
S1	王丽萍	F	19	CS	C2	92
S2	姜芸	F	20	IS	C2	88
S3	马长友	M	20	CS	NULL	NULL
S4	NULL	NULL	NULL	NULL	C3	72

2.2.3 关系代数表达式及其应用实例

在关系代数运算中,把由五个基本运算经过有限次运算和复合的式子称为关系代数表达式,这种表达式的运算结果仍是一个关系。我们可以用关系代数表达式表示各种数据查询运算。

例 2.12 设教学管理数据库中有 3 个关系:

学生关系 S(SNO,SNAME,AGE,SEX)

选课关系 SC(SNO,CNO,GRADE)

课程关系 C(CNO,CNAME,TNAME)

其中,关系属性 SNO、SNAME、AGE、SEX、CNO、GRADE、CNAME、TNAME 分别表示学生学号、学生姓名、学生年龄、学生性别、课程号、成绩、课程名、教师姓名。

下面用关系代数表达式表达每个查询语句。

(1) 检索学习课程号为 C2 的学生学号与成绩。

$$\pi_{SNO,GRADE}(\sigma_{CNO='C2'}(SC))$$

该式表示先对关系 SC 执行选择运算,然后执行投影运算。表达式中也可以不写属性名,而写上属性的序号,如下面表达式:

$$\pi_{1,3}(\sigma_{CNO='C2'}(SC))$$

(2) 检索学习课程号为 C2 的学生学号与姓名。

$$\pi_{SNO,SNAME}(\sigma_{CNO='C2'}(S \bowtie SC))$$

由于这个查询涉及关系 S 和 SC,因此先要对这两个关系执行自然连接运算,然后再执行选择和投影运算。

(3) 检索选修课程名为 MATHS 的学生学号与姓名。

$$\pi_{SNO,SNAME}(\sigma_{CNAME='MATHS'}(S \bowtie SC \bowtie C))$$

(4) 检索选修课程号为 C2 或 C4 的学生学号。

$$\pi_{SNO}(\sigma_{CNO='C2' \vee CNO='C4'}(SC))$$

或

$$\pi_{SNO}(\sigma_{CNO='C2'}(SC)) \bigcup \pi_{SNO}(\sigma_{CNO='C4'}(SC))$$

(5) 检索至少选修课程号为 C2 和 C4 的学生学号。

$$\pi_1(\sigma_{1=4 \wedge 2='C2' \wedge 5='C4'}(SC \times SC))$$

或

$$\pi_{SNO}(\sigma_{CNO='C2'}(SC)) \bigcap \pi_{SNO}(\sigma_{CNO='C4'}(SC))$$

这里(SC×SC)表示关系 SC 自身做笛卡儿积运算。

(6) 检索不学 C2 课程的学生姓名与年龄。

$$\pi_{SNAME,AGE}(S) - \pi_{SNAME,AGE}(\sigma_{CNO='C2'}(S \bowtie SC))$$

这里要用到集合差运算。先求出全体学生的姓名和年龄,再求出学了 C2 课程的学生姓名和年龄,最后执行两个集合的差运算。

查询语句的关系代数表达式的一般形式是:

$$\pi \cdots (\sigma \cdots (R \times S))$$

或者

$$\pi \cdots (\sigma \cdots (R \bowtie S))$$

首先把查询涉及的关系取来,执行笛卡儿积或自然连接运算得到一张大的表格,然后对大表格执行水平分割(选择运算)和垂直分割(投影运算)。

2.3 关系数据库的规范化理论

视频讲解

为使关系数据库结构设计合理可靠、简单实用,就要根据现实世界存在的数据依赖对关系模式进行规范化处理,从而构造出"好的""合适"的关系模式,它涉及一系列的理论和方法,形成了关系数据库的规范化理论。

2.3.1 关系模式规范化的必要性

在数据管理中,数据冗余一直是影响系统性能的大问题。数据冗余是指同一个数据在系统中多次重复出现。在文件系统中,由于文件之间没有联系,因此可能造成一个数据在多个文件中出现。数据库系统克服了文件系统的这种缺陷,但对于数据冗余问题仍然要加以关注。如果一个关系模式设计得不好,就会出现像文件系统一样的数据冗余、异常、不一致等问题。

例 2.13 设有学生选课信息关系模式 SC_T(SNO,CNO,CNAME,GRADE,TNAME,TSEX,TITLE,TADDR),其属性分别表示学生学号、选修课程的课程号、课程名、成绩、任课教师姓名、任课教师性别、任课教师职称、任课教师住址。SC_T 关系如表 2.12 所示。假设一门课程只有一个教师担任,则关系模式的主键为(SNO,CNO)。

表 2.12 学生选课 SC_T 关系

SNO	CNO	CNAME	GRADE	TNAME	TSEX	TITLE	TADDR
S2	C4	数据结构	82	魏桂环	F	讲师	枚乘路 45 号
S4	C4	数据结构	87	魏桂环	F	讲师	枚乘路 45 号
S6	C4	数据结构	63	魏桂环	F	讲师	枚乘路 45 号
S6	C2	C++	89	马笑天	M	副教授	民主东街 3 号
S4	C2	C++	92	马笑天	M	副教授	民主东街 3 号
S8	C6	C#	64	王庆功	M	副教授	明远西路 26 号

从表 2.12 中的数据可以看出,该关系存在着如下问题:

(1) 数据冗余大。如果一门课程有多个学生选修,那么在关系中要出现数据重复的多个元组,也就是这门课程的课程名和任课教师信息(教师姓名、教师性别、教师职称和教师住址)要重复存储多次。

(2) 操作异常。由于数据的冗余,在对数据操作时会引起各种异常。

① 更新异常。例如 C4 课程有 3 个学生选修,在关系中就会有 3 个元组。如果讲授这门课程的教师更新为李春玉老师,那么这 3 个元组的教师信息都要更新为李春玉老师的信息。若有一个元组的教师信息未修改,就会造成这门课程的任课教师信息不唯一,产生了不一致现象。

② 插入异常。如果需要安排一门新课程,课程号为 C10,课程名为"计算机组成原理",由陈志辉老师讲授。在尚无学生选修时,要把这门课程的数据信息插入关系 SC_T 中时,主属性 SNO 上就会出现空值,根据关系数据库的实体完整性约束,这是无法插入的,即引起插入异常。

③ 删除异常。如果在表 2.12 中要删除学生 S8 选课元组,随之也删除了王庆功老师的所有信息。虽然这个关系依然存在,但在数据库中却无法找到王庆功老师的信息,即出现了删除异常。

从以上分析可以看出,学生选课信息关系模式 SC_T 尽管看起来很简单,但存在的问题比较多,因此,它不是一个"好的"关系模式。

在上例中,关系模式 SC_T 存在数据冗余和操作异常现象。我们可以将 SC_T 分解成

下面两个关系模式,即学生选课表 SC 和教师信息表 T:

SC(SNO,CNO,GRADE)
T(CNO,CNAME,TNAME,TSEX,TITLE,TADDR)

相应的关系如表 2.13(a)、表 2.13(b)所示。

表 2.13 分解后的关系 SC 和关系 T

(a) 关系 SC

SNO	CNO	GRADE
S2	C4	82
S4	C4	87
S6	C4	63
S6	C2	89
S4	C2	92
S8	C6	64

(b) 关系 T

CNO	CNAME	TNAME	TSEX	TITLE	TADDR
C4	数据结构	魏桂环	F	讲师	枚乘路 45 号
C2	C++	马笑天	M	副教授	民主东街 3 号
C6	C#	王庆功	M	副教授	明远西路 26 号

这样分解后,例 2.12 中提到的冗余和异常现象就基本消除了(没有完全消除)。每门课程的课程名和教师信息只存储一次,即使这门课程还没有学生选修,其课程名和教师信息也可存放在关系 T 中。分解是解决冗余的主要方法,也是规范化的一条原则,即"关系模式有冗余问题,就分解它"。

但是将 SC_T 分解成 SC 和 T 两个关系模式是否最佳分解,也不是绝对的。如果要查询学生所学课程的任课教师,就要对两个关系做连接操作,而连接的代价是很大的。在原来模式 SC_T 的关系中,可直接找到上述结果。到底什么样的关系模式是最优的?标准是什么?如何实现?都是本节要讨论的问题。

为了便于阅读,本节使用的符号有如下规定:

(1) 英文字母表的大写字母"A,B,C,…"表示单个的属性或属性集。

(2) 大写字母 R 表示关系模式,小写字母 r 表示具体的关系。为叙述方便,有时也用属性名的组合写法表示关系模式。若模式 R 有 A、B、C 3 个属性,就用 R(ABC)表示关系模式,特别地,如果 U 是 R 的属性集,R 的关系模式表示为 R(U)。

(3) 属性集$\{A_1,\cdots,A_n\}$简写为$A_1\cdots A_n$。属性集 X 和 Y 的并集 X∪Y 简写为 XY。X∪{A}简写为 XA 或 AX。

2.3.2 函数依赖

数据之间存在的各种联系现象称为数据依赖(data dependency),它是同一关系中属性间的相互依赖和相互制约。而数据冗余和操作异常等现象与数据依赖有着密切的联系。关系规范化理论主要解决关系模式中不合适的数据依赖问题。在数据依赖中,函数依赖(Functional Dependency,FD)是最基本的一种依赖形式,它反映了同一关系中属性之间的内在联系,也是关系模式中的一种重要约束。

1. 函数依赖的概念

假设 R(U)是一个关系模式,U 是 R 的属性集合,X、Y 是 U 的两个属性子集。如果对于 X 上任一组具体的属性值,Y 都有一组属性值与之对应,则称 X 函数确定 Y 或 Y 函数依赖于 X,记作 X→Y。也称 X 为决定项,Y 为依赖项。

例 2.14 有一个关于学生选课、教师任课的关系模式：

R(SNO,SNAME,CNO,CNAME,GRADE,TNAME,TAGE)

属性依次表示学生学号、姓名、选修课程的课程号、课程名、成绩、任课教师姓名和教师年龄等意义。

如果规定每个学号只对应一个学生姓名，每个课程号只对应一门课程，一门课程只有一名教师讲授，那么可写成下列 FD：

SNO→SNAME, CNO→CNAME

每个学生每学一门课程有一个成绩，那么可写出下列 FD：

(SNO,CNO)→GRADE

还可以写出其他一些 FD：

CNO→(CNAME,TNAME,TAGE), TNAME→TAGE

在关系模式 R(U) 中，对于 U 的子集 X 和 Y，如果 Y⊆X，则必有 X→Y，称该函数依赖为平凡函数依赖，否则称为非平凡函数依赖。对于任一关系模式，平凡函数依赖不反映新的语义。如果没有特殊声明，后面我们讨论的函数依赖都是非平凡函数依赖。

对于关系 R 函数依赖的概念，需要说明以下三点：

(1) 函数依赖不是指关系 R 的某个或某些关系实例满足的约束条件，而是指 R 的所有关系实例均满足的约束条件。

如关系模式 S(SNO,SNAME,SEX,AGE,COLLEGE) 中，存在函数依赖

SNO→(SNAME,SEX,AGE,COLLEGE)

若每一个专业的学生信息都是关系 R 的一个实例，则要求每一个关系 R 实例均满足该依赖关系。

(2) 函数依赖和其他数据之间的依赖关系一样，是语义范畴的概念，只能根据各属性的实际意义来确定函数依赖。

例如，在关系模式 S(SNO,SNAME,SEX,AGE,COLLEGE) 中，函数依赖

SNAME→(SNO,SEX,AGE,COLLEGE)

只有在不允许有相同姓名学生的前提条件下成立。

(3) 数据库设计者可以根据现实世界中具体问题语义自行定义函数依赖，以限制插入关系的所有元组都必须符合所定义的条件，否则拒绝接受插入。

在关系模式 S(SNO,SNAME,SEX,AGE,COLLEGE) 中，若函数依赖 SNAME→SNO 成立，所插入的元组必须满足规定的函数依赖，若发现有同名学生存在，则拒绝输入该元组。

2. 完全函数依赖和部分函数依赖

假设在关系模式 R(U) 中，X 和 Y 是属性集 U 的子集，且有 X→Y，如果对于 X 的任一个真子集 W，都有 W→Y 不成立，则称 Y 完全函数依赖于 X，否则，称 Y 部分函数依赖于 X。完全函数依赖说明了在依赖关系的决定项中没有多余的属性。

如在例 2.14 的关系模式 R 中，函数依赖 (SNO,CNO)→GRADE，TNAME→TAGE 是完全函数依赖，(SNO,CNO)→SNAME，(SNO,CNO)→CNAME，(SNO,CNO)→TNAME，(SNO,CNO)→TAGE 都是部分函数依赖。

使用完全函数依赖和部分函数依赖可以说明函数依赖和键的关系:假设关系模式 R 的属性集是 U,X 是 U 的一个子集。如果 U 部分函数依赖于 X,则 X 是 R 的一个超键。如果 U 完全函数依赖于 X,则 X 是 R 的一个候选键。

3. 传递函数依赖

假设在关系模式 R(U)中,X、Y 和 Z 是属性集 U 的不同子集,如果 X→Y(并且 Y→X 不成立),Y→Z,则称 Z 传递函数依赖 X,或称 X 传递函数确定 Z。

如在例 2.14 的关系模式 R 中,由于在 R 中存在函数依赖 CNO→TNAME 和 TNAME→TAGE,所以 R 的函数依赖 CNO→TAGE 是传递函数依赖。

4. Armstrong 推理

从已知的一些函数依赖可以推导出另外一些函数依赖,这就需要一系列的推理规则。函数依赖的推理规则最早是出现在 1974 年 W. W. Armstrong 的论文里,因此也常被称为 Armstrong 公理。

Armstrong 公理:设 A、B、C、D 是给定关系模式 R 属性集 U 的任意子集,则其推理规则可归结为如下 3 条。

自反性(reflexivity):如果 B⊆A,则 A→B。这是一个平凡的函数依赖。

增广性(augmentation):如果 A→B,则 AC→BC。

传递性(transitivity):如果 A→B 且 B→C,则 A→C。

由 Armstrong 公理可以得到以下推论:

合并性(union):如果 A→B 且 A→C,则 A→BC。

分解性(decomposition):如果 A→BC,则 A→B,A→C。

伪传递性:如果 A→B,BC→D,则 AC→D。

复合性(composition):A→B,C→D,则 AC→BD。

通常称上述 Armstrong 公理及其推理为 Armstrong 推理规则,简称为 Armstrong 推理。

例 2.15 设关系 R(ABCDE)上函数依赖集为 F,并且 F={A→BC,CD→E,B→D,E→A}。求出 R 的候选键。

解:已知 A→BC,由分解性得 A→B,A→C;又已知 B→D,由传递性得 A→D;又由合并性得 A→CD,又已知 CD→E,再由传递性得 A→E,因此,A 是 R 的一个候选键。

同理可得 R 的另外 3 个候选键 E、CD 和 BC。

2.3.3 关系的范式及规范化

视频讲解

要想设计一个好的关系模式,必须使关系模式满足一定的约束条件,这些约束条件已形成了规范,分成了几个等级,一级比一级要求严格,每一级都叫作一个范式。下面分别介绍几种常用范式。

1. 第一范式

如果关系模式 R 的所有属性都是不可再分的基本数据项(属性具有原子性),则称 R 满足第一范式(first normal form),简记为 R∈1NF。

例 2.13 中关系模式 SC_T 满足第一范式。

满足 1NF 的关系称为规范化的关系,否则称为非规范化的关系。非规范化关系中一般存在多值属性。

假设关系模式 R(NAME,ADDRESS,PHONE),如果一个人有两个电话号码(PHONE),则 PHONE 就是多值属性。那么在关系中至少要出现两个元组,以便存储这两个号码,而该关系 R 的主键是 NAME,因此就破坏了关系模型的主键约束。

又如表 2.14 也不是规范化了的二维表,其中,属性"基本工资"是多值属性。

表 2.14 非规范化二维表示例

工 号	姓 名	基本工资				...
		基础工资	级别工资	职务工资	工龄工资	
...	...	...	...	...	...	...

在任何一个关系数据库系统中,第一范式是对关系模式的最低要求,否则就不能称为关系数据库。但是满足第一范式的关系模式未必是好的关系模式,如例 2.13 中的关系模式 SC_T,本身存在着插入异常、删除异常、更新异常和数据冗余大等问题。

2. 第二范式

如果关系模式 R 属于 1NF,且它的每一个非主属性都完全函数依赖于 R 的候选键,则称 R 属于第二范式(second normal form),简记为 R∈2NF。

例 2.16 设关系模式 R(SNO,CNO,GRADE,TNAME,TADDR)各属性含义如例 2.13 所示。(SNO,CNO)是 R 的候选键。

R 上有函数依赖(SNO,CNO)→(TNAME,TADDR)和 CNO→(TNAME,TADDR),因此前一个函数依赖是局部依赖,R 不属于 2NF 模式。此时 R 的关系就会出现数据冗余和操作异常等现象。

例如某一门课程有 100 个学生选修,那么在关系中就会存在 100 个元组,因而教师的姓名和地址就会重复 100 次。

如果把 R 分解成 R_1(CNO,TNAME,TADDR)和 R_2(SNO,CNO,GRADE)后,局部依赖(SNO,CNO)→(TNAME,TADDR)就消失了。R_1 和 R_2 都属于 2NF 模式。

此时 R_1 的关系中仍会出现数据冗余和异常操作。例如一个教师开设五门课程,那么关系中就会出现五个元组,教师的地址就会重复五次。因此,有必要寻找更强的规范条件。

3. 第三范式

如果关系模式 R 属于 1NF,且每个非主属性都不传递依赖于 R 的候选键,那么称 R 属于第三范式(third normal form),简记为 R∈3NF。

如果关系模式 R∈3NF,则必有 R∈2NF。

例 2.16 中的 R_1(CNO,TNAME,TADDR)属于 2NF 模式。如果 R_1 中存在函数依赖 CNO→TNAME 和 TNAME→TADDR,那么 CNO→TADDR 就是一个传递依赖,即 R_1 不是 3NF 模式。如果把 R_1 分解成 R_{11}(TNAME,TADDR)和 R_{12}(CNO,TNAME)后,CNO→TADDR 就不会出现在 R_{11} 和 R_{12} 中了,这样 R_{11} 和 R_{12} 都属于 3NF 模式。

把关系模式分解到第三范式,可以在相当程度上消除原关系中的操作异常和数据冗余。

4. BC 范式

如果关系模式 R 是 1NF,且每个属性都不传递依赖于 R 的候选键,那么称 R 属于 BC

范式(Boyce-Codd normal form),简记为 R∈BCNF。

BC 范式的条件有如下等价的描述：每个非平凡函数依赖的左边必须包含候选键。

从定义可以看出,BC 范式既检查非主属性,又检查主属性,显然比第三范式限制更严格。当只检查非主属性而不检查主属性时,就成了第三范式。因此,属于 BC 范式的关系一定属于第三范式。

例 2.17 设关系模式 C(CNO,CNAME,PCNO)的属性分别表示课程号、课程名和先修课程号。CNO 是主键,这里没有任何非主属性对 CNO 部分依赖或传递依赖,所以 C 属于 3NF。同时 C 中 CNO 是唯一的决定因素,所以 C∈BCNF。

例 2.18 关系模式 STJ(S,T,J)中,S 表示学生,T 表示教师,J 表示课程。每一教师只教一门课。每门课有若干教师,某一学生选定某门课,就对应一个固定的教师。由语义可得到如下的函数依赖。

$(S,J) \rightarrow T; (S,T) \rightarrow J; T \rightarrow J$

这里(S,J)、(S,T)都是候选键。

因为没有任何非主属性对候选键传递函数依赖或部分函数依赖,所以 STJ∈3NF。但 STJ∉BCNF,这是因为函数依赖 T→J 的决定项 T 不包含候选键。

3NF 和 BCNF 是在函数依赖的条件下对模式分解所能达到的分离程度的测度。一个数据库中的关系模式如果都是 BCNF,那么在函数依赖范畴内,它已经实现彻底的分离,已消除了插入和删除异常。3NF 的"不彻底"性表现在可能存在主属性对键的部分依赖和传递依赖。

2.3.4 关系模式的分解

研究函数依赖理论的目的是规范关系模式,即通过关系模式的分解,使之获得性能较好的关系模式。模式的分解涉及属性集的划分和函数依赖集的划分。

1. 模式分解

设关系模式 R(U)全部函数依赖的集合为 F,由 F 通过 Armstrong 推理得到函数依赖的全体称为 F 的闭包,记作 F^+。对于 $U_i \subseteq U, F_i = \{FD: X \rightarrow Y | FD \in F^+ \wedge X, Y \subseteq U_i\}$ 称为函数依赖集 F 在 U_i 上的投影。由此可以看出,F_i 中函数依赖的决定项和依赖项都在 U_i 中,这些函数依赖可在 F 中出现,也可不在 F 中出现,但一定可以由 F 推出。

例 2.19 设关系模式 R(U)的函数依赖集为 F,$U_i = \{A,D\} \subseteq U, F = \{A \rightarrow B, B \rightarrow C, C \rightarrow D, BC \rightarrow A\}$,求 F 在 U_i 上的投影。

解：在 F 中没有决定项和依赖项都在 U_i 中的函数依赖,由 A→B,B→C,C→D 可以推出 $A \rightarrow D \in F^+$,所以 $F_i = \{A \rightarrow D\}$。

如果关系模式集合 $\rho = \{R_1(U_1), R_2(U_2), \cdots, R_n(U_n)\}$,满足 $U = \bigcup_{i=1}^{n} U_i$,并且没有 $U_i \subseteq U_j, 1 \leq i, j \leq n, U_i$ 的函数依赖集 F_i 为 F 在 U_i 上的投影,则称 ρ 为关系模式 R(U)的一个分解。

关于模式分解说明如下三点：

(1) U 中的属性全部分散在分解 ρ 中。

(2) 在分解 ρ 中,由于 U_i 的属性构成不同,会使 U 的某些函数依赖消失。

(3) 在一个分解中,不允许出现两个子模式有包含关系。

按照不同的分解准则,模式所能达到的分离程度各不相同,各种范式就是对分离程度的测度。下面先看一个模式分解的例子。

例 2.20 设选课关系模式 R(SNO,CNAME,TNAME,GRADE),各属性的含义如例 2.13 所示。实例如表 2.15 所示。

表 2.15 选课关系模式 R

SNO	CNAME	TNAME	GRADE
S10	数据结构	王洪信	84
S21	数据结构	王洪信	92
S21	C++	刘丽荣	77

首先分析选课关系模式 R。主键为(SNO,CNAME),函数依赖如下:

(SNO,CNAME)→(TNAME,GRADE)
CNAME→TNAME

显然,(SNO,CNAME)→TNAME 是部分函数依赖,所以 R 不属于第二范式,可以把选课关系模式 R 分解成关系 R_1 和 R_2:

R_1(SNO,CNAME,GRADE),主键为(SNO,CNAME)
R_2(CNAME,TNAME),主键为 CNAME

实例如表 2.16 所示。

表 2.16 关系模式 R 分解

(a) 关系模式 R_1

SNO	CNAME	GRADE
S10	数据结构	84
S21	数据结构	92
S21	C++	77

(b) 关系模式 R_2

CNAME	TNAME
数据结构	王洪信
C++	刘丽荣

经过这种分解后的两个关系 R_1 和 R_2 都属于 BCNF,从而也属于 3NF。

2. 无损分解

模式分解过程必须是"可逆"的,即模式分解的结果应该能重新映像到分解前的关系模式。可逆性是很重要的,它意味着在模式分解的过程中没有丢失信息。

对关系模式 R 进行分解时,R 的元组将分别在相应属性集进行投影而产生新的关系,如果对新的关系进行自然连接得到的元组集合与原关系完全一致,则称该分解为无损分解(lossless decompose),否则称为有损分解。

在例 2.20 中,选课关系模式 R 分解成两个关系子模式 R_1 和 R_2,如表 2.15 和表 2.16 所示,R_1 和 R_2 可以经过自然连接恢复为原来的表 R,这就保证了分解的数据没有丢失。同时该分解没有丢失关系模式 R 的函数依赖,因此,也保证了数据间语义联系依然存在。

例 2.20 中的模式分解是无损分解。如果在例 2.20 中,将关系模式 R 分解为如下两个关系模式 R_3(SNO,CNAME,TNAME) 和 R_4(CNAME,GRADE),如表 2.17 所示。

对 R_3 和 R_4 进行自然连接,实例如表 2.18 所示。

表 2.17 关系模式 R 分解

(a) 关系模式 R_3

SNO	CNAME	TNAME
S10	数据结构	王洪信
S21	数据结构	王洪信
S21	C++	刘丽荣

(b) 关系模式 R_4

CNAME	GRADE
数据结构	84
数据结构	92
C++	77

表 2.18 关系模式 R_3 和 R_4 自然连接

SNO	CNAME	TNAME	GRADE
S10	数据结构	王洪信	84
S10	数据结构	王洪信	92
S21	数据结构	王洪信	84
S21	数据结构	王洪信	92
S21	C++	刘丽荣	77

R_3 和 R_4 自然连接后(见表 2.18)与原关系 R(见表 2.15)不一致。因此,该分解是有损分解。

Heath 定理:假设关系模式 R 分解为两个子关系模式 R_1 和 R_2,如果 $R_1 \cap R_2$ 至少包含其中一个子关系模式的主键,则此分解是无损分解。

在例 2.20 中,R(SNO,CNAME,TNAME,GRADE)分解成 R_1(SNO,CNAME,GRADE)和 R_2(CNAME,TNAME)两个子关系模式,由于 $R_1 \cap R_2 = \{CNAME\}$,而 CNAME 是关系模式 R_2 的主键,由 Heath 定理,该分解为无损分解。

3. 保持函数依赖分解

模式分解的过程还必须保证数据的语义完整性。在做任何数据输入和修改时,只要每个关系模式本身的函数依赖被满足,就可以确保整个数据库中数据的语义完整性不受破坏。

设 $\rho = \{R_1(U_1), R_2(U_2), \cdots, R_n(U_n)\}$ 是关系模式 R(U)的一个分解,R 的函数依赖集 F 在 U_i 上的投影为 F_i,如果满足 $\bigcup_{i=1}^{n} F_i^+ = F^+$,则称 ρ 具有函数依赖保持性,也称该分解为保持依赖分解(preserve dependency decompose)。

如例 2.20 中的分解是保持函数依赖分解。这是因为关系 R 的函数依赖集合 F 为:

$F = \{(SNO,CNAME) \rightarrow GRADE, (SNO,CNAME) \rightarrow TNAME, CNAME \rightarrow TNAME\}$

$R = R_1 \cup R_2$,F 在 R_1 和 R_2 上的投影分别为 F_1 和 F_2,其中:

$F_1 = \{(SNO,CNAME) \rightarrow GRADE\}, F_2 = \{CNAME \rightarrow TNAME\}$

显然,$(F_1 \cup F_2) \subseteq F$。在 $F_1 \cup F_2$ 中,由平凡函数依赖(SNO,CNAME)$\rightarrow$CNAME 和 CNAME$\rightarrow$TNAME 及 Armstrong 推理规则可得(SNO,CNAME)$\rightarrow$TNAME。即有 $F \subseteq (F_1 \cup F_2)$。从而有 $F = (F_1 \cup F_2)$,因此也有 $(F_1 \cup F_2)^+ = F^+$。

4. 关系模式分解的原则

关系模式在分解时应保持数据等价和语义等价两个原则,分别用无损分解和保持依赖分解两个特征来衡量。

无损分解能保持原关系模式分解的子关系模式自然连接后恢复回来,而保持依赖分解保证分解的子关系模式连接后其语义不会发生变化,也就是不会违反函数依赖的语义。但无损分解与保持依赖两者之间没有必然的联系。

实际上,在对关系模式进行分解时,除了考虑数据等价和函数依赖等价以外,还要考虑效率。当对数据库的操作主要是查询而更新较少时,为了提高查询效率,有时可保留适当的数据冗余,让关系模式中的属性多一些,而不要把模式分解得太小,否则为了查询一些数据,要做大量的连接运算,把多个关系模式连接在一起才能从中找到相关的数据。因此,保留适量的冗余,达到以空间换时间的目的,这也是关系模式分解的一个重要原则。

5. 3NF 分解

目前在信息系统的设计中,广泛采用的是"基于 3NF 的系统设计"方法,这是由于理论上已经证明任何关系模式都可以无损地分解为多个 3NF,并且符合 3NF 的关系模式基本上解决了数据冗余大和操作异常问题。

假设 R 是一个关系模式,将 R 分解成多个 3NF 关系模式的步骤如下:

(1) 如果 R 不属于 1NF,对其进行分解,使其满足 1NF。

分解为 1NF 的方法可以直接将其多值属性进行分解,用分解后的多个单值属性集取代原来的属性。

如关系模式 R(ENO,NAME,ADDRESS,PHONE)中,假设每条记录至多有 3 个电话号码。此时可将多值属性分解为 R'(NAME,ADDRESS,PHONE1,PHONE2,PHONE3)。有时,当多值属性取值较多时,为了防止出现大量的空值,一般将多值属性单独定义为一个实体。如将 R 分解为 R_1(ENO,NAME,ADDRESS)和 R_2(ENO,PHONE)。

(2) 如果 R 属于 1NF 但 R 不属于 2NF,分解 R 使其满足 2NF。

将关系模式分解为符合 2NF 条件的方法如下:

设关系模式 R(U),主键是 W,R 上还存在函数依赖 X→Z,并且 Z 是非主属性和 X⊂W,那么 W→Z 就是一个局部依赖。此时应把 R 分解成两个模式 R_1(XZ),主键是 X 和 R_2(Y),其中,Y=U−Z,主键仍是 W,外键是 X。

如在例 2.16 的关系模式 R(SNO,CNO,GRADE,TNAME,TADDR)中,取 W={SNO,CNO}Z={TNAME,TADDR},X={CNO},Y={SNO,CNO,GRADE},使用该方法就可以得到符合 2NF 的关系模式 R_1(CNO,TNAME,TADDR)和 R_2(SNO,CNO,GRADE)。

(3) 如果 R 属于 2NF 但 R 不属于 3NF,分解 R 使其满足 3NF。

将关系模式分解为符合 3NF 条件的方法如下:

设关系模式 R(U),主键是 W,R 上还存在函数依赖 X→Z。Z 不含于 X 并且是非主属性,X 不是候选键,那么 W→Z 就是一个传递函数依赖。此时应把 R 分解成两个模式 R_1(XZ),主键是 X 和 R_2(Y),其中,Y=U−Z,主键仍是 W,外键是 X。

如在例 2.16 的关系模式 R_1(CNO,TNAME,TADDR),取 W={CNO},X={TNAME},Z={TADDR},使用该方法就可以得到符合 3NF 的关系模式 R_{11}(TNAME,TADDR)和 R_{12}(CNO,TNAME)。

习 题 2

习题

自测题

第 3 章　数据库设计

在数据库领域内,通常把使用数据库的各类信息系统称为数据库应用系统。例如,以数据库为基础的各种管理信息系统、办公自动化系统、地理信息系统、电子政务系统、电子商务系统等都可以称为数据库应用系统。

数据库应用系统设计是指创建一个性能良好的、能满足不同用户使用要求的、又能被选定的 DBMS 所接受的数据库以及基于该数据库上的应用程序,而其中的核心问题是数据库设计。

3.1　数据库设计概述

数据库设计是指对于给定的应用环境,在关系数据库理论指导下构造(设计)出最优的数据库逻辑模式和物理结构,并在此基础上建立数据库及其应用系统,使之能够有效地存储和管理数据,满足各种用户的应用需求,包括信息管理要求和数据操作要求。

3.1.1　数据库设计目标和方法

1. 数据库设计目标

数据库设计目标是为用户和各种应用系统提供一个较好的信息基础设施和高效率运行环境。高效率的运行环境包括数据库的存取效率、数据库存储空间的利用率、数据库系统运行管理的效率等。

数据库设计的目标主要包括如下几方面的内容:

(1) 最大限度地满足用户的应用功能需求。主要是指用户可以将当前与可预知的将来应用所需要的数据及其联系,全部准确地存放在数据库中。

(2) 获得良好的数据库性能。即要求数据库设计保持良好的数据特性以及对数据的高效率存取和资源的合理使用,并使建成的数据库具有良好的数据共享性、独立性、完整性及安全性等。对关系数据库而言主要有:

① 数据要达到一定的规范化程度,避免数据重复存储和异常操作。
② 保持实体之间连接的完整性,避免数据库的不一致性。
③ 满足对事务响应时间的要求。
④ 尽可能减少数据的存储量和内外存间数据的传输量。
⑤ 便于数据库的扩充和移植,使系统有更好的适应性。

(3) 对现实世界模拟的精确度要高。

(4) 数据库设计应充分利用和发挥现有 DBMS 的功能和性能。

(5) 符合软件工程设计要求,因为应用程序设计本身就是数据库设计任务的一部分。

上述目标中的某些内容有时候是相互冲突的。通常要对数据库的存取效率、维护代价及用户需求等方面全面考虑,权衡折中,以获得更好的设计效果。

2. 数据库设计方法

大型数据库设计是涉及多学科的综合性技术,也是一项庞大的工程项目。它要求从事数据库设计的专业人员具备多方面的技术和知识。主要包括:

- 计算机的基础知识。
- 软件工程的原理和方法。
- 程序设计的方法和技巧。
- 数据库的基本知识和设计技术。
- 应用领域的相关知识。

这样,才能设计出符合具体领域要求的数据库及其应用系统。

要成功、高效地设计一个结构复杂、应用环境多样的数据库系统,仅仅靠手工的方法是很难的,必须在科学的设计理论和工程方法的支持之上,采用非常规范的设计方法,否则,就很难保证数据库设计的质量。近年来,人们将软件工程的思想和方法应用于数据库设计实践中,提出了许多优秀的数据库设计方法。

(1) 新奥尔良(New Orleans)法。最初于 1978 年 10 月提出,其后由 S. B. Yao 和 I. R. Palmer 等对该方法进行了改进。是目前公认的比较完整和权威的一种规范设计方法。它将数据库设计分为四个阶段:需求分析(分析用户要求)、概念设计(信息分析和定义)、逻辑设计(设计实现)和物理设计(物理数据库设计)。目前,常用的规范设计方法大多起源于新奥尔良法,如图 3.1 所示。

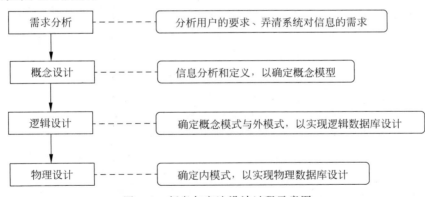

图 3.1　新奥尔良法设计过程示意图

(2) 基于 E-R 模型的数据库设计方法。由 P. P. S. Chen 于 1976 年提出,该方法是数据库概念设计阶段广泛采用的方法。其基本思想是在需求分析的基础上用 E-R 图构造一个反映现实世界客观事物及其联系的概念模式。它完成了将现实世界向概念世界的转换过程。

(3) 3NF 设计方法。由 S. Atre 提出的结构化设计方法,其思想是在需求分析的基础上首先确定数据库的模式、属性及属性间的依赖关系,然后将它们组织在一个单一的关系模式中,再分析模式中不符合 3NF 的约束条件,进行模式分解,最后规范成若干 3NF 关系模式的集合。

（4）对象定义语言（Object Definition Language，ODL）方法。这是面向对象的数据库设计方法，该方法用面向对象的概念和术语来说明数据库结构。用 ODL 描述面向对象数据库结构设计，可以将其直接转换为面向对象的数据库。

利用一些数据库设计工具或自动建模软件辅助完成数据库设计的某些过程也是十分重要的方法。目前不少数据库厂商都设计和开发了一些很有特色的数据库设计工具和建模软件，如 Sybase 公司的 PowerDesign、Rational 公司的 Rose、CA 公司的 E-Rwin 和 Bpwin 以及 Oracle 公司的 Oracle Designer 等。

3.1.2 数据库设计的基本步骤

在数据库设计过程中，需求分析和概念设计可以独立于任何数据库管理系统，逻辑设计和物理设计与具体的数据库管理系统密切相关。数据库设计的步骤可以分为需求分析、概念结构设计、逻辑结构设计、物理结构设计、数据库实施、数据库运行和维护六个阶段。

1. 需求分析阶段

需求分析是对用户提出的各种要求加以分析，对各种原始数据加以综合、整理，是形成最终设计目标的首要阶段，也是整个数据库设计过程中最困难的阶段。该阶段任务的完成，将为以后各阶段任务打下坚实的基础。该阶段的结果是需求分析报告，在需求分析报告中，需要列出目标系统所涉及的全部数据实体、每个数据实体的属性名一览表以及数据实体间的联系等。

2. 概念结构设计阶段

概念结构设计是对用户需求进行进一步抽象、归纳，并形成独立于 DBMS 和有关软、硬件的概念数据模型的设计过程，这是对现实世界中具体数据的首次抽象，实现了从现实世界到信息世界的转换过程。概念结构设计是数据库设计的一个重要环节，通常用 E-R 模型等描述。

3. 逻辑结构设计阶段

逻辑结构设计是将概念结构转换为某个 DBMS 所支持的数据模型，并进行优化的设计过程。关系数据库的逻辑结构由一组关系模式组成。

4. 物理结构设计阶段

物理结构设计是将逻辑结构设计阶段所产生的逻辑数据模型选取一个最适合应用环境的物理结构（包括存储结构和存取方法）。

5. 数据库实施阶段

数据库实施是设计人员利用所选用的 DBMS 提供的数据定义语言（DDL）来严格定义数据库，包括建立数据表、定义数据表的完整性约束等，编制与调试应用程序，组织数据入库，并进行试运行。

6. 数据库运行和维护阶段

数据库试运行合格后，数据库开发工作就基本完成，可投入正式运行了。但是，由于应用环境在不断变化，数据库运行过程中物理存储也会不断变化，对数据库设计进行评价、调整、修改等维护工作是一个长期的任务，也是设计工作的继续和提高。

综上所述，数据库设计流程可以用图 3.2 表示。较详细的过程将在后面各节中逐一讲解。

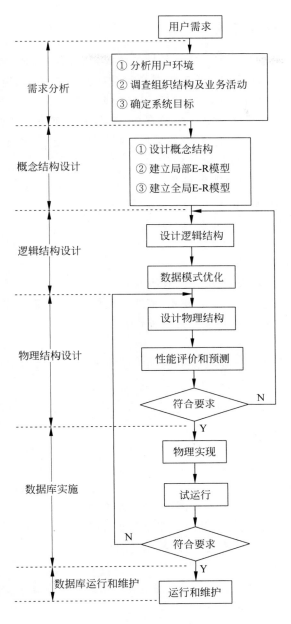

图 3.2　数据库设计流程图示

3.2　需 求 分 析

目前,数据库应用非常广泛、非常复杂,整个企业可以在同一个数据库上运行。此时,为了支持所有用户的运行,数据库设计就变得异常复杂。要是没有对数据信息进行充分的事先分析,这种设计将很难取得成功。因此,需求分析工作就被置于数据库设计过程的前沿。

3.2.1 需求分析的任务和目标

需求分析的任务是对系统的整个应用领域的情况做全面、详细的调查,确定企业组织的目标,收集支持系统总的设计目标的基础数据和对这些数据的要求,确定用户的需求,并把这些需求写成用户和数据库设计者都能够接受的文档。

需求分析的目标是给出应用领域中的数据项、数据项之间的关系和数据操作任务的详细定义,为数据库的概念结构设计、逻辑结构设计和物理结构设计奠定坚实的基础,为优化数据库的逻辑结构和物理结构提供可靠的依据。

设计人员还应该了解系统将来要发生的变化,收集未来应用所涉及的数据,充分考虑到系统可能的扩充和变动,使系统设计更符合未来发展的趋向,并且易于改动,以减少系统维护的代价。

这一阶段的任务如图 3.3 所示。

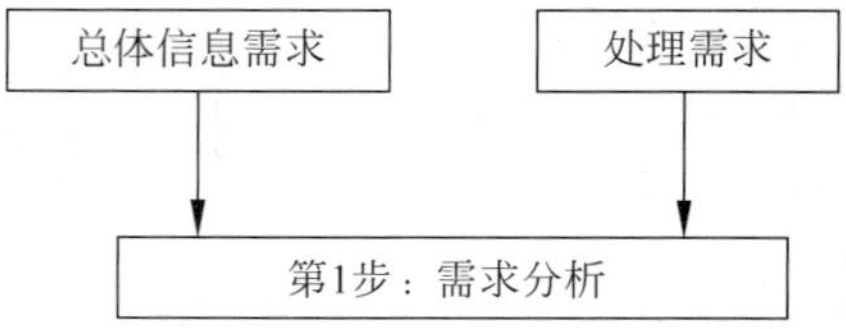

总体信息需求定义了未来系统用到的所有信息,描述了数据之间本质上和概念上的联系,描述了实体、属性及联系的性质。

图 3.3 需求分析阶段任务

处理需求定义了未来系统的数据处理的操作,描述了操作的先后次序、操作执行的频率和环境、操作与数据之间的联系。

在总体信息需求和处理需求定义说明的同时还应定义安全性和完整性约束。

这一阶段的结果是"系统需求分析报告",其主要内容是系统的数据流图和数据字典。需求分析报告应是一份既切合实际,又具有远见的文档,是一个描述新系统的轮廓图。

3.2.2 需求分析的步骤

需求分析阶段的工作主要由下面 3 个步骤组成。

1. 调查分析用户活动

调查未来系统所涉及用户的当前职能、业务活动及其流程等。具体做法是:

(1) 调查组织机构情况,包括该组织的部门组成情况、各部门的职责和任务等。

(2) 调查各部门的业务活动情况,包括各部门用户在业务活动中要输入什么数据,对这些数据的格式、范围有何要求。另外还需了解用户会使用什么数据,如何处理这些数据,经过处理的数据的输出内容、格式是什么。最后还应明确处理后的数据该送往何处等。其结果可以用数据流程图等图表表示出来。

2. 收集和分析需求数据,确定系统边界

在熟悉业务活动的基础上协助用户明确对新系统的各种需求,包括用户的信息需求、处理需求、安全性和完整性需求等,并确定哪些功能由计算机或将来由计算机完成,哪些活动由人工完成。

(1) 信息需求:主要明确用户在数据库中需要存储哪些数据,以此确定各实体集以及实体集的属性,各属性的名称、别名、类型、长度、值域、数据量、实体之间的联系及联系的类型等。

(2) 处理需求:指用户要对得到的数据完成什么处理功能,对处理的响应时间有何要求,处理的方式是联机处理还是批处理等。

(3) 安全性和完整性需求:在定义信息需求和处理需求的同时必须确定相应的安全性

和完整性约束等。

3. 编写系统需求分析报告

作为需求分析阶段的一个总结,也是为了使用户和系统开发者双方对该系统的初始规定有一个共同的理解,使之成为整个开发工作的基础和依据,设计者最后要编写系统需求分析报告。作为需求分析阶段的一个总结,该报告应包括系统概况、系统的原理和技术、对原系统的改善、经费预算、工程进度、系统方案的可行性等内容。

随系统需求分析报告一起,还应提供下列附件:

(1) 系统的硬件、软件支持环境的选择及规格要求(如操作系统、计算机型号及网络环境等)。

(2) 组织机构图、业务流程图、各组织之间的联系图等。

(3) 数据流图、功能模块图及数据字典等图表。

系统需求分析报告一般经过设计者与用户多次讨论与修改后才能达成共识,并经过双方签字后生效,具有一定的权威性,同时也是后续各阶段工作的基础。

3.2.3 数据流图

数据流图(Data Flow Diagram,DFD)从数据传递和加工角度,以图形方式来表达系统的逻辑功能、数据在系统内部的逻辑流向和逻辑变换过程,是结构化系统分析方法的主要表达工具及用于表示软件模型的一种图示方法。

数据流图有四种基本表示符号:正方形(或正方体)表示数据的源点或终点、圆角矩形(或圆形)表示数据处理、开口矩形(或两条平行横线)表示数据存储、箭头表示数据流向,如图 3.4 所示。

(a) 数据的源点或终点　　　(b) 数据处理　　　(c) 数据存储　　　(d) 数据流向

图 3.4　数据流图基本表示符号

一个数据处理可以代表一系列程序、单个程序或者程序的一个模块,甚至可以代表人工处理过程;一个数据存储可以表示一个文件、文件的一部分、数据库的对象或记录的一部分,存储在磁盘等外存储器上;数据存储和数据流向都是数据,数据存储是处于静止状态的数据,数据流向是处于运动状态中的数据。

例 3.1　假设某学校教材科每学期需要一张征订教材报表,报表按课程编号排序,表中列出需要征订的新学期教材信息,对于每本新教材需要列出下列数据:教材编号、教材名称、征订册数、定价、出版社。教材出库或入库称为事务,书库管理员通过书库中的网络客户端把事务报告提交给教材征订系统,当某种教材的库存册数少于下学期学生需求册数时就应再次征订。

第一步从问题描述中提取源点或终点、数据处理、数据存储和数据流向四种成分:由问题描述可知"教材科"是数据终点,"书库管理员"是数据源点。接下来考虑问题描述:"教材科需要报表",因此必须有一个用于产生报表的处理。事务的后果是改变书库中教材的存储量,然而任何改变数据的操作都是处理,因此对事务进行的加工是另一个处理。这里应注意,在问题描述中并没有明确提到需要对事务进行处理,但是通过分析可以看出这种需要。最后,考虑数据流向和数据存储:系统把征订教材报表送给教材科,因此征订教材报表是一个数据流向;事务需要从书库送到教材征订系统中,显然事务是另一个数据流向。产生报表和处理事务这两个处理在时间上明显不匹配——每当有一个事务发生时立即处理它,然而每学期只产生一次征订教材报表。因此,用来产生征订教材报表的数据必须存放一段时间,也就是应该有一个数据存储。

注意,并不是所有数据存储和数据流向都能直接从问题描述中提取出来。例如,"当某种教材的库存量少于下学期学生用书量时就应该再次征订",这个事实意味着必须在某个地方有教材库存量和下学期学生用书量这样的数据。因为这些数据元素的存在时间应该比单个事务的存在时间长,所以认为有一个数据存储保存教材库存清单数据是合理的。

表3.1总结了上面分析的结果,其中,加"＊"号标记了问题描述中的隐含成分。

表 3.1　组成数据流图元素从描述问题信息中提取

源点/终点	数据处理	数据流向	数据存储
教材科 书库管理员	产生报表 处理事务	征订报表 教材编号 教材名称 征订册数 定价 出版社 事务 教材编号＊ 事务类型 册数＊	教材征订信息 (见征订报表) 库存清单＊ 教材编号 库存量 库存量与需求量比较

第二步画出数据流图的基本系统模型。计算机系统本质上都是把输入数据处理成输出数据,因此任何系统的基本模型都是由若干个数据源点/终点以及一个数据处理组成,数据处理就代表了系统对数据加工的基本功能,如图3.5所示。

图 3.5　教材征订系统的基本系统模型

然而,从图3.5中对教材征订系统所能了解到的信息非常有限。

第三步把基本系统模型细化,描绘系统的主要功能。从表3.1可知,"产生报表"和"处理事务"是系统必须完成的两个主要功能,它们将代替图3.5中的"教材征订系统",如图3.6所示。

从图3.6可以看出,细化后的数据流图中增加了两个数据存储:处理事务需要"库存清单"数据,产生报表和处理事务在不同时间进行,因此需要存储"征订信息"。除了表3.1中列出的两个数据流之外还有另外两个数据流,它们与数据存储相同。这是因为从一个数据存储中取出来的或放进去的数据通常和原来存储的数据相同,也就是说,数据存储和数据流只不过是同样数据的两种不同形式。

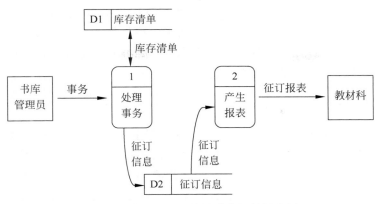

图 3.6　教材征订系统的功能级数据流图

在图 3.6 中给数据处理和数据存储都加了编号,这样做的目的是便于引用和追踪。

第四步对功能级数据流图中描绘的系统主要功能进一步细化。考虑通过系统的逻辑数据流:当发生一个事务时必须首先接收它;随后按照事务的内容修改库存清单;最后如果更新后的某教材库存量少于学生需求量时,则应该再次征订,也就是需要处理教材征订信息。因此,把"处理事务"这个功能分解为下述 3 个步骤:"接收事务""更新库存清单"和"处理教材征订",这从逻辑上是合理的,如图 3.7 所示。

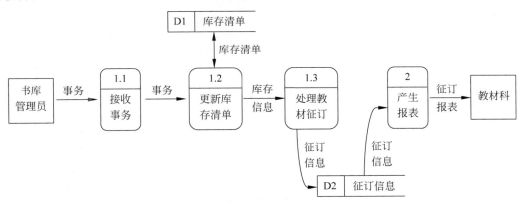

图 3.7　把处理事务的功能进一步分解后的数据流图

由于教材征订报表中需要的数据在存储的教材征订信息中全都有,产生报表只不过是按一定顺序排列这些信息,再按一定格式打印出来,因此"产生报表"这个功能不需要进一步分解。然而这些考虑纯属具体实现的细节,不应该在数据流图中表现。同理,对"接收事务"或"更新库存清单"等功能也没有必要进一步细化。总之,若进一步分解时涉及的是一个具体功能,则分解停止。

当对数据流图分层细化时必须保持信息连续性,也就是说,当把一个处理分解为一系列处理时,分解前和分解后的输入输出数据流必须相同。例如,图 3.5 和图 3.6 的输入输出数据流都是"事务"和"征订报表";图 3.6 中"处理事务"这个处理框的输入输出数据流是"事务""库存清单""征订信息",分解成"接收事务""更新库存清单"和"处理教材征订"3 个处理之后(见图 3.7),它们的输入输出数据流仍然是"事务""库存清单"和"征订信息"。

此外还应该注意在图 3.7 中对处理进行编号的方法。处理 1.1、1.2 和 1.3 是更高层次的数据流图中处理 1 的组成元素。如果处理 2 被进一步分解,它的组成元素的编号将是 2.1,2.2,…;如果把处理 1.1 进一步分解,则将得到编号为 1.1.1,1.1.2,…的处理。

通常,用数据流程图描述一个系统时所涉及的系统结构比较复杂,这时可以进行细化和分解,形成若干层次的数据流程图,直到表达清楚为止。

3.2.4 数据字典

数据字典(Data Dictionary,DD)是指对数据流图中的数据项、数据流、数据存储和数据处理等数据元素进行定义和描述,其目的是对数据流图中各个元素做出详细的说明。没有数据字典,数据流图就不严格,然而没有数据流图,数据字典也难以发挥作用。只有将数据流图和对数据流图中每个数据元素的精确定义放在一起,才能共同构成全面的系统需求分析报告。

一般系统开发时有数据字典的存储程序,描述元素的数据字典应该包含这样的一些信息:名字、别名、描述、定义、位置。

图 3.8 给出了例 3.1 数据流图中几个数据元素的数据字典内容的含义。

```
名字:征订报表
别名:征订信息
描述:每学期提供一次给教材科需要征订教材的报表
定义:征订报表=教材编号+教材名称+征订册数+定价+出版社
位置:输出到打印机
```
(a) 教材征订报表数据字典

```
名字:教材编号
别名:
描述:唯一地标识库存清单中一本特定教材的主键
定义:教材编号=字符型,宽度8
位置:征订报表
     征订信息
     库存清单
     事务
```
(b) 教材编号数据字典

```
名字:征订册数
别名:
描述:某课程教材一次征订的数量
定义:征订册数=整型,宽度5
位置:征订报表
     征订信息
```
(c) 教材征订册数数据字典

图 3.8 几个数据元素的数据字典内容的含义

3.3 概念结构设计

概念结构设计是将需求分析得到的用户需求抽象为反映用户观点的信息结构,它是对信息世界进行建模,是整个数据库设计的关键。

3.3.1 概念结构设计任务和 E-R 模型的特点

概念结构设计的任务是在需求分析阶段产生的系统需求分析报告基础上,按照特定方法把它们抽象为一个不依赖于计算机硬件结构和具体 DBMS 的数据模型,即概念模型。概念模型使设计者的注意力能够从对现实世界具体要求的复杂细节中解脱出来,而只集中在最重要的信息组织结构和处理模式上。

数据库设计最困难的一个方面是设计人员、编程人员以及最终用户看待数据的方式不同,这就给共同理解数据带来不便。E-R 模型是一个能够在设计人员、编程人员以及最终用户之间进行交流的模型。该模型能够描述现实世界,表达一定的语义信息且与技术实现无关,它具有以下特点:

(1) 能真实、充分地反映现实世界,包括事物和事物之间的联系,并能满足用户对数据的处理要求。

(2) 易于理解。可以利用它在设计人员、编程人员以及最终用户之间进行交流,使得用户能够积极参与,保证数据库设计的成功。

(3) 易于更改。当应用环境和应用要求发生改变时,容易对模式进行修改和扩充。

(4) 易于向关系、网状、层次等各种数据模型转换。

本节主要介绍如何利用 E-R 模型进行概念建模。

3.3.2 概念结构设计的基本方法

自从数据库技术广泛应用以来,出现了不少数据库概念结构设计的方法。尽管具体做法各异,但就其基本思想而言可归纳为以下两种:

(1) 自底向上的设计方法,有时也称为属性综合法。这种方法的基本点是将前面需求分析中收集到的数据元素作为基本输入,通过对这些元素的分析,先把它们综合成相应的实体或联系,进而构成局部概念模式,最后组合成全局概念模式,如图 3.9 所示。

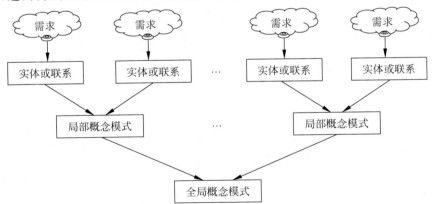

图 3.9 自底向上的设计方法

自底向上的设计方法适合于较小且较为简单的系统设计,而对于中等规模以上的系统设计,数据元素常常多到几百甚至几千个。此时要对这么多的数据元素进行分析,再综合成全局的系统设计是一件非常困难的事情。

(2) 自顶向下的设计方法。它是从分析组织的事务活动开始，首先识别用户所关心的实体及实体间的联系，建立一个初步的数据模型框架，然后再以逐步求精的方式加上必需的描述属性形成一个完整的局部 E-R 模型，最后再将这些局部 E-R 模型集成为一个统一的全局 E-R 模型，如图 3.10 所示。

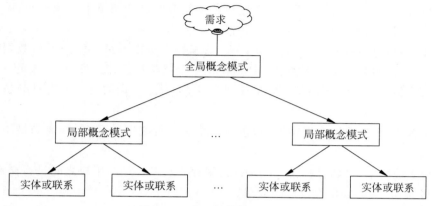

图 3.10 自顶向下的设计方法

自顶向下的设计方法是一种实体分析方法，它从总体概念入手，以实体作为基本研究对象。与自底向上的设计方法相比，其实体的个数远远少于属性的个数，因此以实体作为分析对象可以大大减少分析中所涉及的对象数，从而简化了分析过程。另外，自顶向下的设计方法通常使用图形表示法，因此更加直观、更易理解，有利于设计人员与用户的交流。

(3) 混合设计方法。它是自底向上和自顶向下方法的结合。

实际项目开发中的概念设计常用的方法是自顶向下地进行需求分析，然后再自底向上地设计概念结构。

3.3.3 概念结构设计的主要步骤

概念结构设计是对用户需求综合、归纳与抽象，形成概念模型，并用 E-R 图表示。一般可分为 3 个步骤来完成：进行数据抽象，设计局部概念模式；将局部概念模式综合成全局概念模式；评审。

1. 进行数据抽象，设计局部概念模式

局部用户的信息需求是构造全局概念模式的基础。因此，需要先从个别用户的需求出发，为每个用户建立一个相应的局部概念结构。在建立局部概念结构时，常常要对需求分析的结果进行细化、补充和修改，如有的数据项要分为若干子项，有的数据定义要重新核实等。

2. 将局部概念模式综合成全局概念模式

在综合过程中，主要处理各局部模式对各种对象定义的不一致问题，包括同名异义、异名同义和同一事物在不同模式中被抽象为不同类型的对象（例如，有的作为实体，有的又作为属性）等问题。把各个局部结构合并时，有时还会产生冗余（属性冗余、联系冗余等）问题，或因含义模糊而需要对信息需求再调整与分析。消除了所有冲突后，综合各局部概念结构就可得到反映所有用户需求的全局概念结构。

3. 评审

评审分为用户评审、DBA 与开发人员评审两部分。用户评审的重点放在确认全局概念模式是否准确完整地反映了用户的信息需求和现实世界事物属性间的固有联系；DBA 和开发人员评审则侧重于确认全局概念结构是否完整，各种成分划分是否合理，是否存在不一致性，以及各种文档是否齐全等。

3.3.4 局部 E-R 模型的设计

通常，一个数据库系统是为多个不同用户服务的。各个用户对数据的观点可能不一样，信息处理需求也可能不同。在设计数据库概念结构时，为了更好地模拟现实世界，一个有效的策略是"分而治之"，即先分别考虑各个用户的信息需求，形成局部概念结构，然后再综合成全局结构。在 E-R 方法中，局部概念结构设计又称为局部 E-R 模型。局部 E-R 模型的设计过程如图 3.11 所示。

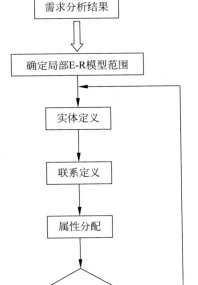

图 3.11 局部 E-R 模型设计

1. 确定局部结构范围

根据需求分析阶段所产生的文档可以确定每个局部 E-R 图描述的范围。通常采用的方法是将整体的功能划分为几个系统，每个系统又分为几个子系统。设计局部 E-R 模型的第一步就是划分适当的系统或子系统，在划分时过细或过粗都不太合适。划分过细将造成大量的数据冗余和不一致，过粗有可能漏掉某些实体。一般遵循以下两条原则进行功能划分：

（1）独立性原则。划分在一个范围内的应用功能具有独立性与完整性，与其他范围内的应用有最少的联系。

（2）规模适度原则。局部 E-R 图规模应适度，一般以六个左右实体为宜。

为了说明概念结构的设计过程，本章给出某大学教学管理的简单应用实例。

例 3.2 某大学教学管理系统根据系统功能分为选课管理、学籍管理和教师开课管理 3 个子系统。选课管理子系统涉及学生选课，有以下语义约束：

（1）一个学院可以开设多门课程，不同学院开设的课程必须不同；

（2）一个学生可以选修多门课程，一门课程可以被多个学生选修。

学籍管理子系统涉及学院、专业、班级、学生等信息，有以下语义约束：

（1）一个学院开设有多个专业，一个专业只能属于一个学院；

（2）一个专业有多个班级，一个班级只属于一个专业；

（3）一个班级有多个学生，一个学生只属于一个班级。

教师开课管理子系统包含以下语义约束：

（1）一个部门可以有多名教师，一名教师只能属于一个部门；

（2）一个部门只有一个负责人；

（3）一名教师可以讲授多门课程，一门课程可由多名教师讲授。

2. 确定实体及实体的主键

确定了局部结构设计范围后,接着进一步确定局部应用范围内的所有实体以及实体的主键。在信息系统中,实体和实体的属性通常都是指数据对象。

1) 确定实体和属性

在教学管理信息系统的学生选课子系统的局部应用中,学生是一个实体,学生王丽萍、李芸的信息是学生实体中的两个实例。课程是一个实体,操作系统、数据库原理课程信息是课程实体中的两个实例。一个学生选修一门课程并参加了考试,就会有这门课程的成绩。因此,可以把成绩视为选课联系的一个属性。

学籍管理子系统的局部应用中,学院是一个实体,计算机学院、电信学院的信息就是学院实体中的两个实例。班级是一个实体,每个班级的信息是班级实体的一个实例。

教师开课管理子系统的局部应用中,教师是一个实体,每位上课教师的信息都是教师实体的一个实例。部门是一个实体,科技处、计算机学院的信息是部门实体中的两个实例。

属性具有原子性,实体是依赖属性描述的,两个实体相同或相异是指两个实体的属性集相同或相异。如学生实体的属性集(学号,姓名,性别,年龄,学院)、课程实体的属性集(课程号,课程名,课程类型,学分)、学院实体的属性集(学院号,学院名,地址,电话)等。

实体与属性是相对而言的。同一事物在一种应用环境中作为"属性",在另一种应用环境中就必须作为"实体"。例如,某大学中的学院,在某种应用环境中,它只是作为"学生"实体的一个属性,表明一个学生属于哪个学院;而在另一种应用环境中,由于需要考虑一个学院的院长、办公地址、联系电话等,这时学院就需要作为实体了。

在需求分析阶段,已收集了许多数据对象。在概念结构设计时,需要区分这些数据对象究竟是实体还是属性,下面给出区分实体与属性的一般原则:

(1) 实体一般需要描述信息,而属性不需要。例如,学生需要描述属性(学号、姓名、性别、出生年月等),所以学生是实体。而性别不需要描述信息,所以性别是属性。

(2) 多值属性可考虑作为实体。例如,教师职务是一个多值属性,即一个教师可能担任多个职务。此时职务可考虑作为一个独立的实体,否则数据库表中就会出现大量空值。

为了说明这个问题,假设有一个教师基本信息表,其格式如表 3.2 所示。

表 3.2 教师基本信息表

教师号	教师姓名	性别	出生年月	工作部门	职务1	…	职务5	职称	…
…	…	…	…	…	…	…	…	…	…

从表 3.2 中可以看出,教师担任的职务最多可以有 5 个。因为多数教师的职务只有一个,那么其他职务项就是空值。这样不仅浪费空间,而且由于空值是一个特殊的值,它表明该值为空缺或未知。空值对数据库用户来说可能会引起混淆,应该尽量避免。因此,表 3.2 中的"职务"属性应该分离出来作为一个独立的实体,如图 3.12 所示。

2) 确定实体的主键

学生实体的主键是学号,学院实体的主键是学院号,专业实体的主键是专业号,班级实体的主键是班级号,课程实体的主键是课程号,教师实体的主键是教师号,部门实体的主键是部门号,负责人的主键是职工号。

确定完所有的实体和实体的主键,再对实体进行归类,把具有共性的实体归为一类。例如,学校中的专科生、本科生以及研究生都是学生实体,它们之间具有共性,可以把它们归为

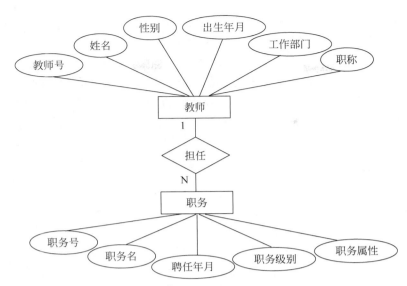

图 3.12 多值属性分离成独立实体示意图

学生一类,然后用泛化关系表示出来。

3. 确定实体间的联系

联系是实体之间关系的抽象表示,即对现实世界中客观事物之间关系的描述。在局部 E-R 模型设计时,需要对已识别出的实体确定不同实体间的联系是属于什么类型的联系,是二元联系还是多元联系?然后再确定这些实体的联系方式,即一对一、一对多,还是多对多?这些问题的解决往往是根据问题的语义或者一些事务的规则确定的。本节主要讨论常见的实体间的二元联系,它是现实世界中大量存在的联系。

在例 3.2 中,选课管理子系统的"学生"实体与"课程"实体之间存在多对多的"选修"联系,"课程"实体与"学院"实体之间存在多对一的"开设"联系;学籍管理子系统的"学院"实体与"专业"实体之间存在一对多的"开设"联系,"专业"实体与"班级"实体间存在一对多的"拥有"联系,"班级"实体与"学生"实体之间存在一对多的"含有"联系;教师开课管理子系统的"课程"实体与"教师"实体之间存在多对多的"讲授"联系,"教师"实体与"部门"实体之间存在多对一的"属于"联系,"部门"实体与"负责人"之间存在一对一的"聘任"联系。

关于实体间联系的确定,需要有几点说明:

1) 联系的属性

联系本身也可以有属性,当一个属性不能归并到两个实体上时,就可以定义为联系的属性。在例 3.2 中,选课管理子系统的"学生"实体与"课程"实体之间存在"选修"联系,学生每学一门课程并参加考试,便可获得该门课程的成绩。如果把"成绩"属性放在"学生"实体中,由于一个学生的成绩属性有多个值(每门课一个成绩),所以不合适;如果把"成绩"属性放在"课程"实体中,也会因为一门课有多个学生选修而不易确定是哪个学生的成绩。因此,成绩一般作为选课联系的属性较为合适,如图 3.13 所示。

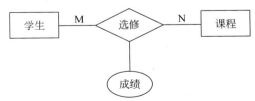

图 3.13 成绩作为选课联系的属性 E-R 图

同样,在教师开课管理子系统中,教师讲授课程的"地址"可以作为"讲授"联系的属性,部门负责人的聘任"日期"可以作为"聘任"联系的属性。

2) 冗余联系

冗余联系是指可以由基本联系导出的联系。图 3.14 是一个冗余联系的例子。假设每名教师可以担任多门课程的教学,一门课程可以由多名教师讲授,一个学生可以选修多门课程,一门课程有多名学生学习。由于联系具有传递性,因此,隐含了教师和学生多对多的授课联系。

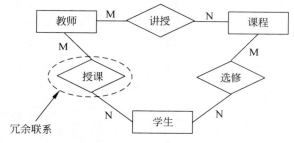

图 3.14 冗余联系的例子

冗余联系也会破坏数据库的完整性。因此,如果存在冗余联系,尽量消除它,以免将问题遗留在全局的 E-R 模式阶段。

3) 实体间的多个联系

实体间可能存在多个联系。例如,教师实体和项目实体,有的教师作为项目主持人负责管理项目,而有些教师作为项目成员参与项目开发。假设一个项目只有一个项目负责人但可以由多名教师参与,一名教师可以管理或参与多个项目,如图 3.15 所示。

图 3.15 两个实体间存在多个联系示例

4. 给实体及联系加上描述属性

当已经在一个局部应用中识别了实体、实体的主键以及实体间的联系时,便形成了一个局部的 E-R 图。然后,再为每个实体和联系加上所有必需的描述属性,以描述局部结构中的语义信息。如例 3.2 中的教师开课管理子系统中实体"部门"、联系"聘任"加上描述属性,如图 3.16(a)、图 3.16(b)所示。

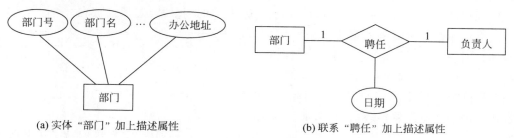

(a) 实体"部门"加上描述属性　　　　　　(b) 联系"聘任"加上描述属性

图 3.16 给实体和联系加上描述属性

在需求分析阶段,已收集了所有的数据对象。除了主键属性外,还需将其他属性分配给有关的实体或联系。为使这种分配更合理,必须研究属性之间的函数依赖关系并考虑其他一些准则,而这些不易于一般用户理解。因此在概念结构设计阶段,应该避免涉及这类问题,而主要应从用户需求的概念上去识别实体或联系应该具有哪些描述属性。

给实体及联系添加描述属性可分为两步:一是确定属性;二是把属性分配给有关的实体和联系。

确定属性的原则如下:

(1) 属性应该是不可再分解的语义单位。

(2) 实体与属性之间的关系只能是 1:N 的。

(3) 不同实体类型的属性之间应无直接关联关系。

属性分配的原则如下:

当多个实体类型用到同一属性时便会导致数据冗余,从而可能会影响存储效率和完整性约束,因此,通常的做法是把属性分配给那些使用频率最高的实体类型。

有些属性不宜归属于任一实体类型时,可以作为实体之间联系的属性。

5. E-R 模型的操作

在数据库设计过程中,常常要对 E-R 图进行种种变化,这种变化称为 E-R 模型的操作。它包括实体类型、联系类型和属性的分裂、合并、增删等。

例 3.3 E-R 图分裂操作有水平分裂和垂直分裂两种。把教师分裂成男教师与女教师两个实体类型,这是水平分裂。也可把教师中经常变化的属性组成一个实体类型,而把固定不变的属性组成另一个实体类型,这是垂直分裂,如图 3.17 所示。但应注意,在 E-R 图垂直分裂中,键必须在分裂后的每个实体类型中都出现。

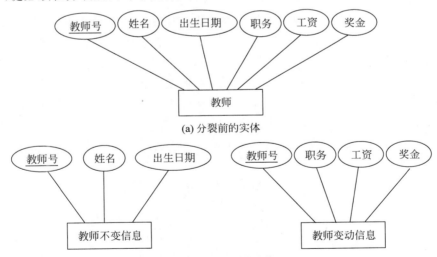

(a) 分裂前的实体

(b) 分裂后的两个实体

图 3.17 实体类型垂直分裂的 E-R 图

联系类型也可分裂。图 3.18(a)是教师承担项目的 E-R 图,而"承担"联系类型可以分裂为"主持"和"参与"两个新的联系类型,如图 3.18(b)所示。

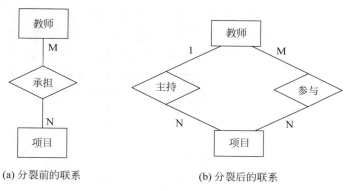

图 3.18 联系类型的分裂 E-R 图

合并是分裂操作的逆过程。例如,有一个"产品销售"实体,其属性有"产品号"和"销售量",另一个"产品生产"实体,其属性有"产品号"和"产量",把它们合并操作,如图 3.19 所示。

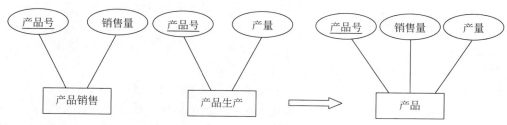

图 3.19 两个实体合并的 E-R 图

6. 弱实体与弱联系

在现实世界中,有时某些实体对于另一些实体具有很强的依赖联系,例如一个实体的存在必须以另一实体的存在为前提。比如,一个职工可能有多个亲属关系,亲属关系是多值属性,为了消除冗余,设计两个实体:职工与亲属关系。在职工与亲属关系中,亲属关系的信息是以职工信息的存在为前提,所以职工与亲属关系是一种依赖联系。一个实体对于另一些实体具有很强的依赖联系,而且该实体主键的部分或全部从其依赖实体中获得,称该实体为弱实体。在 E-R 模型中,弱实体用双线矩形框表示。与弱实体的联系,称为弱联系,用双线菱形框表示。

例 3.4 在人事管理系统中,亲属关系对于职工具有弱依赖联系,所以说,亲属关系是弱实体,如图 3.20(a)所示。又如图 3.12 中教师基本信息的"教师"和"职务"实体也是弱实体与弱联系的关系,如图 3.20(b)所示。

例 3.2 中选课管理、学籍管理、教师开课子系统的局部 E-R 图分别如图 3.21(a)、图 3.21(b)、图 3.21(c)所示。

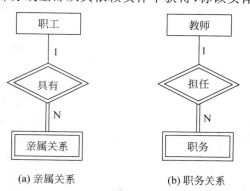

图 3.20 弱联系的表示方法

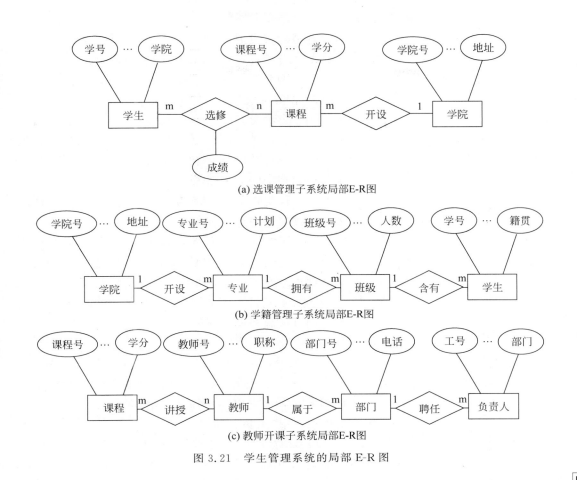

图 3.21 学生管理系统的局部 E-R 图

3.3.5 全局 E-R 模型的设计

所有局部 E-R 模型都设计好后,接下来就是把它们综合成为单一的全局概念结构。全局概念结构不仅要支持所有局部 E-R 模型,而且必须合理地表示一个完整、一致的数据库概念结构。

全局 E-R 模型的设计过程如图 3.22 所示。

1. 确定公共实体类型

为了给多个局部 E-R 模型的合并提供合并的基础,首先要确定各局部结构中的公共实体类型。

公共实体类型的确定并非一目了然。特别是当系统较大时,可能有很多局部模式,这些局部 E-R 模型是由不同的设计人员确定的,因此对同一现实世界的对象可能给予不同的描述。有的作为实体类型,有的又作为联系类型或属性。即使都表示成实体类型,实体类型名和键也可能不同。在这一步中,将仅根据实体类型名和键来认定公共实体类型。一般把同名实体类型作为公共实体类型的一类候选,把具有相同键的实体类型作为公共实体类型的另一类候选。

2. 局部 E-R 模型的合并

合并的顺序有时会影响处理效率和结果。建议的合并原则是:首先进行两两合并;先合并那些现实世界中有联系的局部结构;合并从公共实体类型开始,最后再加入独立的局部结构。

进行两两合并是为了减少合并工作的复杂性。

3. 消除冲突

由于各种类型应用的不同,不同的应用通常又由不同的设计人员设计成局部 E-R 模型,因此局部 E-R 模型之间不可避免地会有不一致的地方,一般称为冲突。通常可以把冲突分为三种类型:

(1) 属性冲突。主要表现在属性域冲突和属性取值单位冲突两种类型。

① 属性域冲突是指同一属性在不同局部 E-R 模型中有着不同的数据类型、取值范围或取值集合。如学生考查课成绩在某一局部 E-R 模型中用"优秀、良好、中等、及格、不及格"5 分制表示,而在另一个局部 E-R 模型中用百分制来表示,前者的数据类型为字符型,后者的数据类型为数值型。

② 属性取值单位冲突是指同一属性在不同局部 E-R 模型中具有不同的单位。如在卫星轨道设计时,某一局部 E-R 模型中用"角度制"表示,而在另一个局部 E-R 模型中用"弧度制"来表示。

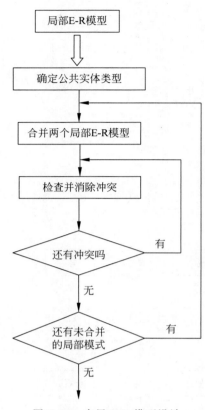

图 3.22 全局 E-R 模型设计

(2) 结构冲突。主要表现在如下几方面:

① 同一对象在不同应用中的不同抽象。如选课管理子系统中"学生"实体有"学院"属性,而学籍管理子信息系统中,"学院"又作为"实体"。一般地,对于同一对象在不同的局部 E-R 模型中产生不同的抽象,其解决方式是:把属性变为实体或把实体变为属性,使同一对象要具有相同的抽象。

例 3.5 在选课管理子系统中有实体学生(学号,姓名,性别,出生年月,学院),学籍管理子信息系统中有实体学院(学院号、名称、地址、电话)。其实"学生"和"学院"之间存在从属关系,应该调整、合并为如图 3.23 所示。

② 同一实体在不同局部 E-R 图中属性组成不完全相同,包括属性个数、次序等。解决的方式是:取其在不同局部 E-R 模型中实体属性的并集,并适当设计好属性的次序。

例 3.6 在选课管理子系统中有实体学生(学号,姓名,性别,出生年月,学院);在学籍管理子系统中有实体学生(学号,姓名,政治面貌,家庭住址,籍贯),将两个学生实体进行合并如图 3.24(a)、图 3.24(b)、图 3.24(c)所示。

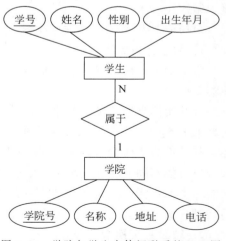

图 3.23 学院与学生实体间联系的 E-R 图

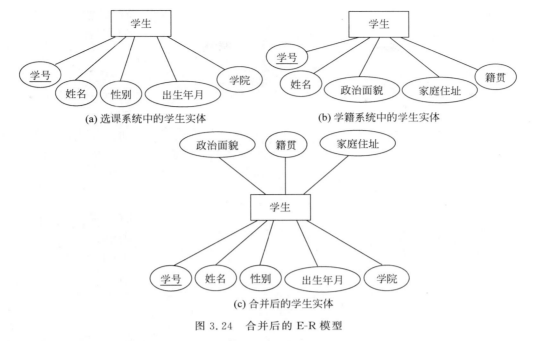

图 3.24 合并后的 E-R 模型

③ 实体之间的联系在不同的局部 E-R 图中呈现出不同的类型。如实体 E_1 与 E_2 在某一应用中是多对多联系,而在另一应用中是一对多联系;又如在某一应用中实体 E_1 与 E_2 二者之间发生联系,而在另一应用中,实体 E_1、E_2、E_3 三者之间发生联系等。其解决方式为:根据具体应用的语义,对实体联系的类型进行适当的综合或调整。

例 3.7 在工程管理信息系统中,产品与零件之间的多对多联系如图 3.25(a)所示。产品、零件和供应商三者实体间多对多联系如图 3.25(b)所示。因为它们的语义不同,所以不具有包含关系。将它们综合起来合并成的 E-R 模型如图 3.25(c)所示。

(3) 命名冲突。主要表现在属性名、实体名或联系名之间的冲突。同名异义,即不同意义的对象具有相同的名字;异名同义,即同一意义的对象具有不同的名字。

命名冲突通常采用讨论、协商等行政手段解决。图 3.21 局部 E-R 图中的"学院"和"部门"是异名同义。事实上,各"学院""处""室"都是学校的一个"部门",本例中统一命名为"部门"。

对于结构冲突,则要认真分析后才能消除。

设计全局 E-R 模型的目的不在于把若干局部 E-R 模型形式上合并为一个 E-R 模型,而在于消除冲突,使之成为能够被全系统中所有用户共同理解和接受的统一概念模式。

将图 3.21 的 3 个子系统的局部 E-R 模型消除冲突后,进行两两合并,可以得到如图 3.26 所示的初步的全局 E-R 模型。

4. 全局模式的优化

在得到初步的全局 E-R 模型后,为了提高数据库系统的效率,还应进一步地依据处理需求对 E-R 模型进行优化。一个好的全局 E-R 模型,除了能准确、全面地反映用户功能需求外,还应满足下列条件:

- 实体类型的个数尽可能少。

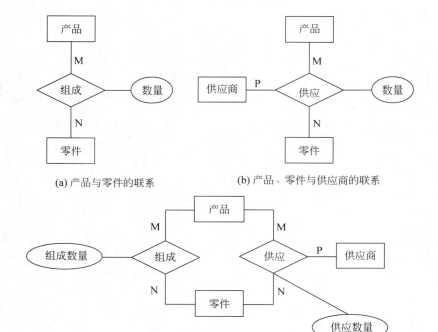

(a) 产品与零件的联系 (b) 产品、零件与供应商的联系

(c) 综合后的联系

图 3.25 不同类型 E-R 图的综合

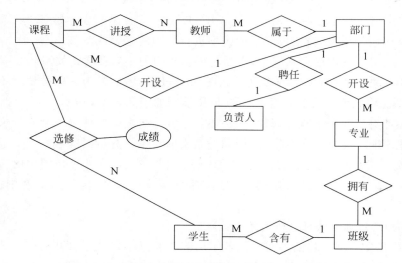

图 3.26 例 3.2 教学管理系统初步的全局 E-R 模型

- 实体类型所含属性个数尽可能少。
- 实体类型间无冗余联系。

但是,这些条件不是绝对的,要视具体的信息需求与处理需求而定。下面给出几个全局 E-R 模型的优化原则。

1) 相关实体类型的合并

这里的合并不是前面的"公共实体类型"的合并,而是指相关实体类型的合并。在全局模式中,实体类型最终转换成关系模式,涉及多个实体类型的信息要通过连接操作获得。减少实体类型个数,就是减少连接的开销,以提高处理效率。

一般在权衡利弊后可以把 1∶1 联系的两个实体类型进行合并。

具有相同键的实体类型常常是从不同角度刻画现实世界,如果经常需要同时处理这些实体类型,那么也有必要合并成一个实体类型。但这时可能会产生大量空值,因此,要对存储代价、查询效率进行权衡。

例 3.2 教学管理系统全局 E-R 模型中,只有"部门"和"负责人"实体间联系是 1∶1 的,考虑到在学科发展、专业建设中常常需要较多的负责人个人信息,因此本例中两个实体不适宜合并。

2) 冗余属性的消除

通常在各个局部结构中不允许存在冗余属性。但在综合成全局 E-R 模型后,可能产生全局范围内的冗余属性。例如,在教育统计数据库的设计中,一个局部结构 E_1 含有"毕业生数""招生数""在校学生数""预计毕业生数"等属性;另一个局部结构 E_2 中含有"分年级在校学生数""各专业学生数""各专业预计毕业生数"等属性。E_1 和 E_2 自身都无冗余,但综合成一个全局 E-R 模型时,E_1 的属性"在校学生数"和"预计毕业生数"可以从 E_2 的"分年级在校学生数"和"各专业预计毕业生数"推出,即为冗余属性。

一般地,同一非键的属性出现在几个实体类型中,或者一个属性值可从其他属性值导出时,理论上应该把这些冗余属性从全局模式中去掉。但在实际应用中,冗余属性消除与否,也取决于它对存储空间、访问效率和维护代价的影响。有时为了兼顾访问效率,有意保留冗余属性。

例如 E_1 的属性"在校学生数"和"预计毕业生数"可以从全局模式中去掉。但是,如果系统经常需要查询 E_1 的毕业生数、招生数、在校学生数及预计毕业生数,而此时 E_1 又消除了"在校学生数"和"预计毕业生数"两个属性,这样就需要频繁地将 E_1 和 E_2 进行连接,造成存储空间、访问效率和维护代价的低效。因此,可以在 E_1 中保留"在校学生数"和"预计毕业生数"这两个冗余属性。

3) 冗余联系的消除

在全局模式中可能存在有冗余的联系,通常利用规范化理论中函数依赖的概念消除冗余联系。

在图 3.26 所示的教学管理系统初步的 E-R 模型中,"部门"实体与"课程"实体之间的"开设"联系可以由"部门"与"教师"实体之间"属于"联系、"教师"与"课程"之间的"讲授"联系推导出来,所以它属于冗余的联系,消除后即得教学管理系统优化的全局 E-R 模型,如图 3.27 所示。

5. 最终全局 E-R 模型

最终全局 E-R 模型应满足如下要求:

(1) 内部必须具有一致性,不再存在各种冲突。

(2) 准确地反映原各局部 E-R 结构,包括属性、实体及实体间的联系。

(3) 满足需求分析阶段所确定的所有需求。

全局 E-R 模型还应该提交给用户,征求用户和有关人员的意见,进行评审、修改和调整,最后确定的全局 E-R 模型为数据库的逻辑设计提供依据。

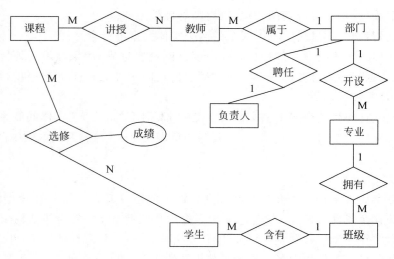

图 3.27 例 3.2 教学管理系统优化的全局 E-R 模型

概念结构设计结果的文档资料一般包括整个组织的全局 E-R 图、有关说明及经过修订、充实的数据字典等。

3.3.6 概念结构设计实例

例 3.8 红星塑料厂产品生产综合信息管理系统的概念结构设计。塑料产品是先将各种形态的塑料原料（粉、粒料、黏合剂或分散体等）制成所需形状的塑料产品或塑料坯件。对于塑料坯件还需要进行二次加工，将塑料坯件装配成为塑料产品。

为了简化该信息管理系统的设计，假设实例中只涉及产品设计、产品生产和材料存储 3 个模块。

根据概念结构设计的步骤，先确定局部范围，再进行局部概念结构设计，然后对各个局部概念结构进行综合。

1) 确定局部范围

该系统的局部范围为产品设计、产品生产和材料存储 3 个子系统。

2) 局部概念结构设计

(1) 识别实体与实体的主键。

产品设计子系统：产品（主键：产品号）、坯件（主键：坯件号）、材料（主键：材料名）。

产品生产子系统：该部分生产的产品有成品和坯件，坯件还需要进一步装配，为了问题的简化，这里只涉及实体：产品（主键：编号）、材料（主键：材料名）。

仓库管理子系统：仓库存储分为成品存储、坯件存储、原材料存储，为了问题的简化，这里只涉及原材料的存储，涉及的实体有：原材料（主键：编号）、仓库（主键：仓库号）。

(2) 定义实体间的联系。

在产品设计子系统中，有些"产品"可由"材料"直接生成，则"产品"实体和"材料"实体通过"使用"发生联系，是多对多联系；还有些"产品"由"坯件"装配而成，而"坯件"由"材料"生成，则实体"产品"和实体"坯件"通过"装配"发生联系，实体"坯件"和实体"材料"通过"消耗"发生联系，而且都是多对多联系。可得产品设计子系统的局部模型，如图 3.28 所示。

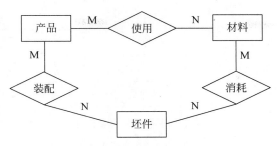

图 3.28 产品设计子系统局部 E-R 图

在产品生产子系统中,"产品"实体与"材料"实体通过"使用"联系在一起,而且是多对多联系。可得产品生产子系统的局部 E-R 模型,如图 3.29 所示。

在材料存储子系统中,"材料"实体与"仓库"实体通过"存放"联系在一起,是多对多联系。可得材料存储子系统的局部 E-R 模型,如图 3.30 所示。

图 3.29 产品生产子系统的局部 E-R 图　　图 3.30 材料存储子系统的局部 E-R 图

（3）给实体及联系加上描述属性。

给实体和联系加上描述属性应根据具体的应用需求而定,实例中的内容是简化的,在具体的系统设计中根据需求分析来确定。如图 3.31(a)、(b)、(c)分别为产品设计子系统、产品生产子系统、材料存储子系统的实体及联系加上描述属性。

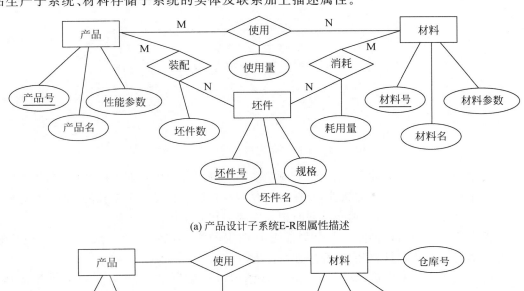

(a) 产品设计子系统E-R图属性描述

(b) 产品生产子系统E-R图属性描述

图 3.31 各子系统实体和联系加描述属性

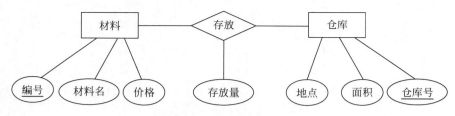

(c) 材料存储子系统E-R图属性描述

图 3.31 （续）

3) 全局概念结构设计

分析和解决产品设计、产品生产和材料存储 3 个子系统局部 E-R 模型合并成全局 E-R 模型时的冲突问题。

对于属性冲突，因为该例中没有涉及具体企业应用对象和实际数据，所以在这里不需要讨论。但在实际应用时，可通过各子系统或不同应用设计人员间相互讨论、协商的方式加以解决。

对于命名冲突，在产品设计子系统局部 E-R 图中，实体"产品"有一个"产品号"属性，而在产品生产子系统的局部 E-R 图中，实体"产品"有一个"编号"属性，它们都是实体"产品"的标识符，这里统一成"产品号"。

对于结构冲突，本例中第一个结构冲突，是"产品"实体在两个分 E-R 模型中属性组成部分不同的问题，取分 E-R 模型产品实体属性的并，然后统一属性名称，形成对"产品"实体新的描述，如图 3.32 所示。

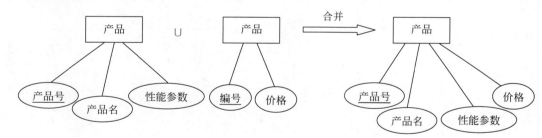

图 3.32 不同子系统的"产品"实体合并

本例中的第二个结构冲突，是"仓库"对象在两个局部应用中具有不同的抽象，在产品生产子系统中作为"材料"实体的属性，而在材料存储子系统中它是一个单独的实体，为使同一对象仓库具有相同的抽象，必须在合并时把仓库统一作为实体加以处理。

本例中的第三个结构冲突是 3 个局部 E-R 图中的"材料"实体的信息描述。综合上面两个冲突的处理方法，"材料"实体合并如图 3.33 所示。

在解决上述有关冲突后，综合各局部 E-R 模型可形成如图 3.34 所示初步的全局 E-R 模型。

4) 全局 E-R 模型的优化

分析该 E-R 模型的数量属性可知，初步 E-R 模型存在着存放量、库存量等属性冗余问题。消除这些冗余后，可以得到如图 3.35 所示优化的全局 E-R 模型。

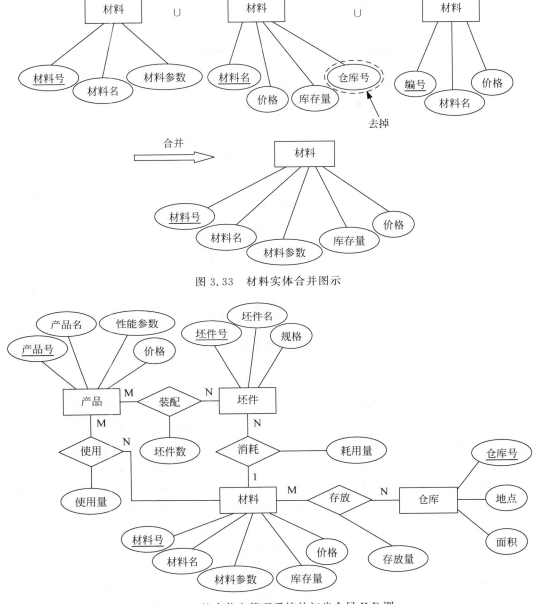

图 3.33 材料实体合并图示

图 3.34 综合信息管理系统的初步全局 E-R 图

目前我们所产生的 E-R 模型,仅仅是红星塑料厂产品生产综合信息管理系统的一个基本概念模式,它表示了用户的数据处理要求,是沟通用户需求和系统设计的桥梁。但是,要想把它确定下来作为最终概念模式,设计者还应提交给用户,并与用户反复讨论、研究,同时征求用户和有关人员的意见,进行评审、修改和优化等工作。在用户确认这一模式已正确无误地反映了他们的需求后,才能作为最终的数据库概念结构,进行下一阶段的数据库设计工作。

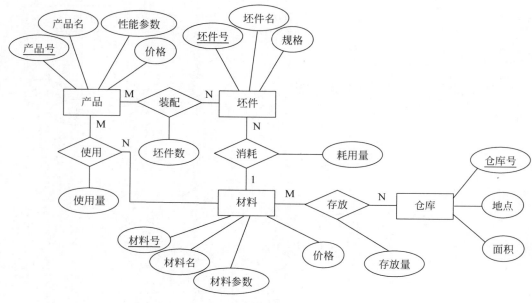

图 3.35 综合管理系统优化的全局 E-R 图

3.4 逻辑结构设计

  概念结构设计的结果是得到一个与计算机硬件、软件和 DBMS 无关的概念模式。而逻辑设计的目的是把概念结构设计阶段设计好的全局 E-R 模型转换成与选用的具体机器上的 DBMS 所支持的数据模型相符合的逻辑模型(如网状、层次、关系或面向对象模型等)。如果选用的是关系型 DBMS 产品,逻辑结构设计是指设计数据库中所应包含的各个关系模式的结构,其中有各关系模式的名称、各属性的名称、数据类型、取值范围等内容。

  从理论上讲,设计逻辑结构应该选择最适于相应概念结构的数据模型,然后对支持这种数据模型的各种 DBMS 进行比较,从中选出最合适的 DBMS。但实际情况往往是已给定了某种 DBMS,设计人员没有挑选的余地。本章只讨论目前比较流行的关系型数据库的逻辑结构设计,即如何把全局 E-R 模型转换为关系模型的原则和方法。

  关系数据库逻辑设计的结果是一组关系模式的定义。逻辑设计过程可分为 E-R 图向关系模式的转换、关系规范化处理、对关系模式进行评价与修正等几个步骤,如图 3.36 所示。

  从图 3.36 可以看出,概念结构设计的结果直接影响到逻辑结构设计的复杂性和效率。

3.4.1 E-R 模型向关系模式的转换

  关系模式由一组关系(二维表)组成,而 E-R 模型则是由实体、实体所对应的属性、实体间的相互联系 3 个要素组成。所以将 E-R 模型转换为关系模式实际上就是要将实体、实体的属性和实体间的联系转换为关系模式的过程。这种转换一般遵循如下规则。

1. 实体类型

  将每个实体类型转换成一个关系模式。实体的属性转换为关系的属性,实体标识符转换为关系模式的键。

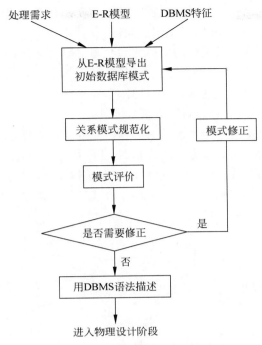

图 3.36 逻辑结构设计过程示意图

2. 二元联系类型

联系类型转换成关系模式是根据不同的情况做不同的处理。两个实体的联系类型转换为关系模式的原则如下：

（1）若实体间的联系是 1∶1 的，可以在两个实体类型转换成的两个关系模式中的任意一个关系模式的属性中加入另一个关系模式的键和联系类型的属性。

例 3.9 教育管理信息系统中的实体"校长"与"学校"之间存在着 1∶1 的联系，如图 3.37 所示。

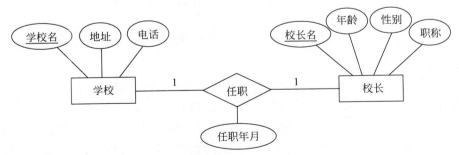

图 3.37 "学校"和"校长"1∶1 联系图

在将其转换为关系模式时，"校长"与"学校"各为一个关系模式。如果用户经常要在查询学校信息时同时查询校长信息，那么就可以在学校关系模式中加入校长名和任职年月，其关系模式设计如下（加下画线者为主键，加波浪线者为外键）：

学校关系模式（学校名，地址，电话，校长名，任职年月）

校长关系模式（校长名，年龄，性别，职称）

(2) 若实体间的联系是 1∶N 的,则在 N 端实体类型转换成的关系模式中加入 1 端实体类型转换成的关系模式的键和联系类型的属性。

在例 3.5 中,选课管理子系统中的实体"学院"与"学生"之间存在着 1∶N 的联系,其转换成的关系模式如下:

学生关系模式(<u>学号</u>,姓名,性别,出生年月,学院号)

学院关系模式(<u>学院号</u>、名称、地址、电话)

弱实体:弱实体间的联系是 1∶N 的,而且在 N 端实体类型为弱实体,转换成关系模式时,将 1 端实体类型(父表)的键作为外键放在 N 端的弱实体(子表)中。弱实体的主键由父表的主键与弱实体本身的候选键组成。也可以为弱实体建立新的独立的标识符 ID。

例 3.10 某单位职工管理信息系统中的实体"职工"与弱实体"亲属关系"之间存在着 1∶N 的联系,其 E-R 图如图 3.38 所示。

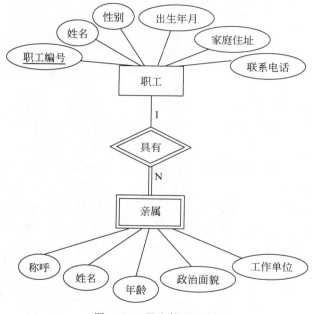

图 3.38 弱实体联系图

转换成的关系模式如下:

职工关系模式(<u>职工编号</u>,姓名,性别,出生年月,家庭住址,联系电话)

亲属关系模式(<u>职工编号</u>,称呼,姓名,年龄,政治面貌,工作单位)

(3) 若实体间的联系是 M∶N 的,则除两端实体分别转换为两个关系模式外,其联系类型也转换成关系模式,它的属性为两端实体类型的键加上联系类型的属性,而键是包含两端实体键的组合。

例 3.11 在例 3.2 的选课管理子系统中,实体"学生"与"课程"之间存在着 M∶N 的联系,其 E-R 图如图 3.39 所示。

转换为如下关系模式:

学生关系模式(<u>学号</u>,姓名,性别,年龄,学院)

课程关系模式(<u>课程号</u>,课程名,课程类型,学分)

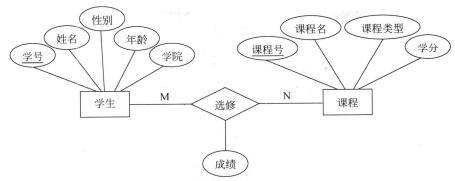

图 3.39 实体"学生"与"课程"联系图

选修关系模式(学号,课程号,成绩)

3. 三元联系类型

3 个实体间联系类型转换成关系模式与二元联系类似。3 个实体都转换为一个关系模式,其联系类型转换为关系模式的原则如下:

(1) 若实体间的联系是 1∶1∶1,可以在 3 个实体类型转换成的 3 个关系模式中任意一个关系模式的属性中加另两个关系模式的键和联系类型的属性。

(2) 若实体间的联系是 1∶1∶N,则在 N 端实体类型转换成的关系模式中加入 1 端实体类型的键和联系类型的属性。

(3) 若实体间的联系是 1∶M∶N,则将联系类型也转换成关系模式,属性为 1 端、M 端和 N 端实体类型的键加上联系类型的属性,而键是包含 M 端和 N 端实体键的组合。

(4) 若实体间的联系是 M∶N∶P,则将联系类型也转换成关系模式,属性为三端实体类型的键加上联系类型的属性,而键是包含三端实体键的组合。

例 3.12 实体"供应商""项目""零件"三元联系的 E-R 图如图 3.40 所示。

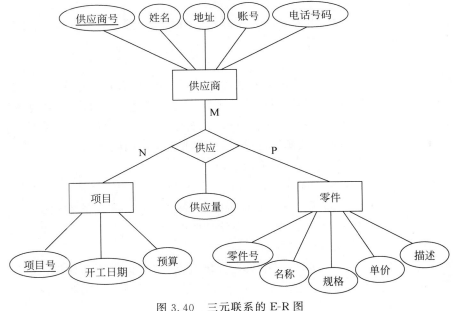

图 3.40 三元联系的 E-R 图

转换的关系模式如下。

实体"供应""项目"和"零件"转换为关系模式为：

供应商关系模式(<u>供应商号</u>,姓名,地址,账号,电话号码)

项目关系模式(<u>项目号</u>,开工日期,预算)

零件关系模式(<u>零件号</u>,名称,规格,单价,描述)

联系"供应"转换的关系模式为：

供应关系模式(<u>供应商号</u>,<u>项目号</u>,<u>零件号</u>,供应量)

3.4.2 关系模式的优化

在关系数据库的逻辑设计中，先是利用 E-R 模型向关系模式转换规则初步得到一组关系模式集后，还应该再适当地修改、调整关系模式的结构，以进一步提高数据库应用系统的性能，这个过程称为关系模式的优化。

关系模式的优化通常以规范化理论为指导。优化关系模式的方法如下。

1. 确定函数依赖

根据需求分析阶段所得到的数据语义，分别写出每个关系模式内部各属性之间的函数依赖以及不同关系模式属性之间的函数依赖。

例如，在图 3.39 转换的关系模式中，学生关系模式内部存在下列函数依赖：

学号→(姓名,性别,年龄,学院)

课程关系模式内部存在下列函数依赖：

课程号→(课程名,课程类型,学分)

选修关系模式中存在下列函数依赖：

(学号,课程号)→成绩

学生关系模式的"学号"与选修关系模式的"学号"之间存在下列函数依赖：

学生.学号→选修.学号

课程关系模式的"课程号"与选修关系模式的"课程号"之间存在下列函数依赖：

课程.课程号→选修.课程号

2. 关系模式的规范化

根据规范化理论对关系模式的函数依赖逐一进行分析，检查是否存在部分函数依赖、传递函数依赖等，确定各关系模式分别属于第几范式。进一步考查关系模式的规范程度在应用环境中是否合适，以确定是否要对它们进行合并或分解。要注意到，在对关系模式进行分解时，除了考虑数据等价和函数依赖等价以外，还要考虑到应用系统的效率。

关于关系模式的规范化问题，做如下两点说明：

- 并不是规范化程度越高的关系就越好。当一个应用的查询中经常涉及两个或多个关系模式的属性时，系统必须经常地进行连接运算，而连接运算的代价是相当高的，可以说关系模式操作低效的主要原因就是做连接运算引起的。在这种情况下，第二范式甚至第一范式也许是最好的。
- 如果一个关系模式在实际应用中只是提供查询，并不提供更新操作，或者很少提供更新操作，此时不会存在更新异常问题或更新异常不是主要问题，可以不对关系模式进行分解。

例如,在关系模式学生成绩单(学号,英语,数学,语文,总分)中存在下列函数依赖:
学号→(英语,数学,语文)
(英语,数学,语文)→总分

因此,"学号→平均成绩"是传递函数依赖。由于关系模式中不存在局部函数依赖而存在传递函数依赖,所以是 2NF 关系。

虽然"总分"可以由其他属性推算出来,但如果某应用中需要经常查询学生的总分,为了提高查询效率,关系模式中仍然可保留该冗余数据,对关系模式不再做进一步分解。

对于一个具体应用来说,规范化应进行到什么程度,需要根据具体情况而定。一般来说,关系模式达到第三范式就能获得比较满意的效果。

3. 关系模式进行必要的分解

在一些具体应用中,常常需要对关系模式进行必要的分解,以提高数据操作的效率和存储空间的利用率。

常用的分解方法有两种:水平分解和垂直分解。

1) 水平分解

所谓水平分解,是指把一个关系模式 R 中的元组分为若干子集合,定义每个子集合为一个子关系,以提高系统的效率。

例如,一个关系很大(这里指元组数多),而实际应用中,经常使用的数据只是一部分(通常至多占元组总数的 20%),此时可以将经常用到的这部分数据分解出来,形成一个子关系,这样可以减少查询的数据量。

另外,如果关系 R 上具有 n 个并发事务,而且多数事务存取的数据不相交,则 R 可分解为少于或等于 n 个子关系,使每个事务存取的数据对应一个子关系。

例如,有一个产品关系模式,其中包含有出口产品和内销产品两类数据。由于不同的应用对应不同类型的产品,如一个应用只对应出口产品,而另一个应用只对应内销产品。因此,可将产品关系模式进行水平分解。分解为两个关系模式:一个存放出口产品数据,另一个存放内销产品数据,如图 3.41 所示。这样可以提高应用存取的效率。

出口产品

产品号	产品名	型号规格	…
…	…	…	…
…	…	…	…

内销产品

产品号	产品名	型号规格	…
…	…	…	…
…	…	…	…

图 3.41 关系模式水平分解举例

2) 垂直分解

所谓垂直分解,是把一个关系模式 R 的属性分解为若干子集合,形成若干子关系模式。

例如有一个职工关系模式,其中含有"职工号""职工名""性别""职务""职称""出生日期""地址""邮编""电话""所在部门"等描述属性。如果应用中经常存取的数据是职工号、职工名、性别、职务等信息,而其他数据很少使用,则可以对职工关系模式进行垂直分解,即分解为两个关系模式:一个存放经常使用的数据,另一个存放不常使用的数据,如图 3.42 所示。这样也可以减少应用存取的数据量。

一般来说,凡是经常在一起使用的属性应从 R 中分解出来形成一个子关系模式,这样

职工1				
职工号	职工名	性别	职务	…
…	…	…	…	…
…	…	…	…	…

职工2				
职工号	出生日期	地址	邮编	…
…	…	…	…	…
…	…	…	…	…

图 3.42　关系模式垂直分解举例

也可以提高数据操作的效率。

垂直分解的好处是可以提高某些事务的效率；不足之处是可能会使得另一些事务不得不执行连接操作，从而降低效率。是否需要垂直分解，取决于分解后 R 上的所有事务的总效率是否得到了提高。

垂直分解的方法可以采用简单的 E-R 模型分裂操作(如例 3.3)，也可以用关系模式分解算法进行分解。需要注意的是，垂直分解必须以不损失关系模式的语义(保持无损分解和保持函数依赖分解)为前提。

下面通过一个例子来说明关系模式优化的过程。

例 3.13　假设有一个从 E-R 图直接转换过来的选修课程关系模式(学号,姓名,年龄,课程名称,成绩,学分)。请分析该关系属于第几范式？如果应用中需要常常对选修课程关系进行增、删、改操作，该关系存在什么问题？并对其设计进行优化。

解：关系的每个属性都具有原子性，因此属于第一范式。

由于每个学生可能选修多门课程，而每门课程对应一个成绩。因此，该关系的候选键为(学号,课程名称)。

根据数据的语义，该关系上存在的函数依赖集为：

(学号,课程名称)→(姓名,年龄,成绩,学分)，课程名称→学分，学号→(姓名,年龄)

由于(学号,课程名称)→(姓名,年龄)，学号→(姓名,年龄)。该关系存在非主属性对候选键的部分函数依赖，因此，选修课程关系属于第一范式，且存在以下问题：

(1) 数据冗余。如果同一门课程由多个学生选修，"学分"就会重复多次；如果同一个学生选修了多门课程，该学生的姓名和年龄就会重复多次。

(2) 更新异常。若调整了某门课程的学分，则关系中选修该门课程所有学生元组的"学分"属性值都要更新，否则会出现同一门课程学分不同的情况。

(3) 插入异常。假定要开设一门新的课程，暂时还没有学生选修。此时，由于候选键中"学号"没有值，所以课程名称和学分也无法插入关系中。

(4) 删除异常。假设有一批学生已经完成课程的选修，这些学生元组就应该从选修课程关系中删除。但与此同时，课程名称和学分信息也有可能被删除。

由于选修课程关系中的数据需要经常更新，所以必须解决上述可能出现的操作异常问题。

通过对选修课程关系模式的函数依赖进行逐一分析，可将选修课程关系模式分解为以下 3 个子关系模式：

学生(学号,姓名,年龄)

课程(课程名称,学分)

选课(学号,课程名称,成绩)

其中,学生关系模式上的候选键为"学号",函数依赖集为:
{学号→姓名,学号→年龄}
课程关系上的候选键为"课程名称",函数依赖集为:
{课程名称→学分}
选课关系上的候选键为(学号,课程名称),函数依赖集为:
{(学号,课程名称)→成绩}

由于不存在非主属性对候选键的部分函数依赖和传递函数依赖,因此,学生子关系模式、课程子关系模式和选课子关系模式均属于第三范式。因此,如果需要增加、删除以及修改相关数据信息,只需要对相关子关系模式进行操作即可。

另外,如果应用中的查询常常是统计学生的选课情况,则分解后带来的自然连接操作很少。因此,这样的设计是合理的。

以上通过对选修课程关系模式的分解,使各子关系模式达到了 3NF,基本上消除了数据冗余和操作异常。因此,关系模式得到了优化。

3.5 物理结构设计

将逻辑设计阶段中产生的数据库逻辑模型结合指定的 DBMS 设计出最适合应用环境的物理结构的过程,称为物理结构设计。它的任务是为数据库选择合适的存储结构与存取方法,也就是设计数据库的内模式。物理结构设计阶段一般分为设计物理结构和评价物理结构两部分,如图 3.43 所示。

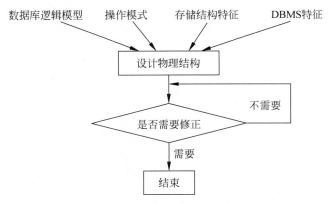

图 3.43 物理设计过程示意图

3.5.1 设计物理结构

由于用户最终是通过某一特定的 DBMS 使用数据库,因此,数据库的物理设计必须结合具体的 DBMS 进行,主要包括选择数据库的存储结构和存取方法两方面。

1. 确定存储结构

数据库的物理设计与特定的硬件环境、DBMS 及实施环境都密切相关,因此,在确定数据库的物理结构时,必须仔细阅读、参考具体 DBMS 的规定。一般说来,基本的存储结构(如顺序、散列)已有具体的 DBMS 确定,无须做太多考虑,设计人员主要考虑的因素是存储时间、存储空间和维护代价等方面。

数据库的配置也是确定数据库存储结构的重要内容,包括数据库空间的分配、日志文件的大小、数据字典空间的确定以及相关参数设置(如并发用户数、超时限制)等。一般的 DBMS 产品都提供了一些有效存储分配的参数,供设计者在进行物理优化时选择。设计者在进行数据库的配置时也要仔细参考具体的 DBMS 手册。

2. 选择存取方法

存取方法有索引、聚簇等方法。目前的 DBMS 一般都支持索引、聚簇等方法。

1) 索引的选择

索引的选择是数据库物理设计的基本问题之一。物理设计中一般要解决对关系的哪些属性列建立索引、建立何种类型的索引等问题。一般说来,常常需要对下列情况的属性列建立索引:

(1) 查询很频繁的属性列。
(2) 经常出现在连接操作中的属性列。
(3) WHERE、ORDER、GROUP BY 等子句中的属性列。

不宜建索引的属性列一般有:

(1) 不出现或很少在查询条件中出现的属性列。
(2) 属性值很少的属性列,如"性别"属性列("男""女")。
(3) 属性值严重分布不均匀的属性列。
(4) 经常需要更新的属性列。
(5) 经常需要更新或含有记录较少的数据表的属性列。
(6) 属性值内容过长的属性列,如人事管理信息中的"简历"等。

关系上定义的索引并不是越多越好,多建索引虽然可以缩短存取时间,但是增加了索引文件占用的存储空间及维护代价。

2) 聚簇的选择

聚簇是改进系统性能的另一种技术。聚簇技术就是把有关的元组集中在一个物理块内或物理上相邻的区域内,以提高某些数据的访问速度。例如,要查询某地今年参加英语四级考试的学生信息(设有 30 万名),在极端的情况下,这 30 万名学生数据元组分散存储在 30 万个不同的物理块上。在做这种查询时,即使不考虑访问索引的次数,要访问这 30 万个学生的数据也需 30 万次 I/O 操作才能完成。如果将参加四级考试的学生按学校集中存放,则每存取一个物理块,就可以得到多个符合条件的学生元组,这样就会明显减少访问磁盘的次数。现代的 DBMS 一般都支持聚簇存放技术。聚簇分为三种情况:

(1) 分段:按属性分组,将文件在垂直方向进行分解。例如,将经常使用的属性域较少存取的属性分开存储到不同的存储设备或者存储区域上。
(2) 分区:将文件进行水平分解,按照记录存取频度进行分组。即将访问频率高的记录和访问低的记录分开并存储到不同的存储设备或者存储区域上。
(3) 聚簇:从不同的关系中取出某些属性物理地存储在一起,以改变连接查询的效率。

3.5.2 评价物理结构

数据库物理结构设计实际完成后,还应该进行评价,以确定物理设计结构是否满足设计要求。评价物理结构包括评价内容、评价指标和评价方法。

评价内容：存取方法选取的正确性、存取结构设计的合理性、文件存放位置的规范性和存取介质选取的标准性等。

评价指标：存取空间的利用率、存取数据的速度和维护费用等。

评价方法：根据物理结构的评价内容，统计存储空间的利用率、数据的存取速度和维护费用等指标。

如果物理设计结果满足了用户和设计的需求，则可以进入数据库实施阶段，否则需要修正甚至重新考虑物理结构的设计。一般说来，数据库的物理设计都需要反复测试、不断优化。

3.6 数据库实施

当前面各阶段的数据库设计工作圆满完成后，就进入建立数据库的工作阶段。数据库的实施就是根据前面逻辑设计与物理设计的结果，利用 DBMS 工具和直接利用 SQL 命令在计算机上建立其实际的数据库结构、整理并装载数据，编制和调试应用程序。

(1) 建立数据库结构。利用给定的 DBMS 所提供的命令，建立数据库的结构、外模式、内模式。对关系数据库来说，就是创建数据库及数据库中所包含的基本表、视图、索引等。

(2) 将原始数据装入数据库。装入数据的过程非常复杂，这是因为原始数据一般分散在企业的各个不同部门，而且它们的组织方式、结构和格式都与新设计数据库系统中的数据有不同程度的区别。因此，必须将这些数据从各个地方抽取出来，输入计算机，并经过分类转换，使它们的结构与新系统的数据库结构一致，然后才能输入数据库中。

一般调试程序时需要将少量的、适合程序调试用的数据装入数据库，系统运行正常后则需要将所有的原始数据装入数据库。一般地，装入大批量数据应设计输入子系统进行数据输入。

(3) 应用程序的编制和调试。与数据装载同时进行的工作是应用程序的编制和调试。在所编写的所有应用程序中都需要通过嵌入 SQL 语句来进行数据库数据的查询和更新。应用程序的设计、编码和调试的方法请参考有关软件工程的书籍。

3.7 数据库运行和维护

数据库试运行结果符合设计目标后，数据库就可以真正投入运行了。数据库系统正式运行，标志着数据库设计与应用开发工作的结束和维护阶段的开始。运行维护阶段的主要任务有如下几方面：

(1) 数据库的转储和恢复。DBA 应定期对数据库进行备份，将其转储到磁盘或其他存储设备上。这样，一旦数据库遭到破坏时可以及时地将其恢复。

(2) 数据库的安全性和完整性控制。按照设计阶段规定的安全和故障恢复规则，经常监督系统的安全性，及时调整授权或密码等，如果数据库系统的完整性约束发生了变化，DBA 应该及时调整和修正。

(3) 数据库性能的监督、分析和改造。数据库的设计成功和运行并不意味着数据库性能是最优的、最先进的。在数据库系统的运行过程中，DBA 需要密切关注系统的性能，监督系统的运行，并对监督数据进行分析，不断改进系统的性能。

（4）数据库的重组织与重构造。数据库系统的运行过程中，经常会对数据库进行插入、删除和修改等更新操作，这些操作会破坏数据库的物理存储，也会直接影响存储效率和系统性能。例如，由于多次的插入、删除和修改等更新操作，可能会使逻辑上属于同一记录类型或同一关系的数据被分散到不同的文件或文件的多个碎片上，就会降低数据的存取效率。此时，DBA 要负责对数据库进行重新组织，即按原设计要求重新安排数据的存储位置、回收垃圾、减少指针链等，以提高数据的存取效率和系统性能。

另外，数据库的应用环境也是不断变化的，经常会出现一些新的应用和消除一些旧的应用，这将导致出现新实体而淘汰旧实体，同时原先实体的属性和实体间的联系也会发生变化。因此，需要局部地调整数据库的逻辑结构，增加一些新的关系，删除一些旧的关系，或在某些关系中增加（删除）一些属性等，这就是数据库的重构造。当然，数据库的重构造是十分有限的，如果应用环境变化太大，重构造已无法满足用户的要求，就应该淘汰旧的系统，设计新的数据库系统。

习　题　3

习题

自测题

第二部分 技 术 篇

第 4 章　SQL Server 系统概述
第 5 章　数据库和数据表管理
第 6 章　数据查询与游标机制
第 7 章　视图与索引
第 8 章　SQL Server 子程序
第 9 章　数据库并发控制
第 10 章　数据库安全管理
第 11 章　数据库备份与还原

第 4 章 SQL Server 系统概述

SQL Server 是 Microsoft 公司最新一代的数据库管理系统,它为用户提供了一个安全、可靠和高效的平台,用于企业数据管理和商业智能应用。SQL Server 数据库引擎为关系型数据和结构化数据提供了更为安全可靠的存储功能,使用户可以构建和管理用于数据处理的高性能应用程序,并引入了用于提高开发人员、架构师和管理员能力和效率的新功能。本章利用 SQL Server 的相关案例介绍数据库的创建与管理。

视频讲解

4.1 SQL Server 系统简介

SQL Server 提供了设计、开发、部署和管理关系型数据库、分析对象、数据转换包、报表服务器和报表,以及通知服务器所需的图形工具;提供了多种用于提交有关产品和文档反馈的方式,还提供了用于自动向 Microsoft 发送错误报告和功能使用情况数据的方式。

4.1.1 SQL Server 的版本

SQL Server 数据库管理系统是当前最为流行的数据库管理系统之一,Microsoft 公司自 1993 年以来相继发布了多种版本。目前常见的 SQL Server 版本如表 4.1 所示。

表 4.1 目前常见的 SQL Server 版本

SQL Server 系列	特性及版本
SQL Server 2000	支持 XML,具有完全的 Web 功能,支持多种查询,可以访问非关系数据库,支持分布式查询,提供了数据仓库功能。SQL Server 2000 有 4 个版本:企业版(Enterprise)、标准版(Standard)、开发版(Developer)和个人版(Personal)
SQL Server 2005	通过名为集成服务(Integration Service)的工具来加载数据,引入.NET Framework 允许构建.NET SQL Server 专有对象,从而使 SQL Server 具有更灵活的数据管理功能。主要版本有:企业版(Enterprise)、标准版(Standard)、工作组版(Workgroup)、开发版(Developer)、精简版(Express)、移动版(Mobile)
SQL Server 2008	将结构化、半结构化和非结构化文档的数据直接存储到数据库中。对数据进行查询、搜索、同步、报告和分析之类的操作。允许使用 Microsoft .NET 和 Visual Studio 开发的自定义应用程序中使用数据,在面向服务的架构(SOA)和通过 Microsoft BizTalk Server 进行的业务流程中使用数据。主要版本有:企业版(Enterprise)、标准版(Standard)、工作组版(Workgroup)、Web 版(Web)、精简版(Express)
SQL Server 2012	全面支持云技术与平台,实现私有云与公有云之间数据的扩展与应用迁移。在业界领先的商业智能领域,专门针对关键业务应用的多种功能与解决方案。针对大数据以及数据仓库,提供从数 TB 到数百 TB 全面端到端的解决方案。包括 4 种主要版本:企业版(Enterprise)、标准版(Standard)、商业智能版(Bussiness Intelligence)、精简版(Express)

2014年4月16日,在旧金山召开的一场发布会上,Microsoft公司CEO萨蒂亚·纳德拉宣布正式推出SQL Server 2014。它主要在内存技术改进和云整合方面做了大量优化。

2016年3月17日下午Microsoft公司在北京中国大饭店召开了SQL Server 2016发布会,正式宣布这一全新数据库在华商用。它在关系和超越关系(JSON、XML、Hadoop)数据上实现了无缝管理,使用Hadoop数据无缝集成结构化数据,并且使用云数据无缝集成本地数据。

4.1.2 SQL Server系统数据库

SQL Server的系统数据库是SQL Server自身使用的数据库,存储有关数据库系统的信息。系统数据库是在SQL Server安装好时被建立的,SQL Server 2008提供5个系统数据库。

1. master数据库

master数据库是SQL Server系统中最重要的数据库,它记录了SQL Server系统的所有系统级别信息。这个数据库包括了诸如登录信息、系统设置信息、SQL Server初始化信息和用户数据库的相关信息。master数据库位于SQL Server的核心,如果该数据库被损坏,则系统将无法正常启动。

2. tempdb数据库

tempdb数据库是一个临时数据库,它保存所有的临时表、临时存储过程和临时操作结果。tempdb数据库由整个系统的所有数据库使用,不管用户使用哪个数据库,所建立的临时表和存储过程都存储在tempdb数据库中,在用户的连接断开时,该用户产生的临时表和存储过程被SQL Server自动删除。tempdb数据库在SQL Server每次启动时都重新创建,运行时根据需要自动增长。

在SQL Server 2008中,tempdb数据库还有一项额外的任务,就是被用作一些特性的版本库,如新的快照隔离层和在线索引(index)操作等。

3. model数据库

model数据库提供了在系统上创建所有数据库的模板。当用户创建新数据库时,新数据库的第一部分通过复制model数据库中的内容创建,剩余部分由空页填充。

4. msdb数据库

msdb数据库给SQL Server代理提供必要的信息来运行作业,如为代理程序的报警、任务调度和记录操作员的操作提供存储空间。SQL Server代理是SQL Server中的一个Windows服务,用于运行任何已创建的计划作业。作业是SQL Server中定义的自动运行的一系列操作,它不需要任何手工干预来启动。

5. resource数据库

resource数据库是从SQL Server 2005以来引入的新数据库,是一个只读数据库,它包含SQL Server中的所有系统对象,如系统存储过程、系统扩展存储过程和系统函数等。SQL Server系统对象在物理上存放于resource数据库中,但在逻辑上,它们出现在每个数据的sys构架中。

4.1.3 SQL Server 的 3 个关键系统表

系统表主要定义了数据库的配置选项、登录账号信息、链接服务器登录信息、进程、远程登录账号,以及每个数据库的列、文件组、文件、角色成员、所有数据库对象及权限等信息。SQL Server 可以利用系统表查看数据库的相关信息,系统表存储在 master 数据库中。下面只介绍 3 个关键系统表。

1. sysdatabases

Microsoft SQL Server 上的每个数据库的主要信息作为该表的一条记录。最初安装 SQL Server 时,sysdatabases 只包含 master、model、msdb、tempdb 等系统数据库的一些信息项。其结构如表 4.2 所示。

表 4.2 sysdatabases 系统表结构

列 名	数据类型	描 述
name	sysname	数据库的名称
dbid	smallint	数据库 ID
sid	varbinary(85)	数据库创建者的系统 ID
mode	smallint	用于创建数据库时在内部锁定该数据库
status	int	状态位,其中某些状态位可由用户使用 sp_dboption(read only、dbo use only、single user 等)进行设置
crdate	datetime	创建日期
reserved	datetime	留作以后使用
category	int	包含用于复制的信息位图:1=已发布;2=已订阅;4=合并已发布;8=合并已订阅
cmptlevel	tinyint	数据库的兼容级别
filename	nvarchar(260)	数据库主文件的操作系统路径和名称
version	smallint	创建数据库时使用的 SQL Server 代码内部版本号。仅供 SQL Server 工具在内部用于升级处理

利用下列 Transact-SQL 语句可以查询出所有的数据库相关信息。

select * from sysdatabases

2. sysobjects

在数据库内创建的每个对象(约束、默认值、日志、规则、存储过程等)的信息都作为 sysobjects 的一条记录。除保留的一些数据项外,其结构如表 4.3 所示。

表 4.3 sysobjects 系统表结构

列 名	数据类型	描 述
name	sysname	对象名
Id	int	对象标识号
xtype	char(2)	对象类型。可以是下列对象类型中的一种: C=CHECK 约束 D=默认值或 DEFAULT 约束 F=FOREIGN KEY 约束 L=日志

续表

列 名	数据类型	描 述
xtype	char(2)	FN=标量函数 IF=内嵌表函数 P=存储过程 PK=PRIMARY KEY 约束(类型是 K)
xtype	char(2)	RF=复制筛选存储过程 S=系统表 TF=表函数 TR=触发器 U=用户表 UQ=UNIQUE 约束(类型是 K) V=视图 X=扩展存储过程
uid	smallint	所有者对象的用户 ID
parent_obj	int	父对象的对象标识号(例如,对于触发器或约束,该标识号为表 ID)
crdate	datetime	对象的创建日期
ftcatid	smallint	为全文索引注册的所有用户表的全文目录标识符,对于没有注册的所有用户表则为 0
schema_ver	int	版本号,该版本号在每次表的架构更改时都增加
stats_schema_ver	int	保留。仅限内部使用
type	char(2)	对象类型。除以下两项外,其余项与 xtype 相同 K=PRIMARY KEY 或 UNIQUE 约束 RF=复制筛选存储过程
sysstat	smallint	内部状态信息
category	int	用于发布、约束和标识

利用下列 Transact-SQL 语句可以查询当前数据库的所有用户表信息。

select * from sysobjects where xtype='U'

3. syscolumns

表、视图中的每列和存储过程中的每个参数都作为 syscolumns 系统表的一条记录。除"仅限内部使用"的一些数据项外,其结构如表 4.4 所示。

表 4.4 syscolumns 系统表结构

列 名	数据类型	描 述
name	sysname	列名或过程参数的名称
id	int	该列所属的表对象 ID,或与该参数关联的存储过程 ID
xtype	tinyint	systypes 中的物理存储类型
xusertype	smallint	扩展的用户定义数据类型 ID
length	smallint	systypes 中的最大物理存储长度
colid	smallint	列或参数 ID
cdefault	int	该列的默认值 ID
domain	int	该列的规则或 CHECK 约束 ID
number	smallint	过程分组时(0 表示非过程项)的子过程号

续表

列名	数据类型	描述
offset	smallint	该列所在行的偏移量；如果为负,表示可变长度行
status	tinyint	用于描述列或参数属性的位图： 0x08=列允许空值 0x10=当添加 varchar 或 varbinary 列时,ANSI 填充生效。保留 varchar 列的尾随空格,保留 varbinary 列的尾随零 0x40=参数为 OUTPUT 参数 0x80=列为标识列
type	tinyint	systypes 中的物理存储类型
usertype	smallint	systypes 中的用户定义数据类型 ID
prec	smallint	该列的精度级别
scale	int	该列的小数位数
iscomputed	int	表示是否已计算该列的标志： 0=未计算,1=已计算
isoutparam	int	表示该过程参数是否是输出参数： 1=真,0=假
isnullable	int	表示该列是否允许空值： 1=真,0=假

利用下列 Transact-SQL 语句可以得到当前数据库 id 为 325576198 表中所有字段列表。

```
select * from syscolumns where id=325576198
```

4.2 Transact-SQL 简介

SQL(Structured Query Language,结构化查询语言)之所以能够为用户和业界所接受,并成为国际标准,是因为它是一个综合的、功能极强同时又简洁易学的语言。Transact-SQL(简记为 T-SQL)是 Microsoft 公司在关系数据库管理系统 SQL Server 中标准的 SQL 语言的具体实现,是微软对 SQL 的扩展,具有 SQL 的主要特点。

4.2.1 SQL 语言的发展与特点

SQL 是利用一些简单的语句构成基本的语法,来存取数据库的内容。目前已成为关系型数据库系统中使用最为广泛的语言。

1. SQL 的发展历史

1974 年 SQL 语言由 Boyce 和 Chamberlin 提出。

1975—1979 年研制了著名的关系数据库管理系统原型 System R,同时实现了 SQL 这种查询语言,且该语言被关系数据库管理系统的早期商品化软件(如 Oracle 等)所采用。

IBM 的圣约瑟研究实验室研制了著名的关系数据库管理系统原型 System R。

1986 年 10 月由美国国家标准委员会(American National Standards Institute,ANSI)公布了 SQL 标准,即 SQL-86(SQL-1)。

1987 年 6 月国际标准化组织(International Standards Organization,ISO)正式采纳它

为国际标准。

1989 年 4 月 ISO 提出了具有完整性特征的 SQL,并称为 SQL-89(SQL-2)。SQL-89 标准公布之后,对数据库技术的发展和应用都起了很大的推动作用。经过三年的研究和修改,1992 年 11 月 ISO 又公布了 SQL 的新标准。

此后随着新版本 SQL-99(SQL-3)和 SQL-2003(SQL-4)的相继问世,SQL 语言进一步得到了广泛应用。

2. SQL 语言特点

SQL 是高级的非过程化编程语言,属于第 4 代语言(4GL)。它允许用户在高层数据结构上工作。它具有如下特点:

(1) 高度非过程化。SQL 语言进行数据操作只要提出"做什么",具体怎么做则由系统找出一种合适的方法自动完成。

(2) 面向集合的操作方式。SQL 语句采用集合操作方式,就是说可以使用一条语句从一个或者多个表中查询出一组结果数据。

(3) 语法简单。SQL 语言功能强大,但是语法极其简单。

(4) 是关系数据库的标准语言。无论用户使用哪个公司的产品,SQL 的基本语法都是一样的。

3. 常用的 SQL 命令

SQL 语言的命令一般分为以下三类:

(1) 数据操纵语言 DML。DML 语句用于操纵数据库中的数据,包括 4 个基本语句。

SELECT:对数据库中的数据进行检索。

INSERT:向表中插入数据行。

UPDATE:修改已经存在于表中的数据。

DELETE:删除表中的数据行。

(2) 数据定义语言 DDL。DDL 用来建立数据库中各种数据对象(包括表、视图、索引、存储过程、触发器等),包括 3 个基本语句。

CREATE:新建数据库对象。

ALTER:更新已有数据对象的定义。

DROP:删除已经存在的数据对象。

(3) 数据控制语言 DCL。DCL 用于授予或者收回访问数据库的某种权限和事务控制,包括 4 个基本语句。

GRANT:授予权限。

REVOKE:收回权限。

COMMIT:提交事务。

ROLLBACK:回滚事务。

4.2.2 Transact-SQL 语法基础

Transact-SQL 最初由 SQL-3 的标准实现,SQL Server 中使用图形界面能够完成的所有功能,都可以利用 Transact-SQL 来实现。另外,在高级语言编写的应用程序中嵌入 Transact-SQL 就可以完成所有的数据库管理工作。任何应用程序,只要是向 SQL Server

的数据库管理系统发出命令以获得数据库管理系统的响应,最终都必须体现为以 Transact-SQL 语句为表现形式的指令。对用户来说,Transact-SQL 是唯一可以和 SQL Server 的数据库管理系统进行交互的语言。同时增加了变量、运算符、函数、流程控制和注释等语言元素,使得其功能更加强大。

1. 常用数据类型

在计算机中数据有两种特征:类型和长度。所谓数据类型,就是以数据的表现方式和存储方式来划分的数据种类。

1) 整数数据类型

常用的四种整数数据类型如下。

(1) int:int 数据类型存储 $-2^{31} \sim (2^{31}-1)$ 的所有正负整数,每个 int 类型的数据占有 4 字节存储空间。

(2) smallint:smallint 数据类型存储 $-2^{15} \sim (2^{15}-1)$ 的所有正负整数,每个 smallint 类型的数据占有 2 字节存储空间。

(3) tinyint:tinyint 数据类型存储 $0 \sim 255$ 的所有正整数,每个 tinyint 类型的数据占有 1 字节存储空间。

(4) bit:bit 数据类型存储 1、0 或 NULL,它非常适合用于开关标记,且它只占用 1 字节空间。

2) 浮点数据类型

浮点数据类型用于存储十进制小数。浮点数值的数据在 SQL Server 中采用上舍入方式进行存储,因此也称为近似数字。常用的两种类型如下。

(1) real:real 数据类型可精确到第 7 位小数,其范围为 $-3.40 \times 10^{-38} \sim 3.40 \times 10^{38}$。每个 real 类型的数据占用 4 字节存储空间。

(2) float:float 数据类型可精确到第 15 位小数,其范围为 $-1.79 \times 10^{-308} \sim 1.79 \times 10^{308}$。每个 float 类型的数据占用 8 字节存储空间。

3) 字符串类型

字符串数据类型用于存储字符数据,如字母、数字符号、特殊符号。但要注意,在使用字符数据类型时要加单引号。常用的 3 种类型如下。

(1) char[(n)]:固定长度,长度为 n 字节。n 的取值为 1~8000,即可以容纳 8000 个 ANSI 字符。若不指定 n 值,系统默认值为 1。若输入数据的字符数小于 n,则系统自动在其后添加空格来填满设定好的空间。若输入的数据过长,系统会自动截掉其超出部分。

(2) nchar(n):存储定长统一编码字符型数据。n 的取值为 1~4000,统一编码用双字节结构来存储每个字符。

(3) varchar[(n)]:可变长度,n 的取值为 1~8000。存储空间大小是输入数据的实际长度加 2 字节,若输入数据的字符数小于 n,则系统不会在其后添加空格来填满设定好的空间。

(4) text:text 数据类型用于存储大量文本数据,其容量理论上是 $1 \sim (2^{31}-1)$ 字节,在实际编程中应根据具体需要而定。

4) 日期和时间数据类型

日期和时间数据类型是用来存储日期和时间的数据类型。常用的三种类型如下。

(1) date：date 数据类型是 SQL Server 2008 新引进的数据类型，只存储日期。存储格式为"YYYY-MM-DD"，占用 3 字节的存储空间，其范围为 0001-01-01～9999-12-31。

(2) time：time 数据类型只存储时间。存储格式为 hh:mm:ss，占用 3～5 字节的存储空间，其范围为 00:00:00.0000000～23:59:59.9999999。

(3) datetime：datetime 数据类型用于存储日期和时间的结合体，存储格式"YYYY-MM-DD hh:mm:ss[.nnnnnnn]"，占用 8 字节的存储空间，其范围为 1753-01-01～9999-12-31。

5) 货币数据类型

货币数据类型用于存储货币值，在使用货币数据类型时，应在数据前加上货币符号，如 ￥100.54 或 \$150.54。常用的两种类型如下。

(1) money：money 数据类型的数据是一个有 4 位小数的 decimal 值，其取值范围为 -2^{63}～$(2^{63}-1)$，它占用 8 字节存储空间。

(2) smallmoney：smallmoney 数据类型与 money 数据类型相似，但其存储的货币值范围比 money 数据类型小，其取值范围为 -2^{31}～$(2^{31}-1)$，它占用 4 字节存储空间。

6) 自定义变量类型

用户定义的数据类型基于在 Microsoft SQL Server 中提供的数据类型。当几个表中必须存储同一种数据类型时，并且为保证这些列有相同的数据类型、长度和可空性（即是否可为空）时，可以使用用户定义的数据类型。在创建用户自定义数据类型时应首先考虑如下 3 个属性：数据类型的名称、所依据的系统数据类型（又称为基类型）和是否为空。

(1) 使用界面方式。

在"对象资源管理器"中展开"数据库"→JXGL→"可编程性"→"类型"→"用户定义数据类型"选项，右击，在快捷菜单中选择"新建用户定义数据类型"命令，如图 4.1 所示。

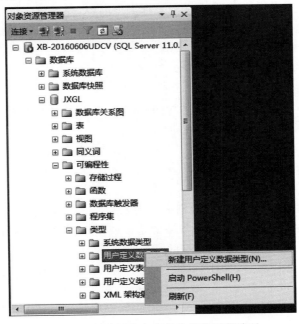

图 4.1　创建用户自定义数据类型菜单项

单击"新建用户定义数据类型"命令后,系统进入"新建用户定义数据类型"对话框,如图 4.2 所示。

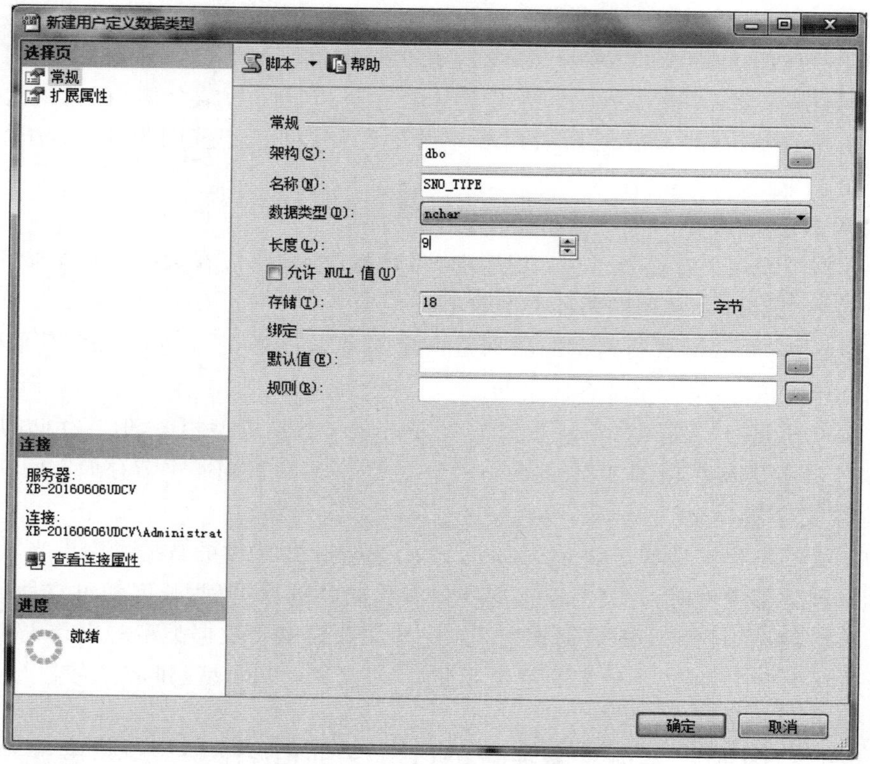

图 4.2 "新建用户定义数据类型"对话框

在"名称"输入框中输入用户自定义的数据类型名称,如 SNO_TYPE;在"数据类型"下拉列表框中选择自定义数据类型所给予的系统数据类型,如 nchar;在"长度"输入框中输入数据类型的长度,如 9;如果允许自定义数据类型为空,则选定"允许 NULL 值"复选框。单击"确定"按钮即可完成创建。

(2) 使用 Transact-SQL 语句。

在 SQL Server 中,使用 CREATE TYPE 语句来实现用户数据类型的定义。语句格式如下:

```
CREATE TYPE [架构.] <类型名>
    FROM <基类型>[(<精度>[,<位数>])]
[NULL|NOT NULL]
```

在语句格式中,每一种特定的符号都表示有特殊的含义,其中,尖括号< >中的内容表示必选项,方括号[ ]中的内容表示可以省略的选项或参数,符号"|"表示或者的关系。

用户自定义数据类型"SNO_TYPE"的 Transact-SQL 描述为:

```
CREATE TYPE SNO_TYPE
    FROM nchar(9) NOT NULL
```

2. 常量

常量是指在程序运行过程中保持不变的量。

(1) 数值常量。

数值常量分为整型常量和实型常量两种。

bit 类型常量使用数字 0 和 1 即可,如果大于 1 的数值,则转换为 1。

二进制常量用 0x 开头,后面跟十六进制数表示,如 0xB0C5。

(2) 字符串常量。

用一对单引号括起来的若干个合法的字符称为字符串常量,如:

'Microsoft SQL Server'
'Transact - SQL 易学易用'

(3) 日期和时间常量。

用一对单引号括起来的符合日期(时间)格式的字符串称为日期(时间)常量,如:

'2017 - 03 - 15'
'06:39:23'

3. 变量

变量是指在程序运行过程中可以改变的量。Transact-SQL 程序中的变量分为全局变量和局部变量两类。

1) 全局变量

全局变量是由 SQL Server 系统预先定义好的变量,也称为系统变量。用户可以使用它的值,但不能自己定义全局变量。对用户而言,其作用范围并不局限于某一程序,在任何程序中均可调用。全局变量的名称前面加符号"@@"。全局变量通常用于存储一些 SQL Server 的配置设定值或某些语句执行结果的统计数据。

SQL Server 提供了 30 多个全局变量,本节只对一些常用的全局变量功能和使用方法进行介绍,如表 4.5 所示。

表 4.5 常用的全局变量

名称	功能
@@CONNECTIONS	返回自上次启动以来连接或试图连接的次数
@@CURSOR_ROWS	返回被打开的游标中还未被读取的有效数据行的行数
@@CPU_BUSY	返回自 SQL Server 最近一次启动以来 CPU 的工作时间,其单位为毫秒
@@ERROR	执行的 SQL 语句正确时返回 0,否则返回错误代码
@@FETCH_STATUS	返回上一次 FETCH 语句的状态值。读取成功值为 0,否则值为非 0
@@MAX_CONNECTIONS	返回允许连接到 SQL Server 的最大连接数目
@@PROCID	返回当前过程的存储过程标识符(ID)
@@REMSERVER	返回远程 SQL Server 数据库服务器的名称
@@ROWCOUNT	返回受上一语句影响的行数
@@SERVERNAME	返回运行的本地服务器名称
@@SPID	返回当前用户进程的服务器进程标识符(ID)
@@TRANCOUNT	返回当前连接的活动事务数
@@VERSION	返回当前安装的日期、版本和处理器类型

例 4.1 向数据库 JXGL 的学生表 S(SNO,SNAME,SEX,BIRTHDATE,CLLOEGE)中插入如下的记录,用@@ERROR 进行错误检查。其中,SNO 为主键,SNAME 要求非空。

INSERT INTO S(SNO,SNAME) VALUES('S3','许文秀')

```
INSERT INTO S(SNO,SNAME) VALUES('S3','许文秀')
IF @@ERROR = 2627
PRINT '插入了主键相同的值,违反了实体完整性!'
```

运行结果如图 4.3 所示。

图 4.3　插入重复记录数据时检查错误

例 4.2　用 SELECT 命令显示全局变量的值,如显示当前 SQL Server 版本类型。

```
SELECT   @@VERSION
```

运行结果如图 4.4 所示。

2) 局部变量

局部变量是用户自定义的变量,它的作用范围仅在程序内部。在程序中通常用来存储从表中查询到的数据,或当作程序执行过程中暂存变量使用。局部变量必须以符号"@"开头,

图 4.4　显示当前 SQL Server 版本类型

而且必须先用 DECLARE 语句说明后才可使用。其说明形式如下:

```
DECLARE <@变量名> <变量类型>[,<@变量名> <变量类型> … ]
```

其中,变量类型可以是 SQL Server 2012 支持的所有数据类型,也可以是用户自定义的数据类型。

在 Transact-SQL 中不能像在一般的程序语言中一样使用"变量=变量值"来给变量赋值。必须使用 SELECT 或 SET 语句来设定变量的值,其语法如下:

```
SELECT <@局部变量> = <变量值>
SET <@局部变量> = <变量值>
```

例 4.3　声明一个长度为 10 个字符串的变量 id 并赋值。

```
DECLARE @id nchar(10)
SELECT @id = '10010001'
```

4. 输出语句

可以利用 PRINT 和 SELECT 输出变量的值,其区别在于 PRINT 将值显示在消息窗口,而 SELECT 将值显示在结果窗口。

1) PRINT

PRINT 语句是向客户端返回一个用户自定义的信息,即显示一个字符串、局部变量或全局变量的内容。其语句格式如下:

```
PRINT <文本串>|<@局部变量>|<@@函数>|<字符串表达式>
```

参数说明如下。

(1) <文本串>:用单引号引起来的汉字、字符或数字。

（2）<@局部变量>：必须是任意有效的字符数据类型变量。它必须是 char 或 varchar，或者能够隐式转换为这些数据类型。

（3）<@@函数>：返回字符串结果的函数。<@@函数>必须是 char 或 varchar，或者能够隐式转换为这些数据类型。

（4）<字符串表达式>：返回字符串的表达式。可包含用"＋"连接的字符串或变量。

例 4.4 用 PRINT 显示变量并生成字符串。SQL 语句如下：

```
DECLARE @x CHAR(10)
SET @x = '《没有共产党就没有新中国》'
PRINT @x
PRINT '我最喜爱的歌曲是：' + @x
```

运行结果如图 4.5 所示。

2）SELECT

可以利用 SELECT 查询语句输出变量的值。语句格式如下：

SELECT <变量名>[AS '别名'][,<变量名>[AS '别名'][, … n]]

其中，别名作为结果的列标题。

如分别显示局部变量与全局变量的值：定义局部变量@num，先赋值后显示；利用全局变量@@SERVERNAME 显示运行的本地服务器名称。

```
DECLARE @num int
SET @num = 128
SELECT @num AS '局部变量',@@SERVERNAME AS '全局变量'
```

运行结果如图 4.6 所示。

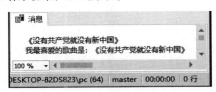

图 4.5 用 PRINT 输出信息

图 4.6 SELECT 语句显示变量值

5．常用运算符

运算符用于执行程序代码运算，它针对一个以上的操作项来进行运算。SQL Server 常用运算符有以下几类。

1）算术运算符

所有数字类型数据都可以进行如图 4.7 所示的五种算术运算。日期和时间类型也可以进行算术运算，但只能计算"＋"和"－"。

2）比较运算符

比较运算符的结果是布尔数据类型，它有三种值：TRUE、FALSE 及 UNKNOWN。比较运算符如图 4.8 所示。

例 4.5 使用比较运算符计算表达式的值。

```
DECLARE @Exp1 int,@Exp2 int
```

运算符	含义
＋（加）	加法
－（减）	减法
*（乘）	乘法
/（除）	除法
%（模）	求余数

图 4.7 算术运算符

```
Set  @Exp1 = 30
Set  @Exp2 = 50
IF  @Exp1 <@Exp2
PRINT @Exp1
```

运行结果如图 4.9 所示。

运算符	含义
=	等于
>	大于
<	小于
>=	大于或等于
<=	小于或等于
<>	不等于

图 4.8 比较运算符

图 4.9 比较运算符输出结果

3) 逻辑运算符

逻辑运算符是对某个条件进行测试,以获得其真实情况。逻辑运算符和比较运算符一样,返回带有 TRUE 或 FALSE 值的布尔数据类型,如表 4.6 所示。

表 4.6 逻辑运算符

运算符	含义
OR	如果两个布尔表达式中的一个为 TRUE,那么就为 TRUE
AND	如果两个布尔表达式都为 TRUE,那么就为 TRUE
NOT	对布尔表达式的值取反

6. 注释

注释,也称为注解,是写在程序代码中的说明性文字,它们对程序的结构及功能进行说明。注释内容不被系统编译,也不被程序执行。

在 Transact-SQL 中注释类型有两类:

- ANSI 标准的注释符"--",它用于单行注释。
- 与 C 语言相同的程序注释符号"/* … */",它用于程序中的多行注释。

7. 常用系统函数

系统函数是由系统预先编制好的程序代码,可供在任何地方调用。每个函数可以有 0 个、1 个或多个参数(参数用逗号分隔),有且仅有一个返回值。SQL Server 的常用系统函数如表 4.7 所示。

表 4.7 常用系统函数

函数类型	函数表达式	功能	应用举例
字符串函数	SUBSTRING(表达式,起始,长度)	取子串	SUBSTRING('ABCDEFG',3,4)
	RIGHT(表达式,长度)	右边取子串	RIGHT('ABCDEF',3)
	STR(浮点数[,总长度[,小数位]])	数值型转换字符型	STR(234.5678,6,2)
	LTRIM(表达式)、RTRIM(表达式)	去左、右空格	LTRIM(SNO),SNO 为字段名
	CHARINDEX(子串,母串)	返回子串起始位置	CHARINDEX('AD','HAADYU')

续表

函数类型	函数表达式	功　能	应用举例
类型转换函数	CONVERT(数据类型[,长度],表达式[,日期转字符串样式]) 1：mm/dd/yy，5：dd-mm-yy，11：yy-mm-dd，23：yyyy-mm-dd	表达式类型转换	CONVERT(varchar(100),GETDATE(),1) 当前日期转换为字符串
	CAST（表达式 AS 数据类型[,长度]）	表达式类型转换	cast(23 as nvarchar)，数值转字符串
数值函数	ABS(表达式)	取绝对值	ABS(−25.7*2)
	POWER(底,指数)	底的指数次方	POWER(6,2)
	RAND([整型数])	随机数产生器	RAND(1)
	ROUND(表达式,精度)	按精度四舍五入	ROUND(24.2367,2)
	SQRT(表达式)	算术平方根	SQRT(10)
日期函数	GETDATE()	当前的日期和时间	GETDATE()
	DAY(表达式)	表达式的日期值	DAY(GETDATE())
	MONTH(表达式)	表达式的月份值	MONTH(GETDATE())
	YEAR(表达式)	表达式的年份值	YEAR(GETDATE())
	DATEADD(标志,间隔值,日期) YY：年份,MM：月份,DD：日	日期间隔后的日期	DATEADD(MM,2,GETDATE()) 两个月后的日期
	DATEDIFF(标志,日期1,日期2)	日期2与日期1的差	DATEDIFF(YY,BIRTHDAY,GETDATE()),计算年龄
判断函数	ISDATE(表达式)	是否合理日期	ISDATE(GETDATE())
	ISNULL(是否空值,替代值)	若空用指定值代替	ISNULL(SEX,'M')
	ISNUMERIC(表达式)	是否为合理的数值	ISNUMERIC(S.AGE)
	EXISTS(子查询)	检查结果集	EXISTS(SELECT * FROM SC)
统计函数（参数默认ALL）	AVG([DISTINCT 列名])	取均值	AVG(AGE)
	COUNT([DISTINCT 列名])	行数	COUNT(DISTINCT AGE)
	MAX([DISTINCT 列名])	最大值	MAX(AGE)
	MIN([DISTINCT 列名])	最小值	MIN(AGE)
	SUM([DISTINCT 列名])	求和	SUM(GREAD)

在 SQL Server 数据库理论中，统计函数也常称为聚合函数或聚集函数。

例 4.6 系统函数应用举例。

（1）定义变量字符串 st，赋值"数据库原理及应用课程"，取子串"原理及应用"的操作如下：

```
DECLARE @st VARCHAR(50)
SET @st = '谱写新时代中国特色社会主义更加绚丽的华章'
SELECT SUBSTRING(@st,6,8) AS '运行结果'
```

执行语句的结果如图 4.10(a)所示。

（2）显示当前日期的运行结果。

```
SELECT '当前日期：' + Convert(Varchar(8),GetDate(),7) AS '运行结果'
```

执行语句的结果如图 4.10(b)所示。

(3) 用 PRINT 语句显示系统的当前系统时间。

PRINT(CONVERT(varchar(30),GETDATE())) + '.'

执行语句的结果如图 4.10(c)所示。

(a) 执行结果一　　(b) 执行结果二　　(c) 执行结果三

图 4.10　例 4.6 三段程序语句执行的结果

4.3　Transact-SQL 流程控制语句

Transact-SQL 语言提供了一些可以用于改变语句执行顺序的命令,称为流程控制语句。流程控制语句允许用户更好地组织存储过程中的语句,可以方便地实现程序的功能。流程控制语句与常见的程序设计语言类似,主要包含以下几种。

4.3.1　BEGIN … END 语句

BEGIN… END 语句能够将多个 Transact-SQL 语句组合成一个语句块,并将它们视为一个单元处理。其语句格式如下:

```
BEGIN
   <Transact–SQL 语句>[,… n]
   [<BEGIN … END>[,… n]]
END
```

其中,[,… n]表示同样的选项可以重复 1~n 遍。

由此可知,在 BEGIN…END 语句中可以嵌套另外的 BEGIN…END 语句来定义另一语句块。

例 4.7　在 BEGIN…END 语句块中完成两个变量的值的交换。运行结果如图 4.11 所示。

图 4.11　交换两个变量的值

```
DECLARE @x int,@y int,@t int
SET @x = 12
SET @y = 24
BEGIN
    SET @t = @x
    SET @x = @y
    SET @y = @t
END
PRINT '@x = ' + str(@x,2,0) + ' @y = ' + str(@y,2,0)
```

此例不用 BEGIN … END 语句块结果也完全一样。

4.3.2　分支语句

分支语句的执行是依据一定的条件选择执行路径,而不是严格按照语句出现的物理顺序。

1. IF…ELSE 语句

使用 IF…ELSE 语句可以有条件地执行语句。在程序中如果要对给定的条件进行判定，当条件为真或假时分别执行不同的 Transact-SQL 语句，可用 IF … ELSE 语句来实现。其语句格式如下：

```
IF <条件表达式>
    <命令行或语句块>
[ELSE [条件表达式]
    <命令行或语句块>]
```

其中，<条件表达式>可以是各种表达式的组合，但表达式的值必须是"真"或"假"。ELSE 子句是可选的。IF…ELSE 语句用来判断当某一条件成立时执行某段程序，条件不成立时执行另一段程序。如果不使用语句块，IF 或 ELSE 只能执行一条语句。IF…ELSE 可以嵌套使用。

例 4.8 对于给定的一个年份值@year，判断是否为闰年。

闰年的判断条件是能被 400 整除或者能被 4 整除但不能被 100 整除。

```
DECLARE @year int
SET @year = 1982
IF (@year % 400 = 0 or @year % 4 = 0 and @year % 100 <> 0)
        PRINT '该年份是闰年'
ELSE
        PRINT '该年份不是闰年'
```

2. CASE 语句

使用 CASE 语句可以进行多个分支的选择，从而避免了多重 IF … ELSE 语句的嵌套。CASE 语句有两种格式：一种是简单的 CASE 语句格式，它是将某个表达式与一组简单表达式进行比较来确定结果；另一种是 CASE 搜索语句格式，它是用一组逻辑表达式来确定结果。

1）简单 CASE 语句

简单 CASE 语句格式如下：

```
CASE <输入条件表达式>
   WHEN <条件表达式值 1> THEN <返回表达式 1>
   WHEN <条件表达式值 2> THEN <返回表达式 2>
   …
[ELSE <返回表达式 n>]
END
```

该语句的含义是：先是计算<输入条件表达式>的值，再将其值按指定的顺序与 WHEN 子句<条件表达式值>进行比较，返回满足条件的第一条 THEN 子句<返回表达式>。如果 WHEN 子句<条件表达式值>都不满足，则返回 ELSE 子句的<返回表达式 n>。

例 4.9 对社会主义核心价值观的相关关键词进行解释。

```
DECLARE @KEY VARCHAR(50),@EX VARCHAR(200)
SET @KEY = '敬业'
SET @EX = CASE @KEY
```

```
        WHEN '民主' THEN '我们追求的民主是人民民主,其实质和核心是人民当家作主。它是社会主
义的生命,也是创造人民美好幸福生活的政治保障'
        WHEN '公正' THEN '即社会公平和正义,它以人的解放、人的自由平等权利的获得为前提,是国
家、社会应然的根本价值理念.'
        WHEN '敬业' THEN '是对公民职业行为准则的价值评价,要求公民忠于职守,克己奉公,服务人
民,服务社会,充分体现了社会主义职业精神.'
        WHEN '友善' THEN '强调公民之间应互相尊重、互相关心、互相帮助,和睦友好,努力形成社会主
义的新型人际关系.'
   END
     PRINT '"' + @KEY + '"' + '解释为: ' + @EX
```

执行结果如图 4.12 所示。

2) 搜索 CASE 语句

搜索 CASE 语句格式如下:

```
CASE
   WHEN <条件表达式值 1> THEN <返回表达式 1>
   WHEN <条件表达式值 2> THEN <返回表达式 2>
      …
[ ELSE <返回表达式 n>]
END
```

关键词"文明"英语单词为: civilization

图 4.12 例 4.9 运行结果

该语句的含义是:按指定的顺序计算每个 WHEN 子句的<条件表达式值>,返回第一个<条件表达式值>为真的 THEN 子句的<返回表达式>。如果 WHEN 子句<条件表达式值>都不为真,则返回 ELSE 子句的<返回表达式 n>。

例 4.10 将社会主义核心价值观的相关关键词翻译成英语。

```
DECLARE @KEY VARCHAR(50),@TR VARCHAR(50)
SET @KEY = '文明'
SET @TR = CASE
        WHEN @KEY = '富强' THEN 'prosperity'
        WHEN @KEY = '民主' THEN 'democracy'
        WHEN @KEY = '文明' THEN 'civilization'
        WHEN @KEY = '和谐' THEN 'harmony'
     END
PRINT '关键词"' + @KEY + '"英语单词为: ' + @TR
```

运行结果如图 4.13 所示。

"敬业"解释为:是对公民职业行为准则的价值评价,要求公民忠于职守,克己奉公,服务人民,服务社会,充分体现了社会主义职业精神.

图 4.13 例 4.10 运行的结果

4.3.3 循环语句

使用 WHILE 语句可以根据指定的条件重复执行一个 Transact-SQL 语句或语句块,只要条件成立,WHILE 语句就会重复执行下去。语句格式如下:

```
WHILE <条件表达式>
BEGIN
  <命令行或语句块>
  [BREAK]
  [CONTINUE]
  <命令行或语句块>
END
```

该语句的含义是：WHILE 在设定<条件表达式>为真时会重复执行命令行或语句块，除非遇到条件表达式为假或遇到 BREAK 语句时才跳出循环。

BREAK 命令可以让程序无条件地跳出循环，结束 WHILE 命令的执行。

CONTINUE 命令使程序跳过 CONTINUE 命令之后的语句，回到 WHILE 循环的第一行命令。

例 4.11 打印乘法口诀表。

```
DECLARE @i int,@j int
DECLARE @ss varchar(200)
SET @i=1
WHILE @i<=9
  BEGIN
    SET @j=1
    SET @ss=''
    WHILE @j<=@i
      BEGIN
        SET @ss=@ss+STR(@j,1)+'*'+STR(@i,1)+'='+STR(@j*@i,2)+''
        SET @j=@j+1
      END
    PRINT @ss
    SET @i=@i+1
END
```

执行上述程序段，运行结果如图 4.14 所示。

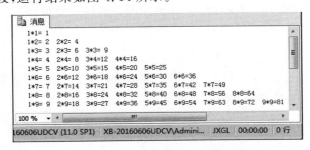

图 4.14 打印乘法口诀表结果图

4.3.4 RETURN 语句

使用 RETURN 语句，可以从查询或存储过程中无条件地退出，而不去执行位于 RETURN 之后的语句。语句格式为：

RETURN [<整型表达式>]

其中，<整型表达式>为一个整型数值，是 RETURN 语句要返回的值。

该语句的含义是：向执行调用的过程或应用程序返回一个整数值。

如果不提供"整型表达式"，SQL Sever 系统会根据程序执行的结果返回一个内定值，如表 4.8 所示。

表 4.8 RETURN 语句的返回值及含义

返回值	含义	返回值	含义
0	程序执行成功	−7	资源错误，如磁盘空间不足
−1	找不到对象	−8	非致命的内部错误
−2	数据类型错误	−9	已达到系统的极限
−3	死锁	−10 或 −11	致命的内部不一致性错误
−4	违反极限原则	−12	表或指针破坏
−5	语法错误	−13	数据库破坏
−6	用户造成的一般错误	−14	硬件错误

例 4.12 输出 1～100 的正整数的和。

```
DECLARE @s int,@i int
SET @s = 0
SET @i = 0
WHILE @i < 100
    BEGIN
        IF (@i > = 100)
            RETURN
        SET @i = @i + 1
        SET @s = @s + @i
    END
PRINT '1 + 2 + 3 + ... + 100 = ' + cast(@s as char)
```

4.3.5 WAITFOR 语句

WAITFOR 语句允许开发者定义一个延迟时间间隔（或等待时间点），当超过延迟时间间隔（或达到等待时间点时），其后的 Transact-SQL 语句才会被执行。WAITFOR 语句格式如下：

WAITFOR DELAY <时间间隔> | TIME <等待时间点>

其中，延迟的时间间隔必须小于 24 小时。时间用 time 数据格式，用单引号括起来。

例如，在查询 SC 表前暂停 5 分钟。语句如下：

```
WAITFOR DELAY '00:05:00'
SELECT * FROM SC
```

例如，在晚上 11:00 执行整个数据库备份。

```
WAITFOR TIME '23:00:00'
BACKUP DATABASE JXGL TO JXGL_BAK
```

4.3.6 TRY…CATCH 语句

SQL Server 中，可以用 TRY…CATCH 语句进行 Transact-SQL 代码中的错误处理。此功能类似于 C# 语言的异常处理功能。语句格式如下：

```
BEGIN TRY
    <Transaction-SQL 语句>|<Transaction-SQL 语句块>
END TRY
BEGIN CATCH
    <Transaction-SQL 语句>|<Transaction-SQL 语句块>
END CATCH
```

TRY…CATCH 使用表 4.9 的错误函数来捕获错误信息。

表 4.9 TRY…CATCH 语句的错误函数及含义

错误函数	含义
ERROR_NUMBER()	返回错误号
ERROR_STATE()	返回错误状态号
ERROR_MESSAGE()	返回错误消息的完整文本
ERROR_SEVERITY()	返回错误严重性
ERROR_LINE()	返回导致错误的例程中的行号
ERROR_PROCEDURE()	返回出现错误的存储过程或触发器的名称

例 4.13 将零做除数进行测试,结果如图 4.15 所示。

```
BEGIN TRY
    SELECT 1/0 AS '错误语句'
END TRY
BEGIN CATCH
  SELECT ERROR_NUMBER() AS '错误号', ERROR_SEVERITY() AS '严重性',
    ERROR_STATE() AS '状态号', ERROR_PROCEDURE() AS '名称',
    ERROR_LINE() AS '行号', ERROR_MESSAGE() AS '错误信息'
END CATCH
```

图 4.15 零做除数测试结果

严重性为 10 或更低的错误被视为警告或信息性消息,TRY…CATCH 块不处理此类错误。严重性高于 10 但不关闭数据库连接的所有执行错误可构造 TRY…CATCH 块对其缓存。

4.4 SQL Server 存储机制

在 SQL Server 中,存储的最小单位是页。SQL Server 对于页的读取,要么完全读取,要么完全不读取。页是 SQL Server 的基础,在 SQL Server 里一切都与页有关,如利用减少查询所需页的读取可以提高查询性能,而且索引的结构也是由页组成的。

4.4.1 SQL Server 数据页概述

对于操作系统来说,文件可以认为是一个很大的线性空间,如果按地址空间顺序分配容量(也就是按段式存储),则有可能会造成很多的外部碎片,使得很多的容量很难再次利用,只有移动合并空间才能腾出更多的空间。例如,某存储空间数据存储如表 4.10 所示,如果要申请 1024B 的空间,显然表 4.10 的两个空闲空间块单个计算不够,合起来却是够用的,因此需要移动合并空间块。

表 4.10　某存储空间数据存储状况

空间块容量	8KB	512B	12KB	512B	8KB
存储状态	已分配	空闲	已分配	空闲	已分配

为了能够更好地利用磁盘空间,SQL Server 借鉴了操作系统的虚拟内存的概念,将文件划分到 N 个 8KB 的存储空间,这样每次分配时,都是按照 8KB 空间申请,这就解决了外部碎片的问题。

4.4.2　SQL Server 数据页结构

SQL Server 将页作为数据存储的基本单位,页的大小为 8KB,每页的开头是 96B 的页头,用于存储有关页的存储信息,其中有页码、页类型、页的可用空间以及拥有该页对象的分配单元 id。行偏移数组占用 36B。因此,SQL Server 的一个数据页实际能够存储的数据量为 $1024 \times 8 = 8192 - 96(页头) - 36(行偏移) = 8060B$。

一个数据页由页头(page header)、数据区(payload)、行偏移数组(row offset array)三部分组成,存储结构如图 4.16 所示。

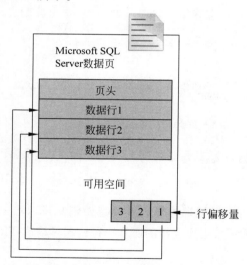

图 4.16　SQL Server 数据页存储结构

习　题　4

第 5 章　数据库和数据表管理

扫一扫

视频讲解

数据库是存放数据的容器,在设计一个应用系统时,必须先设计数据库。数据库中的数据及相关信息通常被存储在一个或多个磁盘文件(即数据库文件)中,而数据库管理系统为用户或数据库应用程序提供统一的接口来访问和控制这些数据,使得用户不需要直接访问数据库文件。

数据库中最重要的对象是数据表,简称表(table),表中存储了数据库的数据。对数据库和表的操作是开发人员的一项重要工作。

5.1　SQL Server 数据库概述

SQL Server 数据库是存放表和视图、索引、存储过程和触发器等数据库对象的逻辑实体,从逻辑角度组织与管理数据。

5.1.1　数据库文件类型

在 SQL Server 中,数据库是由数据文件和事务日志文件组成的,一个数据库至少应包含一个数据文件和一个事务日志文件。包括系统数据库在内的每个数据库都有自己的文件集,而且不与其他数据库共享这些文件。SQL Server 数据库具有如下三种类型的文件。

1. 主数据文件

主数据文件是数据库的起点,其中包含数据库的初始信息,记录数据库所拥有的文件指针。每个数据库有且仅有一个主数据文件,这是数据库必需的文件。主数据文件的扩展名是.mdf。

2. 辅助数据文件

除主数据文件以外的所有其他数据文件都是辅助数据文件。辅助数据文件存储主数据文件未存储的所有其他数据和对象,它不是数据库必需的文件。当一个数据库需要存储的数据量很大(超过了 Windows 操作系统对单一文件大小的限制)时,可以用辅助数据文件来保存主数据文件无法存储的数据。辅助数据文件可以分散存储在不同的物理磁盘中,从而可以提高数据的读写效率。辅助数据文件扩展名为.ndf。

3. 事务日志文件

在 SQL Server 中,每个数据库至少拥有一个自己的日志文件,也可以拥有多个日志文件。日志文件最小是 1MB,用来记录所有事务以及每个事务对数据库所做的修改。日志文件的扩展名是.ldf。

在创建数据库的时候,日志文件也会随之被创建。如果系统出现故障时,常常需要使用事务日志将数据库恢复到正常状态。这是 SQL Server 的一个重要的容错特性,它可以有效地防止数据库的损坏,维护数据库的完整性。

在 SQL Server 中,用户还可以指定数据文件的大小能够自动增长。在定义数据文件时,指定一个特定的增量,每次扩大文件时均按此增量来增长。另外,每个文件的大小可以指定一个最大值,当文件大小达到最大值时,就不再增长。如果没有指定文件最大值,文件可以一直增长到磁盘没有可用空间为止。

5.1.2 数据库文件组

为了有助于数据布局和管理任务,SQL Server 允许用户将多个文件划分为一个文件集合,这些文件可以在不同的磁盘上,并为这一集合命名,这就是文件组。

文件组是数据库中数据文件的逻辑组合,数据库文件组有主文件组、用户定义文件组和默认文件组三类。

1. 主文件组

主文件组是包含主要文件的文件组。所有系统表和没有明确分配给其他文件组的任何文件都被分配到主文件组中,一个数据库只有一个主文件组。

2. 用户定义文件组

用户定义文件组是用户首次创建数据库时,或修改数据库时自定义的,其目的是将数据存储进行合理的分配,以提高数据的读写效率。

3. 默认文件组

每个数据库中均有一个文件组被指定为默认文件组。如果在数据库中创建对象时没有指定对象所属的文件组,对象将被分配给默认文件组。在任何时候,只能将一个文件组指定为默认文件组。

关于默认文件组有如下说明:

(1) 默认文件组中的文件必须足够大,能够容纳未分配给其他文件组的所有新对象。

(2) 如果没有指定默认文件组,则将主文件组作为默认文件组。

(3) PRIMARY 文件组是默认文件组。

5.2 SQL Server 数据库基本管理

在 SQL Server 中,所有类型的数据库管理操作有两种方式:一是 SSMS 图形化界面方式;二是 Transact-SQL 语句代码方式。

5.2.1 创建用户数据库

创建数据库就是为数据库确定名称、大小、存放位置、文件名和所在文件组的过程。在一个 SQL Server 实例中,最多可以创建 32 767 个数据库,数据库的名称必须满足系统的标识符规则。在命名数据库时,一定要使数据库名称简短并有一定的含义。

例 5.1 创建教学管理数据库 JXGL。主数据文件逻辑名为 JXGL.mdf,保存路径为 D:\JXGLSYS\DATA,日志文件的逻辑名为 JXGL_log.ldf,保存路径为 D:\JXGLSYS\Data_log。主数据文件大小为 5MB,文件大小不受限制,增长量为 1MB;日志文件的初始大小为 2MB，最大为 20MB，增长比例为 10%。

1. 利用 SSMS 图形化方式

利用图形化方法 SSMS 可以非常方便地创建数据库，尤其对于初学者来说简单易用。具体的操作步骤如下：

（1）在 SSMS 窗口的"对象资源管理器"中展开服务器，然后选择"数据库"结点。

（2）在"数据库"结点上右击，从弹出的快捷菜单中选择"新建数据库"命令，如图 5.1 所示。

（3）执行上述操作后，会弹出"新建数据库"对话框，如图 5.2 所示。在这个对话框中有 3 个选项，分别是"常规""选项""文件组"，默认是"常规"选项。完成这 3 个选项中的内容之后，就完成了数据库的创建工作。

（4）在"数据库名称"文本框中输入新建数据库的名称，例如本例输入 JXGL。

（5）在"所有者"文本框中输入新建数据库的所有者，如 sa。根据数据库的使用情况，选择启用或者禁用"使用全文索引"复选框。本例中取<默认值>。

图 5.1　选择"新建数据库"命令

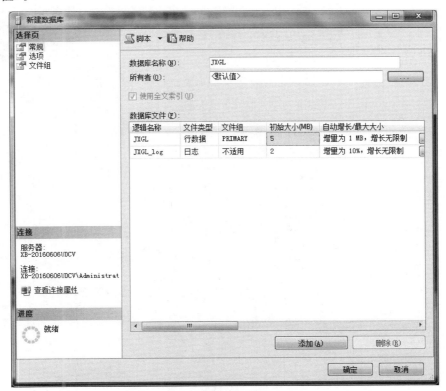

图 5.2　"新建数据库"对话框

(6) 在图 5.2 的"数据库文件"列表中,包括两行:一行是行数据文件,另一行是日志文件。通过单击下面相应的按钮,可以添加或者删除相应的数据文件。该列表中各字段值的含义如下。

逻辑名称:指定该文件的文件名。

文件类型:用于区别当前文件是数据文件还是日志文件。

文件组:显示当前数据库文件所属的文件组。

初始大小:指定该文件的初始容量,在 SQL Server 2012 中数据文件的默认值为 5MB,日志文件的默认值为 2MB。

自动增长:用于设置在文件的容量不够用时,文件根据何种增长方式自动增长。因为本例中日志文件的最大值为 20MB,通过单击"自动增长"列中的 JXGL_log 省略号按钮,打开"更改 JXGL_Log 的自动增长设置"对话框进行设置,如图 5.3 所示。做日志文件大小修改,本例中设为 20。

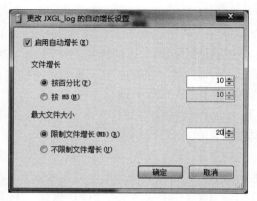

图 5.3 JXGL_log 自动增长设置修改

路径:指定存放该文件的目录。

(7) 单击"选项"选择页,设置数据库的排序规则、恢复模式、兼容级别和其他需要设置的内容,如图 5.4 所示。

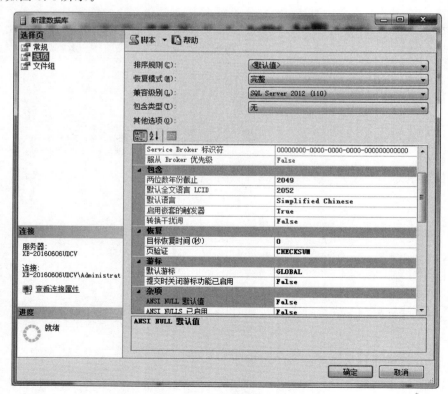

图 5.4 "选项"选择页

（8）单击"文件组"选择页，可以设置数据库文件所属的文件组，还可以通过"添加"或者"删除"按钮更改数据库文件所属的文件组，如图 5.5 所示。

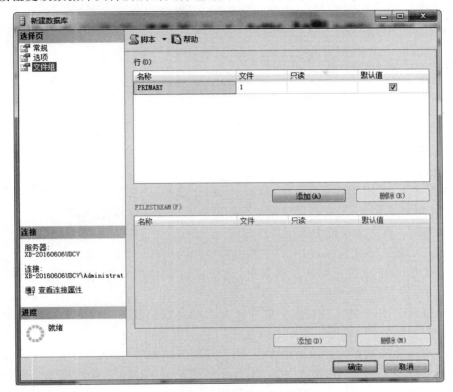

图 5.5　"文件组"选择页

（9）完成以上操作后，就可以单击"确定"按钮关闭"新建数据库"对话框。至此，便成功创建了一个数据库。

可以通过"对象资源管理器"窗口查看新建的数据库。

注意：在 SQL Server 中创建新的对象时，它可能不会立即出现在"对象资源管理器"窗口中，可右击对象所在位置的上一层文件夹，并选择"刷新"命令，即可强制 SQL Server 重新读取系统表并显示出数据中的所有新对象。

2．利用 Transact-SQL 语句

利用 SSMS 工具创建数据库可以方便应用程序对数据的直接调用。但是，在有些情况下，不能使用图形化方式创建数据库。比如，在设计一个应用程序时，开发人员会直接使用 Transact-SQL 语句在程序代码中创建数据库及其他数据库对象，而不用在制作应用程序安装包时再放置数据库或让用户自行创建。

可以利用 Transact-SQL 所提供的 CREATE DATABASE 语句来创建数据库，语句格式如下：

```
CREATE DATABASE <数据库名>
ON
{[PRIMARY](NAME = <逻辑文件名>,
    FILENAME = <物理文件名>,
```

```
    [,SIZE = <初始大小>]
    [,MAXSIZE = {<文件最大长度>|UNLIMITED}]
    [,FILEGROWTH = <文件增长幅度>])
}[, … n]
LOG ON
{[PRIMARY](NAME = <逻辑文件名>,
    FILENAME = <物理文件名>)
    [,SIZE = <初始大小>]
    [,MAXSIZE = {<文件最大长度>|UNLIMITED}]
    [,FILEGROWTH = <文件增长幅度>])
}[, … n]
```

这里大括号{ }用来表示语句块。

参数说明如下。

<数据库名>：新建数据库的名称，可长达128个字符。

ON：指定显式定义，用来存储数据库数据部分的磁盘文件（数据文件）。

PRIMARY：在主文件组中指定文件。

LOG ON：指定显式定义，用来存储数据库日志的磁盘文件（日志文件）。

NAME：用来定义数据库的逻辑名称，这个逻辑名称用来在 T_SQL 代码中引用数据库。

FILENAME：用于定义数据库文件在硬盘上的存放路径与文件名称。这必须是本地目录（不能是网络目录），并且不能是压缩目录。

SIZE：用来定义数据文件的初始大小，可以使用 KB、MB、GB 或 TB 为计量单位。如果没有为主数据文件指定大小，那么 SQL Server 将创建与 model 系统数据库相同大小的文件。如果没有为辅助数据库文件指定大小，那么 SQL Server 将自动为该文件指定 1MB 大小。

MAXSIZE：用于设置数据库允许达到的最大长度，可以使用 KB、MB、GB、TB 为计量单位，也可以为 UNLIMTED，或者省略整个子句，使文件可以无限制增长，直至磁盘被充满为止。在高版本的 SQL Server 中，规定日志文件可增长的最大长度为 2TB，而数据文件的最大长度为 16TB。

FILEGROWTH：用来定义文件增长所采用的递增量或递增方式。可以使用 KB、MB 或百分比（%）为计量单位。如果没有指定这些符号之中的任一符号，则默认 MB 为计量单位。

下面利用 CREATE DATABASE 语句完成例 5.1 中教学数据库的创建。步骤如下：

(1) 在 Windows 环境中，创建文件夹 D:\JXGLSYS\DATA。

(2) 在 Microsoft SQL Server Management Studio 集成环境窗口中，单击标准工具栏上的"新建查询"按钮，创建一个查询输入窗口。

(3) 在查询窗口内输入如下 CREATE DATABASE 语句：

```
CREATE DATABASE JXGL
    ON
    (NAME = JXGL,
    FILENAME = 'D:\JXGLSYS\DATA\JXGL.mdf',
    SIZE = 5,
```

```
    FILEGROWTH = 1
  )
LOG ON
  (NAME = JXGL_log,
  FILENAME = 'D:\JXGLSYS\DATA\JXGL_log.ldf',
  SIZE = 2,
  MAXSIZE = 20,
  FILEGROWTH = 10 %
  )
```

（4）单击工具栏中的"执行"按钮 ! 执行(X) 运行程序语句。如果执行成功，在"查询"结果窗口中，可以看到一条"命令已成功完成。"的消息。然后在"对象资源管理器"窗口中刷新，展开数据库结点就能看到刚创建的 JXGL 数据库。

注意：如果感觉以后数据库会不断增长，那么就指定其自动增长方式；反之，最好不要指定其自动增长，以提高数据的使用效率。

在创建数据库时，所要创建的数据库名称必须是系统当中不存在的。如果存在相同名称的数据库，在创建数据库时系统将会报错。因此，一般在创建数据库前先用下列语句进行判断。

```
IF EXISTS (SELECT * FROM sysdatabases WHERE name = 'JXGL')
PRINT 'JXGL 数据库已经存在'
```

5.2.2 数据库结构的修改

创建数据库后，还可以对数据库结构进行修改，通常包括增加/删除文件，修改文件属性（包括更改文件名和文件大小）、修改数据库选项等。

1. 利用 SSMS 图形化方式

对于已经建立的数据库，可以利用 SSMS 图形化方式查看或修改数据库信息。在"对象资源管理器"窗口中，右击要修改结构的数据库（如教学管理数据库 JXGL），选择"属性"命令，出现"数据库属性-JXGL"窗口，如图 5.6 所示。

可以在"数据库属性-JXGL"窗口所包含的"常规""文件""文件组""选项""更改跟踪""权限""扩展属性""镜像""事务日志传送"9 个选择页中修改数据库的相关信息。

常规：查看所选数据库的常规属性信息。

文件：查看或修改所选数据库的数据文件和日志文件属性。

文件组：查看文件组，或为所选数据库添加新的文件组。

选项：查看或修改所选数据库的选项，包括所选数据库的排序规则、恢复模式和兼容级别等信息。

更改跟踪：查看或修改所选数据库的更改跟踪设置，启用或禁用数据库的更改跟踪。

权限：查看或设置安全对象的权限，包括用户、角色和权限信息。

扩展属性：通过使用扩展属性向数据库对象添加自定义属性，也可以查看或修改所选对象的扩展属性。

镜像：查看或设置镜像的主体服务器、镜像服务器和见证服务器。

事务日志传送：配置和修改数据库的日志传送属性。

图 5.6 数据库属性窗口

2. 利用 Transact-SQL 语句

在 SQL Server 服务器上,可能存在多个用户数据库。默认情况下,用户连接的是 master 系统数据库。在 Transact-SQL 中用 USE 语句来完成不同数据库之间的切换,语句格式如下:

USE <数据库名>

其中,<数据库名>为所要选择的数据库的名称。

1)查看数据库信息

在 Microsoft SQL Server 系统中,查看数据库信息有很多种方法,例如,可以使用 4.1 节中的系统表 sysdatabases 和 sysobjects,还可以使用目录视图、函数和系统存储过程等查看有关数据库的基本信息。下面分别来介绍几种查看数据库信息的基本方式。

(1)利用目录视图。常见的查看数据库基本信息的视图有以下几种。

① sys.databases:查看有关数据库的基本信息。

② sys.database_files:查看有关数据库文件的信息。

③ sys.filegroups:查看有关数据库文件组的信息。

④ sys.master_files:查看数据库文件的基本信息和状态信息。

(2)利用函数。常见的查看数据库基本信息的函数有以下几种。

① DATABASEPROPERTYEX(<数据库名>,<选项>):返回指定数据库中指定选项的属性。如查看教学管理系统数据库 JXGL 的 Version 选项的设置信息:

```
SELECT DATABASEPROPERTYEX('JXGL','Version')
```

② DB_ID(<数据库名>):返回指定数据库名称对应的 id。如查看 JXGL 数据库的 id:

```
SELECT DB_ID('JXGL')
```

③ DB_NAME(<id 号>):返回指定数据库 id 号的数据库名称。如查看 id 号是 3 的数据库名称:

```
SELECT DB_NAME(3)
```

(3) 利用存储过程。与数据库属性相关的系统存储过程有以下几种。

① sp_tables:返回在当前数据库环境中查询的对象列表。如查看 JXGL 数据库对象列表:

```
USE JXGL
EXEC sp_tables
```

② sp_help:返回当前数据库对象(在系统表 sysobjects 中的对象)的信息。

③ sp_helpdb [<数据库名>]:显示给定数据库或所有数据库的参数信息。

④ sp_spaceused:查看当前数据库空间信息,如查询数据库 JXGL 的空间信息:

```
USE JXGL
EXEC sp_spaceused
```

可以使用执行存储过程语句 EXEC 来查看相关信息。其中,EXEC 是 EXECUTE 的缩写,在执行一个系统存储过程的时候使用。

2) 修改数据库

Transact-SQL 提供了修改数据库的语句 ALTER DATABASE。

(1) 增加数据库空间。利用 Transact-SQL 语句增加已有数据库文件的大小,语句格式如下:

```
ALTER DATABASE <数据库名>
MODIFY FILE
(FILENAME = <逻辑文件名>,
 SIZE = <文件大小>,
 MAXSIZE = <增长限制>
 )
```

例 5.2 为教学管理数据库 JXGL 增加容量,原来的数据库文件 JXGL.mdf 的初始分配空间为 5MB(默认值),现在将增至到 10MB。

```
USE JXGL
ALTER DATABASE JXGL
MODIFY FILE
(NAME = JXGL,
 SIZE = 10)
```

(2) 增加数据库文件。利用 Transact-SQL 语句增加新的数据文件或日志文件,语句格式如下:

```
ALTER DATABASE <数据库名>
ADD FILE|ADD LOG FILE
(NAME = <逻辑文件名>,
```

```
FILENAME = <物理文件名>,
SIZE = <文件大小>,
MAXSIZE = <增长限制>,
FILEGROWTH = <文件增长幅度>
)
```

例 5.3 为数据库 JXGL 增加辅助数据文件 JXGL_1.NDF，初始大小为 5MB，最大长度为 30MB，按照 5％增长。

```
USE JXGL
ALTER DATABASE JXGL
ADD FILE
(NAME = JXGL_1,
FILENAME = 'D:\JXGLSYS\DATA\JXGL_1.ndf',
SIZE = 5,
MAXSIZE = 30,
FILEGROWTH = 5 %
)
```

(3) 删除数据库文件。利用 ALTER DATABASE 的 REMOVE FILE 子句，可以删除指定的文件。语句格式如下：

```
ALTER DATABASE <数据库名>
REMOVE FILE <逻辑文件名>
```

例 5.4 删除数据库 JXGL 中的辅助数据文件 JXGL_1.ndf。

```
USE JXGL
ALTER DATABASE JXGL
REMOVE FILE JXGL_1
```

5.2.3 数据库文件的更名、删除

对已存在的用户数据库，可以对其更改名称，当不使用该数据库时，还可以删除。在更名或删除数据库之前，应该确保没有用户正在使用这个数据库。

1. 利用 SSMS 图形化方式

1) 数据库更名

在 SSMS 的"对象资源管理器"窗口中，选中要更名的数据库对象，右击，在弹出的快捷菜单中选择"重命名"命令。

2) 删除数据库

在 SSMS 的"对象资源管理器"窗口中，选中要删除的数据库对象，右击，在弹出的快捷菜单中选择"删除"命令，在随后出现的"删除对象"对话框中单击"确定"按钮，即可完成对指定数据库的删除。

2. 利用 Transact-SQL 语句

1) 更名数据库

在查询窗口执行系统存储过程 sp_renamedb 可以更改数据库的名字。语句格式如下：

```
sp_renamedb <数据库名 1>, <数据库名 2>
```

其中，"数据库名 1"是欲改名的数据库文件名，"数据库名 2"是改名后的数据库文件名。

例 5.5 将已存在的数据库 JXGL 改名为 GX_JXGL。

```
EXEC sp_renamedb 'JXGL','GX_JXGL'
```

2）删除数据库

在查询窗口执行 DROP DATABASE 语句可以删除数据库。语句格式如下：

```
DROP DATABASE <数据库名>
```

例 5.6 删除更名后的数据库 GX_JXGL。

```
DROP DATABASE GX_JXGL
```

5.3 SQL Server 数据表管理

数据表（简称表）是 SQL Server 数据库中最重要的数据对象，也是构建高性能数据库的基础。在程序开发与应用过程中，创建数据库的目的是存储、管理和查询数据，而数据表是存储数据的基本单元。

例 5.7 假设教学管理数据库 JXGL 中含有学生表 S、选课表 SC 和课程表 C，结构分别如表 5.1、表 5.2 和表 5.3 所示。

表 5.1 学生表 S 的结构

列 名	描 述	数 据 类 型	允 许 空 值	说 明
SNO	学号	nchar(9)	NO	主键
SNAME	姓名	nchar(8)	NO	
SEX	性别	nchar(2)	YES	
BIRTHDATE	出生日期	date	YES	
COLLEGE	学院	varchar(50)	YES	

表 5.2 选课表 SC 的结构

列 名	描 述	数 据 类 型	允 许 空 值	说 明
SNO	学号	nchar(9)	NO	主键（同时都是外键）
CNO	课程号	nchar(4)	NO	
GRADE	成绩	real	YES	

表 5.3 课程表 C 的结构

列 名	描 述	数 据 类 型	允 许 空 值	说 明
CNO	课程号	nchar(4)	NO	主键
CNAME	课程名	nchar(20)	NO	
DESCRIPTION	课程说明	text	YES	
CREDIT	学分	real	YES	
C_COLLEGE	开课单位	varchar(50)	YES	

在 SQL Server 中，所有类型的表管理操作只有 SSMS 图形化界面或 Transact-SQL 代码命令两种方式。

5.3.1 表的创建与维护

创建表就是定义一个新表的结构及其与其他表之间的关系。表的维护是指在数据库中创建表之后，对表进行修改、删除等操作。修改表是指更改表结构或表之间的关系，而删除表是指从数据库中去除表结构、表之间关系和表中所有数据。所谓表结构，就是构成表的列、各列的定义（列名、数据类型、数据精度、列上的约束等）和表上的约束。

1. 利用 SSMS 图形化方式

1）创建和修改表

SSMS 提供一个前端的、填充式的表设计器以简化表的设计工作，利用图形化的方法可以非常方便地创建数据表。操作步骤如下：

（1）启动并登录 SQL Server Management Studio，在"对象资源管理器"面板中展开"数据库"结点，可以看到自己创建的数据库，比如 JXGL。展开 JXGL 结点，右击"表"结点，在弹出的快捷菜单中选择"新建表"命令，进入"表设计器"窗口。

（2）在"列名"栏中输入各个字段的名称，如输入表 S 的各个字段名，在"数据类型"栏中选择相应数据类型并输入字段长度。"允许 Null 值"列的复选框未勾选状态表明该字段不允许"空值"，如图 5.7 所示。

图 5.7 "表设计器"窗口

（3）单击"保存"按钮，并在弹出的"选择名称"对话框输入表名，本例中输入表名 S。单击"确定"按钮，保存数据表，如图 5.8 所示。

表 SC 和表 C 结构可以用相同的方法创建。

（4）如果需要修改表结构，展开"数据库"结点，在需要修改的表上右击，从弹出的快捷菜单

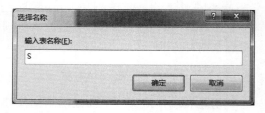

图 5.8 "选择名称"对话框

中选择"设计"命令,可重新打开表设计器进行上述操作。

2) 创建完整性约束

数据完整性约束是数据库设计方面的一个非常重要的问题,数据完整性代表数据的正确性、一致性与可靠性。实施完整性的目的在于确保数据的质量,约束是保证数据完整性的重要方法。

在 SQL Server 中,根据数据完整性措施所作用的数据库对象和范围不同,将数据完整性分类如下。

(1) 实体完整性:把表中的每行看作一个实体,它要求所有行都具有唯一性。

(2) 域完整性:要求表中指定列的数据具有正确的数据类型、格式和有效的数据范围。

(3) 参照完整性:维持被参照表和参照表之间的数据一致性。

在 SQL Server 中,可以通过建立"约束"等措施来实现数据完整性约束,约束包括 5 种类型:主键(PRIMARY KEY)约束、唯一性(UNIQUE)约束、检查(CHECK)约束、默认值(DEFAULT)约束和外键(FOREIGN KEY)约束。

(1) 创建主键约束。表中的主键经常为一列或多列属性的组合,其值能唯一地标识表中的每一行。一个表只能有一个主键,而且主属性不能为空值。在表设计器中可以创建和删除主键约束。具体方法如下:

在表设计器中,单击要定义为主键的列,如果要设置多列为主键,则选中所有主键列(按住 Ctrl 或 Shift 键并单击其他列),右击,在弹出的快捷菜单中选择"设置主键"命令,这时,主键列的左边会显示"黄色钥匙"图标,完成主键设置。

在表设计器中,选择主键列,右击,在弹出的快捷菜单中选择"删除主键"命令,则删除了表的主键。

(2) 创建唯一性约束。唯一性约束用来限制非主键列上的数据唯一性。一个表上可以放置多个唯一性约束。唯一性约束可以用于允许空值的列。

在表设计器中可以创建和删除唯一性约束。例如,当学生表 S 中的 SNAME 列的值不能有重复值时,可设置唯一性约束操作步骤如下:

① 在 S 表设计器中右击,在弹出的快捷菜单中选择"索引/键"命令,打开"索引/键"对话框。

② 在弹出的"索引/键"对话框中,单击"添加"按钮添加新的主/唯一键或索引;在"(常规)"栏的"类型"右边选择"唯一键",在"列"的右边单击 按钮,选择列名 SNAME 和排序规律 ASC(升序)或 DESC(降序),如图 5.9 所示。

③ 设置完成后,单击"关闭"按钮返回表设计窗口,然后单击工具栏中的"保存"按钮,即完成唯一性约束的创建。

(3) 创建检查约束。检查约束用于限制输入一列或多列值的范围,从逻辑表达式判断数据的有效性,限制不满足 CHECK 约束条件的数据输入。

例如,在学生表 S 中的 BIRTHDATE 列,设置大学生的出生日期为 1988 年 1 月 1 日至 2010 年 1 月 1 日,可以通过 CHECK 约束完成。具体方法如下:

在表设计器中右击任一列,在快捷菜单中选择"CHECK 约束"命令,在弹出的"CHECK 约束"对话框中,单击"表达式"右边的添加按钮 ,在"表达式"文本框中输入检查表达式 "[BIRTHDATR]>= '1988-01-01' AND [BIRTHDATE]<= '2010-01-01'",然后进行其他选项的设置,如图 5.10 所示。最后单击"关闭"按钮完成设置。

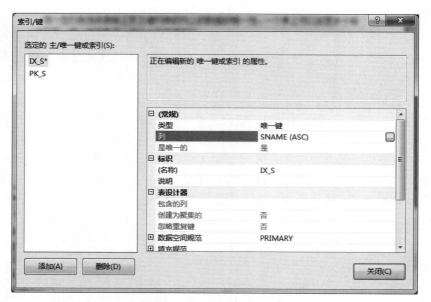

图 5.9 "索引/键"对话框

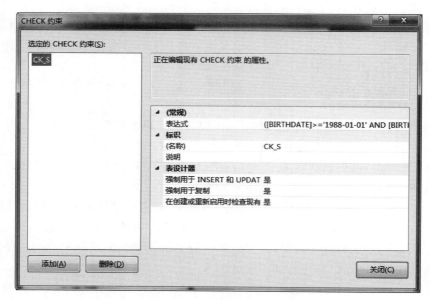

图 5.10 设置 CHECK 约束

(4) 创建默认值约束。若表的某列定义了默认值约束后,用户在插入新的数据行时,如果没有为该列指定数据,那么系统就将默认值赋给该列。当然,该默认值也可以是空值(NULL)。

例如,把学生表 S 的 SEX 列默认值设置为"男",具体方法如下:

在表设计中,选择需要设置默认值的列,在下面"列属性"的"默认值或绑定"栏中输入默认值"男",然后单击工具栏中的"保存"按钮,即完成 DEFAULT 约束的创建。

(5) 创建外键约束。外键约束用于建立和加强两个表(主表和从表)的一列或多列数据之间的连接,当数据添加、修改或删除时,通过外键约束保证它们之间数据的一致性。

定义外键约束是先定义主表的主键,再对从表定义外键约束。

例如,在选课表 SC 中定义外键 SNO、CNO。外键约束要求 SC.SNO 的值必须在 S.SNO 中,SC.CNO 的取值必须在 C.CNO 中。设置外键约束操作步骤如下:

① 在 SC 的表设计器中,选择要设置外键的列 SNO 并右击,在快捷菜单中选择"关系"命令,弹出"外键关系"对话框。

② 在"外键关系"对话框中单击"添加"按钮,增加新的外键关系,并对新增的外键关系进行设置。

③ 单击"表和列规范"栏右边的 按钮,弹出"表和列"对话框。在"表和列"对话框中,如果想重新命名外键约束名,可以在"关系名"文本输入框中输入新的名称;在"主键表"下拉列表框中选择 S 表,并单击"主键表"下的下拉按钮选择其中的 SNO 作为被参照列;在"外键表"文本框中输入当前表名 SC,并单击"外键表"下的下拉按钮选择其中的 SNO 作为参照列,如图 5.11 所示。

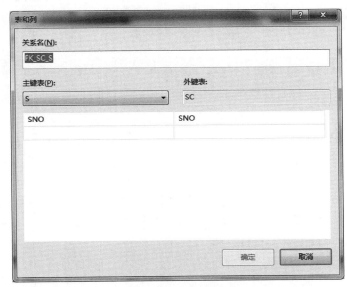

图 5.11 选择外键关系的约束列

④ 设置完成后,单击"确定"按钮返回"外键关系"对话框,检查表和列规范、关系名等属性设置无误后,单击"确定"按钮。即完成外键约束的创建。

在 SQL Server 中,也可以通过"数据库关系图"来建立外键约束,其操作方法与上述操作类似,此处不再赘述。

3) 创建数据库关系

数据库关系是以图形方式显示数据库的结构。使用数据库关系图可以创建和修改表、列、关系和键。此外,还可以修改索引和约束。为使数据库可视化,可创建一个或更多的关系图,以显示数据库中的部分或全部表、列、键和关系。

在 SQL Server 中,创建数据库关系图的方法如下:

在"对象资源管理器"中右击"数据库关系图"文件夹,在快捷菜单中选择"新建数据库关系图"命令,弹出"添加表"对话框,在"表"列表中选择所需的表,然后单击"添加"按钮。这些表将以图形方式显示在新的数据库关系图中,如图 5.12 所示。

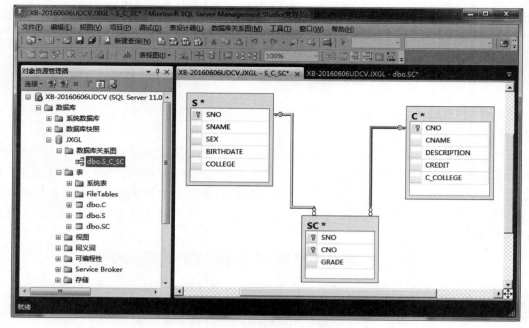

图 5.12 数据库关系图

在数据库关系图中,右击关系图的空白处,通过弹出的快捷菜单,可以新建表或添加数据库中已定义(未出现在关系图中)的表,也可以继续删除表、修改现有表或更改表关系,直到新的数据库关系图创建完成为止。

4) 删除表

当某个表不再使用时,就可以将其删除以释放数据库空间。表被删除后,它的结构定义、数据、全文索引、约束和索引都将永久地从数据库中删除。表上的默认值将被解除绑定,任何与表关联的约束或触发器将自动删除。

利用 SSMS 图形化方式删除表的步骤如下:

展开"对象资源管理器"的文件夹,选择要删除的表并右击,从快捷菜单中选择"删除"命令,弹出如图 5.13 所示的"删除对象"对话框,单击"确定"按钮即可删除表。

要注意,当有对象依赖关系时就不能删除表。单击图 5.13 中的"显示依赖关系"按钮会弹出显示该表所依赖的对象和依赖于该表的对象。

2. 利用 Transact-SQL 语句方式

1) 创建表

利用 CREATE TABLE 语句可以创建数据表,常用语句格式如下:

```
CREATE TABLE <表名>
(
<列名 1> <数据类型> <列级完整性约束>
[,… n]
<表级完整性约束>
[,… n]
)
[ON <filegroup>|<"default">]
```

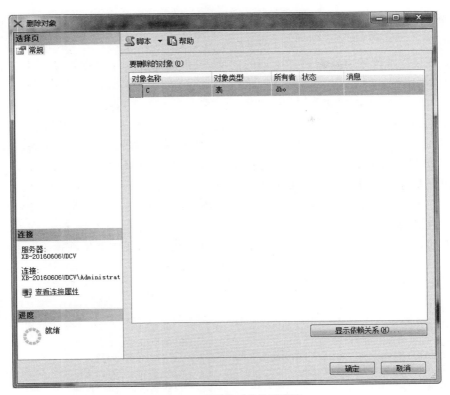

图 5.13 "删除对象"对话框

参数说明如下。

(1) <表名>：在当前数据库中新建的表名称。

(2) ON < filegroup >|<"default">：指明存储表的文件组。如果指定了 default，或根本没有指定 ON，则表示存储在默认文件组中。

2) 列级完整性约束与表级完整性约束

(1) 列级完整性约束。它是行定义的一部分，只能应用于一列上。列级完整性约束如下：

① 默认值约束——[CONSTRAINT <默认值约束名>] DEFAULT 常量表达式。

② 空值/非空值约束——NULL/NOT NULL。

③ 主键约束。

[CONSTRAINT <主键约束名>] PRIMARY KEY [CLUSTERED| NONCLUSTERED](<主键列名>)

其中，CLUSTERED|NONCLUSTERED 表示所创建的唯一性约束是聚集索引/非聚集索引，默认为 CLUSTERED(聚集索引)。

④ 外键约束。

[CONSTRAINT <外键约束名>] [FOREIGN KEY] REFERENCES <父表名>[(<主键列名>)]

⑤ 唯一性约束。

[CONSTRAINT <唯一性约束名>]UNIQUE[CLUSTERED|NONCLUSTERED]

⑥ 检查约束。

[CONSTRAINT <检查约束名>]CHECK(<逻辑表达式>)

(2) 表级完整性约束。它独立于列的定义,可以应用在一个表中的多列上。表级完整性约束如下。

① UNIQUE(列名1,列名2,…,列名n):多个列名单值约束。

② PRIMARY KEY(列名1,列名2,…,列名n):多个列名组合主键约束。

③ FOREIGN KEY(外键) REFERENCES 主键表(主键):多个列名组合外键约束。

④ CHECK(逻辑表达式):含有多个列名逻辑表达式的检查约束。

如果完整性约束涉及该表的多个属性列,必须定义在表级上,否则既可以定义在列级也可以定义在表级。如 PRIMARY KEY,当只涉及一列时,定义为列级约束;当涉及多列时,则定义为表级约束。

下面通过创建表的例子进一步了解利用 CREATE TABLE 语句创建表的相关选项的含义。

例 5.8 创建例 5.7 中数据库 JXGL 的表 S、表 C 和表 SC。

```
USE JXGL
CREATE TABLE S                                      -- 创建表 S
(SNO nchar(9) NOT NULL                              -- 学号字段,非空约束
    CONSTRAINT PK_SNO PRIMARY KEY CLUSTERED         -- 主键约束,列约束
    CHECK(SNO LIKE '201705121[0-9][0-9]'),          -- 检查约束,列约束
SNAME nchar(8) NOT NULL,                            -- 姓名字段,非空约束
SEX nchar(2) NULL,                                  -- 性别字段
BIRTHDATE date NULL,                                -- 出生日期字段
COLLEGE nchar(20) NULL                              -- 学院字段
)
USE JXGL
CREATE TABLE C                                      -- 创建表 C
(CNO nchar(4) NOT NULL,                             -- 课程号字段,非空约束
 CNAME nchar(20) NOT NULL,                          -- 课程名字段,非空约束
 DESCRIPTION text NULL,                             -- 课程描述字段
 CREDIT real NULL,                                  -- 学分字段
 C_COLLEGE nchar(20)                                -- 开课学院字段
 PRIMARY KEY(CNO)                                   -- 主键约束,列约束
)
USE JXGL
CREATE TABLE SC
(SNO nchar(9) NOT NULL,                             -- 学号字段,非空约束
 CNO nchar(4) NOT NULL,                             -- 课程号字段,非空约束
 GRADE REAL NULL,                                   -- 成绩字段
 PRIMARY KEY(SNO,CNO),                              -- 主键约束,表约束
 FOREIGN KEY(SNO) REFERENCES S(SNO),                -- 外键约束,表约束
 FOREIGN KEY(CNO) REFERENCES C(CNO)                 -- 外键约束,表约束
)
```

该例中,先定义了参照表 S 和 C,最后定义了表 SC。

3) 更改表结构

利用 ALTER TABLE 语句可以更改原有表的结构,该语句的常用格式如下:

```
ALTER TABLE <表名>
[ALTER COLUMN <列名> <列定义>]
|[ADD <列名> <数据类型> <约束>[, … n]]
|[DROP COLUMN <列名>[, … n]]
|[ADD CONSTRAINT <约束名> <约束>[, … n]]
|[DROP CONSTRAINT <约束名>[, … n]]
```

参数说明如下。

(1) <表名>：所要修改的表的名称。

(2) <列名>：要修改的字段名。

(3) ALTER COLUMN：修改列的 Transact-SQL 子句。

(4) ADD：增加新列或约束的 Transact-SQL 子句。

(5) DROP：删除列或约束的 Transact-SQL 子句。

注意：在标准的 SQL 中，每个 ALTER TABLE 语句中的每个子句只允许使用一次。

例 5.9 在学生表 S 中，将列 SEX 的原数据长度 2 改为 1。

```
USE JXGL
ALTER TABLE S
ALTER COLUMN SEX CHAR(1) NULL
```

例 5.10 在学生表 S 中，将 BIRTHDATE 列名改为 AGE，数据类型为 SMALLINT。

```
USE JXGL
ALTER TABLE S
DROP COLUMN BIRTHDATE
ALTER TABLE S
ADD AGE SMALLINT
```

ALTER COLUMN 子句一次只能更改一个列的属性，如果需要更改多个列时，可以多次利用 ALTER TABLE 语句。在本例中，先删除列 BIRTHDATE，然后再增加列 AGE。

例 5.11 在学生表 S 中删除列 SNO 的主键约束。

```
USE JXGL
ALTER TABLE S
DROP CONSTRAINT PK_SNO
```

4）删除表

利用 DROP TABLE 语句可以删除数据表，该语句的常用格式如下：

```
DROP TABLE <表名>
```

其中，<表名>为所要删除表的名称。

例 5.12 删除数据库 JXGL 内的学生表 S。

```
USE JXGL
DROP TABLE S
```

5.3.2 表中数据的维护

在数据库中的表对象建立后，用户对表数据的维护可以归纳为 4 个基本的操作：添加或插入新数据、查询（Query）现有数据、更改或更新现有数据和删除现有数据。其中，查询操作将在第 6 章详细讲解。对表中数据维护也有两种方法：一是利用 SSMS 图形方式；二是利用 Transact-SQL 语句方式。对于利用 SSMS 图形方式进行表数据维护时，与前面介绍的利用 SSMS 图形方式进行创建表等类似，用鼠标右击需要操作的表，在弹出的快捷菜单中选择"编辑前 200 行"命令，再选择相关操作，即可完成数据插入、修改和删除表中数据的操作。下面重点介绍表中数据维护的 Transact-SQL 语句方式。

1. 插入表数据

利用 INSERT 语句可以往原有表中添加数据，常用格式如下：

```
INSERT INTO <表名>[(<列名>[,… n])]
VALUES(<常量表达式>|NULL|DEFAULT[,… n])
```

参数说明如下。

(1) <表名>：要插入数据的表名称。

(2) <列名>：要插入数据所对应的字段名，字段名表的顺序可以与表的列顺序不同。如果向表中的部分列插入数据，则相应的字段名表不能省略；如果向表中所有列插入数据且字段顺序与表结构相同，则字段名可以省略。

(3) <常量表达式>：与列名对应的字段的值，字符型和日期型的值需要用单引号括起来，值与值之间用逗号分隔。

注意：INSERT … VALUES 语句一次只能插入一行数据。

例 5.13 在教学管理数据库 JXGL 中，向学生表 S 中插入记录('S13','程晓晴','女','1996-10-11','CS')。

```
USE JXGL
INSERT INTO S(SNO,SNAME,SEX,AGE,SDEPT)
VALUES('S13','程晓晴','女','1996-10-11','CS')
```

或

```
USE JXGL
INSERT INTO S
VALUES('S13','程晓晴','女',21,'CS')
```

2. 修改表数据

利用 UPDATE 语句可以更改原有表的数据，该语句的常用格式如下：

```
UPDATE <表名>
SET <列名> = <表达式>[,… n]
[WHERE <逻辑表达式>]
```

参数说明如下。

(1) <表名>：要修改数据的表名称。

(2) <列名>：要修改数据所对应的字段名。

(3) <表达式>：要修改的新值。如果新值违反了约束或与修改列的数据类型不兼容，则取消该语句，并返回错误提示。

(4) <逻辑表达式>：更新条件，只有满足条件的记录才会被更新，如果不设置，则更新所有的记录。

例 5.14 在教学管理数据库 JXGL 中，把学生表 S 中学号为 S2 的学生姓名改为"王中桥"、出生日期改为 1997-06-06。

```
USE JXGL
UPDATE S
SET SNAME = '王中桥',BIRTHDATE = '1997 - 06 - 06'
WHERE SNO = 'S2'
```

3. 删除表数据

Transact-SQL 支持两种删除现有表中数据的语句,分别是 DELETE 语句和 TRUNCATE TABLE 语句。

1) DELETE

利用 DELETE 语句可以删除原有表或视图中的一条或多条记录,每一条记录的删除都将被记入事务日志文件中。该语句的常用格式如下:

```
DELETE FROM <表名>|<视图名>
[WHERE <逻辑表达式>]
```

参数说明如下。

(1) <表名>|<视图名>:要删除数据的表或视图名称。

(2) <逻辑表达式>:删除条件,只有满足条件的记录才会被删除,如果不设置此选项,则删除所有记录。

使用 DELETE 语句可以从表中删除一条或多条记录。如果有关联表存在,那么在删除表数据时,应当首先删除外键表中的相关记录,然后才能删除主键表中的记录。

例 5.15 在教学管理数据库 JXGL 中,删除学生表 S 中姓名为"张丽"的学生记录。

```
USE JXGL
DELETE S
WHERE SNAME = '张丽'
```

2) TRUNCATE TABLE

TRUNCATE TABLE 语句一次会删除指定表中的所有记录,同时不会把每条记录的删除操作记入事务日志文件。所以 TRUNCATE TABLE 语句是一种快速清空表的方法。语句格式如下:

```
TRUNCATE TABLE <表名>
```

其中,<表名>是要清空表的名称。

例 5.16 使用 TRUNCATE TABLE 清空教学管理数据库 JXGL 的表 C。

```
TRUNCATE TABLE C
```

3) DELETE 和 TRUNCATE TABLE 语句的区别

TRUNCATE TABLE 在功能上与不带 WHERE 子句的 DELETE 语句相同,两者均删除表中的全部记录数据,但有如下几个不同点:

(1) DELETE 语句每次删除一行,并在事务日志中进行一次记录,而 TRUNCATE TABLE 通过释放存储表数据所用的数据页来删除数据,并且在事务日志中只记录页的释放。所以 TRUNCATE TABLE 比 DELETE 速度快,且使用的系统和事务日志资源少。

(2) TRUNCATE TABLE 删除表中的所有行,但表结构及其列、约束、索引等保持不变。

(3) DELETE 删除表数据后,标识字段不能复用。也就是说,如果把 id=10(假如 id 是标识字段)的那条记录删除了,就不可能再插入一条记录让 id=10;而 TRUNCATE 删除表数据后,标识重新恢复初始状态。默认为初始值为 1,也就是说,TRUNCATE 之后,再插入一条数据使得 id=1。

(4) 对于被外键约束所引用的表,不能使用 TRUNCATE TABLE,而应使用不带 WHERE 子句的 DELETE 语句。

(5) TRUNCATE TABLE 语句不能激活触发器。

习 题 5

习题

自测题

第 6 章 数据查询与游标机制

数据查询也称为数据检索，它是数据库应用程序开发的重要组成部分，因为设计数据库并用数据进行填充后，需要利用查询来使用数据。在 SQL Server 中，查询数据是通过 SELECT 语句来实现的，它能够从服务器的数据库中检索出符合用户要求的数据，并以结果集的方式返回到客户端。

本章利用例 5.7 中的教学管理数据库来说明数据查询的各种用法。

6.1 基本查询

扫一扫

视频讲解

SELECT 语句是 Transact-SQL 语言从数据库中获取信息的一个基本语句，该语句可以实现从一个或多个数据库的一个或多个表中查询信息，并将结果显示为另外一个表的形式，称之为结果集(result set)。基本查询是利用单表查询，所谓单表查询，是指仅涉及一个表的查询。

6.1.1 SELECT 查询语句的结构

SELECT 语句的功能非常强大，其选项也非常丰富，同时 SELECT 语句的完整句法也非常复杂。为了直观地了解 SELECT 语句，本节介绍 SELECT 语句的基本使用格式。

SELECT 查询的基本语句包含要返回的列、要选择的行、放置行的顺序和如何将信息分组的规范，其语句格式如下：

```
SELECT [ALL|DISTINCT][TOP n[PERCENT]]<目标列表达式>[, … n]
[INTO <新表名>]
FROM <表名>|<视图名>[, … n]
[WHERE <条件表达式>]
[GROUP BY <列名 1>[HAVING <条件表达式>]]
[ORDER BY <列名 2>[ASC|DESC]];
```

参数说明如下。

(1) ALL：表示输出所有记录，包括重复记录。DISTINCT 表示输出无重复结果的记录。TOP n [PERCENT]指定返回查询结果的前 n 行数据，如果指定 PERCENT 关键字，则返回查询结果的前 n%行数据。

(2) <目标列表达式>：描述结果集的列，它指定了结果集中要包含的列的名称。

(3) INTO <新表名>：指定使用结果集来创建新表，<新表名>指定新表的名称。

(4) FROM <表名>|<视图名>：该子句指定从中查询到结果集数据的源表名或源视

图名。

(5) WHERE <条件表达式>：该子句是一个筛选条件，它定义了源表或源视图中的行要满足 SELECT 语句的要求所必须达到的条件。

(6) GROUP BY <列名1>：该子句将结果按<列名1>的值进行分组，该属性列值相等的元组为一个组，通常需要在每组上取聚集函数值。

(7) HAVING <条件表达式>：该子句是应用于结果集的附加筛选，用来向使用 GROUP BY 子句的查询中添加数据过滤准则。

(8) ORDER BY <列名2>[ASC|DESC]：该子句定义了结果集中行的排序顺序，升序使用 ASC 关键字，降序使用 DESC 关键字，默认为升序。

基本语句 SELECT…FROM…WHERE 的含义是：根据 WHERE 子句的条件表达式，从 FROM 子句指定的基本表或视图中找出满足条件的元组，再按 SELECT 子句中的目标列表达式，选出元组中的属性值形成结果表。

其实，SELECT 句型是从关系代数表达式演变来的。在关系代数中最常用的式子是下列表达式：

$$\pi_{A1\cdots An}(\sigma_F(R_1 \times \cdots \times R_m))$$

这里，$R_1,\cdots,R_m$ 为关系，F 是条件表达式，$A_1,\cdots,A_n$ 为属性。

针对上述表达式，相应的 SELECT…FROM…WHERE 句型为：

```
SELECT A1,…,An
FROM R1,…,Rm
WHERE F
```

6.1.2 简单查询

简单查询是指不带任何子句的单表查询。

1. 查询指定列

在很多情况下，用户只对表中的一部分属性列感兴趣，这时可以通过在 SELECT 子句的<目标列表达式>中指定要查询的属性列。

例 6.1 查询全体学生的学号与姓名。

```
USE JXGL
SELECT SNO,SNAME
FROM S
```

该语句的执行过程可以是这样的：从 S 表中取出一个元组，再取出该元组在属性 SNO 和 SNAME 上的值，形成一个新的元组作为输出。对 S 表中的所有元组做相同的处理，最后形成一个结果关系作为输出。

例 6.2 查询全体学生的姓名、学号、所在学院。

```
USE JXGL
SELECT SNAME,SNO,COLLEGE
FROM S
```

<目标列表达式>中各个列的先后顺序可以与源表中的顺序不一致。用户可以根据应用的需要改变列的显示顺序。本例中先列出姓名，再列出学号和所在学院。

2. 查询全部列

将表中的所有属性列都选出来,可以有两种方法:一种方法就是在 SELECT 关键字后面列出所有列名;另一种方法是如果列的显示顺序与其在基表中的顺序相同,也可以简单地将<目标列表达式>指定为"＊"。

例 6.3 查询全体学生的详细记录。

USE JXGL
SELECT ＊
FROM S

等价于:

USE JXGL
SELECT SNO,SNAME,SEX,BIRTHDATE,COLLEGE
FROM S

3. 查询经过计算的值

SELECT 子句的<目标列表达式>不仅可以是表中的属性列,也可以是算术表达式,还可以是字符串常量、函数等。

例 6.4 查询全体学生的姓名及年龄。

USE JXGL
SELECT SNAME,YEAR(GETDATE()) − YEAR(BIRTHDATE)
FROM S

查询结果中第 2 列不是列名而是一个计算表达式,是用当前的日期年份减去学生的出生日期年份。这样,所得的即是学生的年龄。输出的结果如图 6.1 所示。

例 6.5 查询全体学生的姓名、年龄和所在的学院,要求用小写字母表示所有系名。

USE JXGL
SELECT SNAME, 'AGE: ',YEAR(GETDATE()) − YEAR(BIRTHDATE),LOWER(COLLEGE)
FROM S

查询结果如图 6.2 所示。

图 6.1　显示姓名及年龄　　　　　图 6.2　利用表达式、常量和函数查询

用户可以通过指定别名来改变查询结果的列标题,这对于含算术表达式、常量、函数名的目标列表达式是很有用处的。例如对于上例,可以定义如下列别名:

USE JXGL
SELECT SNAME AS'姓名',YEAR(GETDATE()) − YEAR(BIRTHDATE)AS'年龄',LOWER(COLLEGE) AS '所在学院'
FROM S

查询结果如图 6.3 所示。

两个本来并不完全相同的元组，投影到指定的某些列上后，可能变成相同的元组了，可以用 DISTINCT 取消它们。

例 6.6 查询选修了课程的学生学号。

```
USE JXGL
SELECT SNO
FROM SC
```

执行上面的 SELECT 语句后，查询结果如图 6.4 所示。

该查询结果中包含了许多重复的元组。如果想去掉结果表中的重复行，必须指定 DISTINCT 关键词：

```
USE JXGL
SELECT DISTINCT SNO
FROM SC
```

执行上面的 SELECT 语句后，查询结果如图 6.5 所示。

图 6.3　改变查询结果列标题　　　图 6.4　查询学号显示结果　　　图 6.5　去掉重复行结果显示

如果没有指定 DISTINCT 关键词，则默认为 ALL，即保留结果表中取值重复的元组。如：

```
SELECT SNO
FROM SC
```

等价于：

```
SELECT ALL SNO
FROM SC
```

6.1.3　带有 WHERE 子句的查询

通过 WHERE 子句实现查询满足指定条件的元组。WHERE 子句常用的查询条件由 4.4.2 节的运算符构成逻辑表达式。

1. 比较大小

WHERE 子句的条件表达式由比较运算符构成。

例 6.7 查询计算机学院(CS)全体学生的名单。

```
USE JXGL
SELECT SNAME
FROM S
```

```
WHERE COLLEGE = 'CS'
```

SQL Server 执行该查询的一种可能过程是：对 S 表进行全表扫描，取出一个元组，检查该元组在 COLLEGE 列的值是否等于 CS。如果相等，则取出 SNAME 列的值形成一个新的元组输出，否则跳过该元组，取下一个元组。

例 6.8 查询所有年龄在 20 岁以下的学生姓名及其年龄。

```
USE JXGL
SELECT SNAME AS '姓名',YEAR(GETDATE()) - YEAR(BIRTHDATE) AS '年龄'
FROM S
WHERE YEAR(GETDATE()) - YEAR(BIRTHDATE)< 20
```

例 6.9 查询考试成绩有不及格的学生的学号。

```
USE JXGL
SELECT DISTINCT SNO
FROM SC
WHERE GRADE < 60
```

这里使用了 DISTINCT 短语，当一个学生有多门课程不及格，他的学号也只列出一次。

2. 确定范围

语句 BETWEEN…AND…和 NOT BETWEEN…AND…可以用来查找属性值在（或不在）指定范围内的元组，其中，BETWEEN 后是范围的下限（即低值），AND 后是范围的上限（即高值）。

例 6.10 查询出生日期为 1996 年 7 月 1 日至 1998 年 6 月 30 日（包括 1996 年 7 月 1 日和 1998 年 6 月 30 日）的学生的姓名、所在学院和出生日期。

```
USE JXGL
SELECT SNAME,COLLEGE,BIRTHDATE
FROM S
WHERE BIRTHDATE BETWEEN '1996 - 07 - 01' AND '1998 - 06 - 30'
```

与 BETWEEN…AND…相对应的语句是 NOT BETWEEN…AND…。

例 6.11 查询年龄不在 20~23 岁的学生姓名、所在学院和年龄。

```
USE JXGL
SELECT SNAME,COLLEGE,YEAR(GETDATE()) - YEAR(BIRTHDATE) AS 'AGE'
FROM S
WHERE YEAR(GETDATE()) - YEAR(BIRTHDATE) NOT BETWEEN 20 AND 23
```

3. 确定集合

运算符 IN 可以用来查找属性值属于指定集合的元组。

例 6.12 查询计算机学院（CS）、数学学院（MA）和信息学院（IS）学生的姓名和性别。

```
USE JXGL
SELECT SNAME,SEX
FROM S
WHERE COLLEGE IN('CS','MA','IS')
```

与 IN 相对的运算符是 NOT IN，用于查找属性值不属于指定集合的元组。

4. 字符匹配

运算符 LIKE 可以用来进行字符串的匹配。其一般语法格式如下：

[NOT] LIKE '<匹配串>'[ESCAPE '<换码字符>']

其含义是查找指定的属性列值与<匹配串>相匹配的元组。<匹配串>可以是一个完整的字符串,也可以含有通配符"%"和"_"。

(1) %(百分号):代表任意长度(长度可以为0)的字符串。例如,a%b 表示以 a 开头,以 b 结尾的任意长度的字符串。如 acb、addgb、ab 等都满足该匹配串。

(2) _(下画线):代表任意单个字符。例如,a_b 表示以 a 开头,以 b 结尾的长度为 3 的任意字符串。如 acb 满足该匹配串。

例 6.13 查询学号为 S3 的学生的详细情况。

```
USE JXGL
SELECT *
FROM S
WHERE SNO LIKE 'S3'
```

等价于:

```
USE JXGL
SELECT *
FROM S
WHERE SNO = 'S3'
```

如果 LIKE 后面的匹配串中不含通配符,则可以用"="(等于)运算符取代 LIKE,用"< >"(不等于)运算符取代 NOT LIKE。

例 6.14 查询所有姓"李"的学生的姓名、学号和性别。

```
USE JXGL
SELECT SNAME,SNO,SEX
FROM S
WHERE SNAME LIKE'李%'
```

5. 涉及空值的查询

例 6.15 某些学生选修课程后没有参加考试,所以有选课记录,但没有考试成绩。查询缺少成绩的学生的学号和相应的课程号。

```
USE JXGL
SELECT SNO,CNO
FROM SC
WHERE GRADE IS NULL     -- 分数 GRADE 是空值
```

注意:这里的"IS"不能用等号(=)代替。

例 6.16 查询所有有成绩的学生学号和课程号。

```
USE JXGL
SELECT SNO,CNO
FROM SC
WHERE GRADE IS NOT NULL
```

6. 多重条件查询

逻辑运算符 AND 和 OR 可用来联结多个查询条件。AND 的优先级高于 OR,但可以用括号改变优先级。

例 6.17 查询计算机学院(CS)在 1997 年 9 月 1 日前出生的学生姓名和出生日期。

```
USE JXGL
SELECT SNAME,BIRTHDATE
FROM S
WHERE COLLEGE = 'CS' AND BIRTHDATE <'1997 - 09 - 01'
```

在例 6.12 中的 IN 运算符实际上是多个 OR 运算符的缩写,因此例 6.12 中的查询也可用 OR 运算符写成如下等价形式:

```
USE JXGL
SELECT SNAME,SEX
FROM S
WHERE COLLEGE = 'CS' OR COLLEGE = 'MA' OR COLLEGE = 'IS'
```

6.1.4 带有 ORDER BY 子句的查询

用户可以用 ORDER BY 子句对查询结果按照一个或多个属性列的升序(ASC)或降序(DESC)排列,默认值为升序。

例 6.18 查询选修了课程号为 C3 课程的学生的学号及其成绩,查询结果按分数的降序排列。

```
USE JXGL
SELECT SNO,GRADE
FROM SC
WHERE CNO = 'C3'
ORDER BY GRADE DESC
```

对于空值,若按升序排列,含空值的元组将在最前面显示;若按降序排列,空值的元组将在最后面显示。

例 6.19 查询全体学生情况,查询结果按所在学院的学院名升序排列,同一学院中的学生按出生日期降序排列。

```
USE JXGL
SELECT *
FROM S
ORDER BY COLLEGE,BIRTHDATE DESC
```

6.1.5 带有 GROUP BY 子句的查询

在实际应用中,经常需要将查询结果进行分组,然后再对每个分组利用统计函数进行统计,SELECT 的 GROUP BY 子句和 HAVING 子句来实现分组统计。GROUP BY 子句可以将查询结果按属性列或属性组合对元组进行分组,每组元组在属性或属性列组合上具有相同的统计函数值。在 GROUP BY 对记录进行分组之后,HAVING 将显示由满足 HAVING 子句条件的 GROUP BY 子句进行分组的任何记录。

1. 简单分组查询

如果指定 DISTINCT 短语,则表示在计算时要取消指定列中的重复值。如果不指定 DISTINCT 短语或指定 ALL 短语(ALL 为默认值),则表示不取消重复值。

例 6.20　查询表 S 中的男女学生的人数。

```
USE JXGL
SELECT SEX AS '性别',COUNT( * ) AS '人数'
FROM S
GROUP BY SEX
```

例 6.21　查询选修每门课程的课程号及参加该门课程考试的学生总人数。

```
USE JXGL
SELECT CNO AS '课程号',COUNT( * ) AS '人数'
FROM SC
WHERE GRADE IS NOT NULL
GROUP BY CNO
```

该查询在 WHERE 语句中给出了已经参加考试,有了成绩的学生人数。

注意：在统计函数遇到空值时,除 COUNT(*)外,都跳过空值而只处理非空值。

2. 带 HAVING 子句的分组查询

当完成数据结果的查询和统计后,可以使用 HAVING 关键字来对查询和统计的结果进行进一步的筛选。

例 6.22　查询出选课人数超过 8 人的课程号。

```
USE JXGL
SELECT CNO AS '课程号',COUNT(SNO) AS '人数'
FROM SC
GROUP BY CNO
HAVING COUNT(SNO)> = 8
```

该语句对查询结果按 CNO 的值分组,所有具有相同 CNO 值的元组为一组；然后对每一组利用统计函数 COUNT 计算,以求得该组的学生人数；最后利用 HAVING 子句进行筛选。

例 6.23　查询选修了 4 门以上课程的学生学号。

```
USE JXGL
SELECT SNO
FROM SC
GROUP BY SNO
HAVING COUNT( * )> 4
```

这里先用 GROUP BY 子句按 SNO 进行分组,再用统计函数 COUNT 对每一组计数。HAVING 子句给出了选择组的条件进行判断,只有满足条件(同一个分组中元组个数＞4,即表示此学生选修的课程超过 4 门)的组才会被选出来。

WHERE 子句与 HAVING 子句的区别在于作用对象不同。WHERE 子句作用于基本表或视图,从中选择满足条件的元组。HAVING 子句作用于组,从中选择满足条件的组。

6.1.6　输出结果选项

可以利用 TOP 语句输出查询结果集的前面若干行元组,也可以利用 INTO 语句将查询结果集输出到一个新建的数据表中。

1. 输出前 n 行

可以通过 TOP n 语句输出 SELECT 查询结果集的前 n 个元组,或者加上 TOP n

PERCENT 输出结果集的一部分,n 为结果集中输出元组总数的百分比。

例 6.24 从 SC 表中输出学习 C1 号课程的成绩前 3 名学生的学号和成绩。

```
USE JXGL
SELECT TOP 3 SNO,GRADE
FROM SC
WHERE CNO = 'C1'
ORDER BY GRADE DESC
```

程序是先按照学生学习 C1 号课程的成绩降序排序,再输出前 3 个元组的学号和成绩值。

例 6.25 在 SC 表中查询总分排在前面 20% 的学生的学号和总分。

```
USE JXGL
SELECT TOP 20 PERCENT SNO AS '学号',SUM(GRADE) AS '总分'
FROM SC
GROUP BY SNO
ORDER BY SUM(GRADE) DESC
```

该程序先把每个学生的总分求出来,再进行降序排序,最后输出前面总人数的 20% 个元组。

2. 查询结果集输出到新建表中

INTO 子句用于把查询结果存放到一个新建的表中。新建的表名由<新表名>给出,新表的列由 SELECT 子句中指定的列构成。

例 6.26 将表 SC 中所有成绩不及格学生的学号都存入 GRADE_NPASS 表中。

```
USE JXGL
SELECT DISTINCT(SNO) INTO GRADE_NPASS
FROM SC
WHERE GRADE < 60
```

这里用 DISTINCT 选项就排除了如果一个人有多门不及格的课程时学号就只输出一次的情况。INTO 语句使得 SQL Server 系统创建了一个新表 GRADE_NPASS(SNO)。

6.1.7 联合查询

如果有多个不同的查询结果集,但又希望将它们按照一定的关系连接在一起,组成一组数据,这就可以用集合运算来实现,这也是关系代数中集合运算的具体实现。在 SQL Server 中,Transact-SQL 提供的集合运算符有 UNION(并)、INTERSECT(交)、EXCEPT(差)。参加联合查询操作的各查询结果的列数必须相同,对应项的数据类型也必须相同。

1. 集合并运算

集合并运算是将来自不同查询结果集合组合起来,形成一个查询结果集(并集),UNION 操作会自动将重复元组去除。而 UNION ALL 操作将返回两个来自不同查询结果集合的所有元组,保留重复元组。

例 6.27 查询选修了 C2 号课程或选修了 C4 课程的学生的学号。

```
USE JXGL
SELECT SNO
FROM SC
```

```
WHERE CNO = 'C2'
UNION
SELECT SNO
FROM SC
WHERE CNO = 'C4'
```

2. 集合交运算

集合交运算是将来自不同查询结果集合中公共的元组组合起来,形成一个查询结果集(交集)。INTERSECT 操作会自动将重复的元组去除。

例 6.28 查询既选修了 C1 号课程又选修了 C2 号课程的学生的学号。

```
USE JXGL
SELECT SNO
FROM SC
WHERE CNO = 'C1'
INTERSECT
SELECT SNO
FROM SC
WHERE CNO = 'C2'
```

3. 集合差运算

集合差运算是将属于左查询结果集但不属于右查询结果集的元组组合起来,形成一个查询结果集(差集)。

例 6.29 查询选修了 C1 号课程但没有选修 C3 号课程的学生的学号。

```
USE JXGL
SELECT SNO
FROM SC
WHERE CNO = 'C1'
EXCEPT
SELECT SNO
FROM SC
WHERE CNO = 'C3'
```

说明：SQL Server 2012 不支持 INTERSECT ALL 和 EXCEPT ALL 运算。

6.2 多表查询

前面的查询都是针对一个表进行的。如果一个查询同时涉及两个或两个以上的表,则称为多表查询,多表查询是关系数据库中最主要的查询。在多表查询中,如果要引用不同关系中的同名属性,则需要在属性名前加关系名,即用"关系名.属性名"的形式表示,以便区分。多表查询分为连接查询和嵌套查询。

6.2.1 连接查询

从两个或两个以上的表中对符合某些条件的元组进行查询操作称为连接查询。在 SQL Server 中,可以使用两种方法实现连接查询：一种是 FROM…WHERE 语句,在 WHERE 子句中构造连接条件;另一种是 ANSI 连接查询语句,在 FORM 子句中使用

JOIN…ON 关键字,连接条件在 ON 之后。连接查询的每个步骤都会产生一个虚拟表,该虚拟表(客户端应用程序或者外部查询不可用)被用作下一个步骤的输入。ON 是优于 WHERE 先执行的,也就是说,JOIN…ON 语句是先进行 ON 的条件过滤,而后才进行 JOIN 连接,这就避免了两个表进行笛卡儿积运算的庞大数据;而 WHERE 是在两个表先通过笛卡儿积生成虚表后,再利用条件进行过滤。

本部分只介绍 ANSI 连接查询语句。

1. 内连接

内连接利用 INNER JOIN 连接运算符,并且利用 ON 关键字指定连接条件。内连接是一种常用的连接方式,如果在 JOIN 关键字前面没有指定连接类型,那么默认的连接类型就是内连接。内连接的语句格式如下:

```
SELECT <目标列表达式> [, … n]
FROM <表 1 > [INNER] JOIN <表 2 > ON <连接条件表达式> [, … n]
```

注意: 连接条件表达式中的各连接字段类型必须是可比的,但名称不必相同。

例 6.30 查询每个学生及其选修课程的情况。

学生情况存放在 S 表中,学生选课情况存放在 SC 表中,所以本查询实际上涉及 S 与 SC 两个表。这两个表之间的连接是通过公共属性 SNO 实现的。

```
USE JXGL
SELECT *
FROM S INNER JOIN SC ON S.SNO = SC.SNO
```

连接条件保证了 S 与 SC 中同一学生的元组连接起来。该查询结果如图 6.6 所示。

结果 | 消息

	SNO	SNAME	SEX	BIRTHDATE	COLLEGE	SNO	CNO	GRADE
1	S1	刘世元	男	1996-05-23	MA	S1	C4	89
2	S2	王忠桥	男	1997-08-06	MC	S2	C6	92
3	S3	许文秀	女	1997-07-02	CS	S3	C1	76
4	S3	许文秀	女	1997-07-02	CS	S3	C2	88
5	S3	许文秀	女	1997-07-02	CS	S3	C3	93
6	S4	于金凤	女	1997-08-26	IS	S4	C1	78
7	S4	于金凤	女	1997-08-26	IS	S4	C5	87

CV (11.0 SP1) | XB-20160606UDCV\Admini... | JXGL | 00:00:00 | 18 行

图 6.6 例 6.30 查询结果

本例中,ON 条件过滤语句中的属性名前加上了表名前缀,这是为了避免混淆。如果属性名在参加连接的各表中是唯一的,则可以省略表名前缀。

SQL Server 执行该连接操作的一种可能过程是:

首先在表 S 中找到第一个元组,然后从头开始扫描 SC 表,逐一查找与 S 第一个元组的 SNO 相等的 SC 元组,找到后就将 S 中的第一个元组与该元组连接起来,形成结果表中的一个元组,直到 SC 的元组全部查找完毕;然后找 S 中第二个元组,再从头开始扫描 SC,逐一查找满足连接条件的元组,找到后就将 S 中的第二个元组与该元组连接起来,形成结果表中的一个元组。重复上述操作,直到 S 中的全部元组都处理完毕为止。

例 6.31 查询计算机学院(CS)的学生所选课程的课程号和平均成绩。

```
USE JXGL
SELECT SC.CNO,ROUND(AVG(SC.GRADE),1) AS 'AVERAGE'
```

```
FROM S JOIN SC ON S.SNO = SC.SNO AND S.COLLEGE = 'CS'
GROUP BY CNO
```

为了使平均成绩四舍五入保留一位小数,引入了函数 ROUND()。该例中 JOIN 没有指定类型,则系统默认为内连接类型。查询结果如图 6.7 所示。

例 6.32 在 SC 表中,查询选修 C4 课程的同学中成绩高于学号为 S3 同学成绩的所有学生元组,并按成绩降序排列。

```
USE JXGL
SELECT a.SNO,a.CNO,a.GRADE
FROM SC a INNER JOIN SC b
ON a.CNO = 'C4' AND a.GRADE > b.GRADE AND b.SNO = 'S3' AND b.CNO = 'C4'
ORDER BY GRADE DESC
```

在 SC 表中,每个元组都记录了学生学号、课程号和成绩。此例需要先求出 S3 同学的 C4 课程的成绩,再将学习 C4 课程的所有同学成绩与 S3 同学的 C4 课程成绩比较,高出的就输出来。这就需要将 SC 表与其自身连接,为此,要为 SC 表取两个别名,一个是 a,另一个是 b。查询结果如图 6.8 所示。

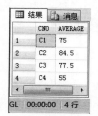

图 6.7 例 6.31 查询结果

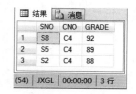

图 6.8 例 6.32 查询结果

例 6.33 查询 90 分以上学生的学号、姓名、选修课程号、选修课程名和成绩。

```
USE JXGL
SELECT S.SNO,S.SNAME,SC.CNO,C.CNAME,SC.GRADE
FROM S JOIN SC
ON S.SNO = SC.SNO AND GRADE >= 90
JOIN C ON SC.CNO = C.CNO
```

该例给出了 3 个表连接的例子,更多表的连接操作以此类推。

例 6.33 查询结果如图 6.9 所示。

例 6.33 也可以用下列形式给出:

```
USE JXGL
SELECT S.SNO,S.SNAME,SC.CNO,C.CNAME,SC.GRADE
FROM S JOIN (SC JOIN C ON SC.CNO = C.CNO)
ON S.SNO = SC.SNO AND GRADE >= 90
```

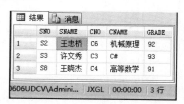

图 6.9 例 6.33 查询结果

2. 外连接

在外连接中,不仅包含那些满足连接条件的元组,而且某些表不满足条件的元组也会出现在结果集中。也就是说,外连接只限制其中一个表的元组,而不限制另外一个表的元组。外连接只能用于两个表中。

1) 左外连接

左外连接是对连接条件左边的表不加限制。当左边表元组与右边表元组不匹配时,与右边表的相应列值取 NULL。语句格式如下:

```
SELECT <目标列表达式>[, … n]
FROM <表 1> LEFT[OUTER]JOIN <表 2>[, … n]
ON <连接条件表达式>
```

例 6.34 查询每个学生及其选修课程的成绩情况(含未选课程的学生信息)。

```
USE JXGL
SELECT S.*,CNO,GRADE
FROM S LEFT JOIN SC ON S.SNO = SC.SNO
```

有时在查询学生选修课程情况时,既需要查询那些有选课信息的学生情况,又需要查询那些没有选课信息的学生情况,因此会用到左外连接查询。结果如图 6.10 所示。

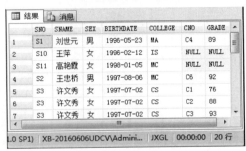

图 6.10 例 6.34 查询结果

2) 右外连接

右外连接是对连接条件右边的表不加限制。当右边表元组与左边表元组不匹配时,与左边表的相应列值取 NULL。语句格式如下:

```
SELECT <目标列表达式>[, … n]
FROM <表 1> RIGHT [OUTER] JOIN <表 2>[, … n]
ON <连接条件表达式>
```

3) 全外连接

全外连接是对连接条件的两个表都不加限制。当一边表元组与另一边表元组不匹配时,与另一边表的相应列值取 NULL。语句格式如下:

```
SELECT <目标列表达式> [, … n]
FROM <表 1> FULL [OUTER] JOIN <表 2>[, … n]
ON <连接条件表达式>
```

3. 交叉连接

交叉连接(cross join)也称为笛卡儿积,它是在没有连接条件下的两个表的连接,包含了所连接的两个表中所有元组的全部组合。

该连接方式在实际应用中是很少的。语句格式如下:

```
SELECT <目标列表达式>[,1 … n]
FROM <表 1> CROSS JOIN <表 2>[,1 … n]
```

例 6.35 查询所有学生可能的选课情况。

```
USE JXGL
SELECT S. * ,SC.CNO,GRADE
FROM S CROSS JOIN SC
```

6.2.2 子查询

子查询(sub query)是指在一个 SQL 语句中包含另一个 SELECT 查询语句,即一个 SELECT 语句嵌入另一个 SQL 语句中。其中,外层的 SQL 语句称为父语句或外语句,嵌入内层的 SELECT 语句称为子查询或内查询。因此,子查询也称为嵌套查询(nested query)。

子查询返回单值时可以用比较运算符,但返回多值时要用集合比较运算符。集合比较运算符如表 6.1 所示。

表 6.1 集合比较运算符

运算符	含义
ALL	如果一系列的比较都为 TRUE,那么就为 TRUE
ANY	如果一系列的比较中任何一个为 TRUE,那么就为 TRUE
BETWEEN	如果操作数在某个范围内,那么就为 TRUE
EXISTS	如果子查询结果包含一些行(结果不空),那么就为 TRUE
IN	如果操作数等于表达式列表中的一个,那么就为 TRUE
NOT	对任何其他布尔运算符的值取反
SOME	如果在一系列比较中,有些为 TRUE,那么就为 TRUE

运算符 ANY 和 SOME 是等价的,表示满足其中任一条件。

当一个查询依赖于另一个查询结果时,常常使用查询嵌套。嵌套查询可以使复杂的查询分解成多个简单查询,从而增强 SQL 的查询能力。

子查询按与父查询是否具有依赖关系分为无关子查询和相关子查询两种类型。

1. 无关子查询

无关子查询的执行不依赖于父查询。它执行的过程是:首先执行子查询语句,得到的子查询结果集传递给父查询语句使用。无关子查询中对父查询没有任何引用。

1) SELECT 语句嵌入控制语句中

将查询语句嵌入分支语句或循环语句中作为条件判断,可以使得程序语句更加简洁、易懂。

例 6.36 在数据库 JXGL 中,如果 C4 号课程的平均成绩高于 80 分,则输出"C4 号课程的成绩较好",否则输出"C4 号课程的成绩一般"。

```
USE JXGL
IF (SELECT AVG(GRADE) FROM SC WHERE CNO = 'C4')> 80
    PRINT 'C4 号课程的成绩较好'
ELSE
    PRINT 'C4 号课程的成绩一般'
```

例 6.37 在数据库 JXGL 中,判断表 S 中是否存在学号为 S12 的记录,如果存在就删除它,否则提示"查无此人",最后插入记录"S12,张丽芳,女,1996-02-12,IS"。

```
USE JXGL
```

```
IF EXISTS(SELECT * FROM S WHERE SNO = 'S12')
    DELETE FROM S WHERE SNO = 'S12'
ELSE
    PRINT '查无此人'
INSERT INTO S VALUES('S12','张丽芳','女','1996-02-12','IS')
```

2) SELECT 语句嵌入 SELECT 语句中

如果父语句也是 SELECT 语句,即子查询的 SELECT 语句嵌入父查询(外查询)的 SELECT 语句中,构成了两个 SELECT 语句的嵌套。

例 6.38 查询与"许文秀"在同一个学院学习的学生学号、姓名和所在学院。

先分步来完成此查询,然后再构造子查询。

(1) 确定"许文秀"所在学院名。

```
USE JXGL
SELECT COLLEGE
FROM S
WHERE SNAME = '许文秀'
```

执行结果如图 6.11 所示。

(2) 查找所有在 CS 学院学习的学生。

```
USE JXGL
SELECT SNO,SNAME,COLLEGE
FROM S
WHERE COLLEGE = 'CS'
```

结果如图 6.12 所示。

图 6.11 许文秀所在学院

图 6.12 CS 学院的学生

将第一步查询嵌入第二步查询的条件中,构造嵌套查询如下:

```
USE JXGL
SELECT SNO,SNAME,COLLEGE
FROM S
WHERE COLLEGE IN
    (SELECT COLLEGE
     FROM S
     WHERE SNAME = '许文秀')
```

本例中由于子查询的结果是一个值,因此也可以把运算符 IN 换为"="。该查询也可以用自身连接来完成:

```
USE JXGL
SELECT b.SNO,b.SNAME,b.COLLEGE
FROM S AS a JOIN S AS b
ON a.COLLEGE = b.COLLEGE AND a.SNAME = '许文秀'
```

可见，实现同一个查询可以有多种方法，当然不同的方法其执行效率可能会有差别，甚至差别还可能很大。这就需要数据库编程人员应该掌握数据库性能调优技术和方法，以提高程序的执行效率。

例 6.39 查询选修了 C3 号课程的学生的姓名和所在学院。

```
USE JXGL
SELECT SNAME,COLLEGE
FROM S
WHERE SNO IN
    (SELECT SNO
     FROM SC
     WHERE CNO = 'C3')
```

注意：子查询的 SELECT 语句不能使用 ORDER BY 子句，ORDER BY 子句只能对最终查询结果排序。

例 6.40 查询成绩在 80 分以上的学生的学号、姓名及所在学院。

```
USE JXGL
SELECT SNO,SNAME,COLLEGE
FROM S
WHERE SNO = ANY (SELECT SNO
                 FROM SC
                 WHERE GRADE > 80)
```

例 6.41 查询其他学院比计算机学院（CS）某一学生年龄小的学生姓名和年龄。

```
USE JXGL
SELECT SNAME,YEAR(GETDATE()) - YEAR(BIRTHDATE)
FROM S
WHERE BIRTHDATE > SOME(SELECT BIRTHDATE
                       FROM S
                       WHERE COLLEGE = 'CS')
             AND COLLEGE <>'CS'  -- 注意这是父查询块中的条件
```

SQL Server 执行此查询时，首先处理子查询，找出 CS 学院所有学生的出生日期，构成一个查询结果集合，如图 6.13 所示。然后处理父查询，查找所有不是 CS 学院且出生日期大于集合中所有值的学生。

本查询也可以用聚集函数来实现。首先用子查询找出 CS 学院中最大出生日期 1997-07-02，然后在父查询中检索所有非 CS 学院且出生日期大于 1997-07-02 的学生。SQL 语句如下：

图 6.13 CS 学院学生年龄集合

```
USE JXGL
SELECT SNAME,YEAR(GETDATE()) - YEAR(BIRTHDATE)
FROM S
WHERE BIRTHDATE >(SELECT MAX(BIRTHDATE)
                  FROM S
                  WHERE COLLEGE = 'CS')
          AND COLLEGE <>'CS'
```

2. 相关子查询

在相关子查询中，子查询的执行依赖于父查询，多数情况下是子查询的 WHERE 子句中引用了父查询的表。

相关子查询的执行过程与无关子查询不同,无关子查询中子查询只执行一次,而相关子查询中的子查询需要重复执行。具体过程为:

(1) 父查询每执行一次循环,子查询都会被重新执行一次,并且每一次父查询都将查询引用列的值传给子查询。

(2) 如果子查询的任何元组与其匹配,父查询返回结果元组。

(3) 回到第(1)步,直到处理完父表的每一元组。

1) 带有比较运算符的子查询

带有比较运算符的子查询常常用于比较测试,它是将一个表达式的值与子查询返回的单个值进行比较。如果比较运算的结果为 TRUE,则比较测试也返回 TRUE。

例 6.42 查询每位学生比自己平均成绩高的所有成绩(学得较好的课程),并输出学生的学号、课程号和成绩。

```
USE JXGL
SELECT SNO,CNO,GRADE
FROM SC AS a
WHERE GRADE >=
    (SELECT AVG(GRADE)
    FROM SC AS b
    WHERE a.SNO = b.SNO)
```

查询结果如图 6.14 所示。

该语句中 a 是表 SC 的别名,可以用来表示 SC 的一个元组。内层查询是求一个学生所有选修课程平均成绩的,至于是哪个学生的平均成绩,要看参数 a.SNO 的值,而该值是与父查询相关的。SQL Server 的一种可能执行过程是:

(1) 从父查询中取出 SC 的一个元组 W,将元组 W 的 SNO 值(如 S3)传送给子查询。

```
SELECT AVG(GRADE)
FROM SC
WHERE SNO = 'S3'
```

(2) 执行子查询,得到值 85.67,用该值代替子查询,得到父查询:

```
SELECT SNO,CNO,GRADE
FROM SC
WHERE GRADE >= 85.67 AND SNO = 'S3'
```

(3) 执行这个查询,得到查询结果如图 6.15 所示。

图 6.14　例 6.42 查询结果

图 6.15　S3 高于 85.67 的课程成绩

然后父查询取出下一个元组重复做上述(1)至(3)步骤的处理,直到外层的 SC 元组全部处理完毕。

2) 带有 EXISTS 的子查询

使用查询进行存在性测试时,通过逻辑运算符 EXISTS 或 NOT EXISTS,检查子查询所返回的结果是否存在。使用 EXISTS 时,如果在子查询的结果集内包含至少一个元组,则存在性测试返回 TRUE;如果该结果集为空,则存在性测试返回 FALSE。对于 NOT EXISTS 存在性测试结果取反。

带有存在性测试 EXISTS 的子查询不返回任何数据,只产生逻辑值 TRUE 或 FALSE,因此由 EXISTS 引出的子查询,其<目标列表达式>一般用"*"表示。如果子查询结果不空,则父查询的 WHERE 子句条件为 TRUE,否则为 FALSE。

例 6.43 查询所有选修了 C2 课程的姓名。

```
USE JXGL
SELECT SNAME
FROM S
WHERE EXISTS
        (SELECT *
         FROM SC
         WHERE SNO = S.SNO AND SC.CNO = 'C2')
```

SQL Server 执行该子查询操作的一种可能过程是:

(1) 在父查询中取出学生表 S 的一个元组 W 的属性 SNO 值,如 S3。

(2) 用此值去测试选修课程表 SC 中是否存在学号为 S3,课程号为 C2 的元组。

```
SELECT *
FROM SC
WHERE SNO = 'S3' AND SC.CNO = 'C2'
```

运行结果如图 6.16 所示。

(3) 由于在 SC 中存在符合条件的元组,即子查询结果不空,所以子查询返回 TRUE 值。从而父查询 WHERE 子句条件为真,输出 W 的姓名属性值"许文秀"。

图 6.16 查询 S3 和 C2 元组

然后父查询取出下一个元组重复做上述(1)至(3)步骤的处理,直到外层的 S 元组全部处理完毕。

例 6.44 查询计算机学院没有选修 C4 课程的学生学号、姓名。

```
USE JXGL
SELECT SNO,SNAME
FROM S
WHERE NOT EXISTS (SELECT *
                  FROM SC
                  WHERE SNO = S.SNO AND SC.CNO = 'C4')
    AND COLLEGE = 'CS'
```

一般地,有些带 EXISTS 或 NOT EXISTS 的子查询不能被其他形式的子查询等价替换,但所有带 IN、比较运算符、ANY 和 ALL 的子查询都能用带 EXISTS 的子查询等价替换。另外,由于带 EXISTS 的相关子查询只关心内层查询是否有返回值,并不需要查询具体值,当子查询涉及的表较大时也是一种高效的方法。

3. 表数据维护的子查询

利用子查询进行表数据维护有 3 种类型:向表中添加若干元组数据、修改表中的若干元组数据和删除表中的若干个元组数据。在 5.3.2 节只给出表中单个元组数据的维护,本部分利用子查询对表的多个元组进行维护。

1) 插入子查询结果

子查询不仅可以嵌套在 SELECT 语句中,也可以嵌套在 INSERT 语句中,用于生成要插入的批量数据。

插入子查询结果的 INSERT 语句的格式为:

```
INSERT
INTO <表名>[(<列名>[, … n)]
<子查询>
```

例 6.45 对每一个学院,求学生的平均年龄,并把结果存入数据库。

首先在数据库中建立一个新表,其中一列存放学院名,另一列存放相应的学生平均年龄。

```
USE JXGL
CREATE TABLE COLL_AGE(
COLLEGE nchar(20),
AVG_AGE REAL)
```

然后对 S 表按学院分组求平均年龄,再把学院名和平均年龄存入新表中。

```
USE JXGL
INSERT INTO COLL_AGE(COLLEGE,AVG_AGE)
    SELECT COLLEGE,AVG(YEAR(GETDATE()) - YEAR(BIRTHDATE))
    FROM S
    GROUP BY COLLEGE
```

2) 带子查询的删除语句

子查询也可以嵌套在 DELETE 语句中,用于构造执行删除操作的条件。

例 6.46 删除计算机学院(CS)所有学生的选课记录。

```
USE JXGL
DELETE FROM SC
WHERE 'CS' = (SELECT COLLEGE
            FROM S
            WHERE S.SNO = SC.SNO)
```

3) 带子查询的修改语句

子查询也可以嵌套在 UPDATE 语句中,用于构造修改的条件。

例 6.47 将计算机学院(CS)学生的 C4 课程成绩提高 5%。

```
USE JXGL
UPDATE SC
SET GRADE = GRADE + GRADE * 0.05
WHERE 'CS' = (SELECT COLLEGE
           FROM S
           WHERE S.SNO = SC.SNO AND CNO = 'C4')
```

注意:对某个基本表中数据的增、删、改操作有可能会破坏参照完整性。

6.3 游标机制

关系数据库管理系统的操作是面向集合的，许多 Transact-SQL 嵌入的主语言程序设计是面向元组的，游标机制使得两种不同的数据处理方式有效地结合起来。

6.3.1 游标概述

在 SQL Server 中没有一种描述表中单一元组的表达形式，引入游标把集合操作转换成单元组处理方式。

1. 游标的概念

游标是一种能从包括多个元组的集合中每次读取一个元组的机制。游标总是与一条 SELECT 查询语句相关联，它允许应用程序对查询结果集中每一个元组进行不同的操作。可以把游标看作一个指针，把 SELECT 查询结果集看作一张二维表格，用游标指向表格的任意一行，允许用户对该行数据进行处理。

利用游标可以对 SELECT 查询结果集完成如下操作：

(1) 将游标定位在结果集的特定元组。
(2) 将游标指定结果集中的元组数据读出。
(3) 利用循环读取结果集中的多个元组数据。
(4) 对游标指定结果集的元组进行数据修改。
(5) 为其他用户设置结果集数据的更新限制。
(6) 提供脚本、存储过程和触发器中访问结果集中数据的 Transact-SQL 语句。

若游标定位在结果集的特定元组上，则称游标为"当前位置"，该元组也称为"当前元组"或"当前行"。

2. 游标的类型

SQL Server 支持 3 种类型的游标：Transact-SQL 游标、API 服务器游标和客户游标。

1) Transact-SQL 游标

Transact-SQL 游标是由 DECLARE CURSOR 语法定义的，主要用在 Transact-SQL 脚本、存储过程和触发器中。它主要用在服务器端，对从客户端发送给服务器的 Transact-SQL 语句或是批处理、存储过程、触发器中的 Transact-SQL 进行管理。Transact-SQL 游标不支持读取数据块或多行数据。

2) API 游标

API 游标支持在 OLE DB、ODBC 以及 DB_library 中使用游标函数，主要用在服务器上。每一次客户端应用程序调用 API 游标函数，SQL Server 的 OLE DB 提供者、ODBC 驱动器或 DB_library 的动态链接库(DLL)都会将这些客户请求传送给服务器以对 API 游标进行处理。

3) 客户游标

客户游标主要是当在客户机上缓存结果集时才使用。在客户游标中，有一个默认的结果集被用来在客户机上缓存整个结果集。客户游标仅支持静态游标而非动态游标。由于服务器游标并不支持所有的 Transact-SQL 语句或批处理，所以客户游标常常仅被用作服务器游标的辅助。因为在一般情况下,服务器游标能支持绝大多数的游标操作。由于 API 游标和 Transact-SQL 游标使用在服务器端,所以被称为服务器游标,也被称为后台游标,而客户游标被称为前台游标。在本节中主要讲解 Transact-SQL 语句定义的服务器(后台)游标。

6.3.2 游标的管理

利用 Transaction-SQL 语句定义的游标是在服务器端实现的,操作游标有 5 个主要步骤:声明游标、打开游标、读取游标、关闭游标和释放游标。

1. 声明游标

和使用其他类型的变量一样,使用一个游标之前,必须先声明它。语句格式如下:

DECLARE CURSOR <游标名>[INSENSITIVE][SCROLL]CURSOR
FOR < SELECT 语句>
[FOR READ ONLY|UPDATE[OF <列名>[, … n]]]

参数说明如下。

(1) <游标名>:定义的游标名称。

(2) INSENSITIVE:定义的游标所选出来的元组存放在一个临时表中(建立在 tempdb 数据库中),对该游标的读取操作都有临时表来应答。因此,对基本表的修改并不影响游标读取的数据,即游标不会随着基本表内容的改变而改变,同时,也无法通过游标来更新基本表。如果不使用该保留字,则对基本表的更新、删除都会反映到游标中。

(3) SCROLL:指定游标使用的读取选项,默认值为 NEXT,其取值如表 6.2 所示。如果不使用该保留字,则只能进行 NEXT 操作。如果使用该保留字,可以进行如表 6.2 所示的所有操作。

表 6.2 SCROLL 的取值

SCROLL 选项	含 义
FIRST	读取游标中的第一行数据
LAST	读取游标中的最后一行数据
PRIOR	读取游标当前位置的上一行数据
NEXT	读取游标当前位置的下一行数据
RELATIVE n	读取游标当前位置之前或之后的第 n 行数据(n 为正向前,为负向后)
ABSOLUTE n	读取游标中的第 n 行数据

(4) < SELECT 语句>:定义结果集的 SELECT 语句。

(5) READ ONLY:表示定义的游标为只读游标,表明不允许使用 UPDATE、DELETE 语句更新游标内的数据。默认状态下游标允许更新。

(6) UPDATE[OF <列名>[, … n]]:指定游标内可以更新的列,如果没有指定要更新的列,则表明所有列都允许更新。

例 6.48 声明一个名为 S_Cursor 的游标,用于读取计算机学院(CS)的所有学生的信息。

USE JXGL
DECLARE S_Cursor CURSOR

```
      FOR SELECT *
          FROM S
          WHERE COLLEGE = 'CS'
```

2. 打开游标

声明一个游标后,还必须使用 OPEN 语句打开游标,才能对其进行访问。语句格式如下:

```
OPEN [LOCAL|GLOBAL] <游标名>|<游标变量名>
```

参数说明如下。

(1) LOCAL|GLOBAL:指定游标为局部或全局游标。若两者均未指定,则默认值由 default to local cursor 数据库选项的设置控制。

(2) <游标名>:已声明的游标名称。如果一个全局游标与一个局部游标同名,则要使用 GLOBAL 表明其全局游标。

(3) <游标变量名>:游标变量的名称,该名称可以引用一个游标。

当执行打开游标的语句时,服务器将执行声明游标时使用的 SELECT 语句。如果声明游标时使用了 INSENSITIVE 选项,则服务器会在 tempdb 中建立一个临时表,存放游标将要进行操作的结果集的副本。

利用 OPEN 语句打开游标后,游标位于查询结果集的第一个行。

例 6.49 打开例 6.46 所声明的游标。

```
OPEN S_Cursor
```

3. 读取游标

在打开游标后,就可以利用 FETCH 语句从查询结果集中读取数据。使用 FETCH 语句一次可以读取一条记录,具体语句格式如下:

```
FETCH [[NEXT|PRIOR|FIRST|LAST
       |ABSOLUTE n|@nvar
       |RELATIVE n|@nvar]
FROM]
[GLOBAL]<游标名>|<游标变量名>
[INTO @变量名[, … n]]
```

参数说明如下。

(1) NEXT|PRIOR|FIRST|LAST:读取数据的位置。NEXT 是读取结果集中当前行的下一行,并将其设置为当前行。如果 FETCH NEXT 是对游标的第一次读取操作,则返回结果集的第一行。NEXT 是默认的游标读取选项。PRIOR 是读取紧邻当前行的前面一行,并将其设置为当前行。如果 FETCH PRIOR 为对游标的第一次读取操作,则没有行返回且游标置于第一行之前。FIRST 是读取结果集中的第一行并将其设置为当前行。LAST 是读取结果集中的最后一行并将其设置为当前行。

(2) ABSOLUTE n|@nvar:如果 n 或 @nvar 为正数,读取从结果集头部开始的第 n 行,并将读取的行变为新的当前行;如果 n 或 @nvar 为负数,读取从结果集尾部之前的第 n 行,并将读取的行变为新的当前行;如果 n 或 @nvar 为 0,则没有行返回。n 必须为整型常量,@nvar 必须为 smallint、tinyint 或 int 类型的变量。

(3) RELATIVE n｜@nvar：如果 n 或@nvar 为正数，则读取当前行之后的第 n 行，并将读取的行变为新的当前行；如果 n 或@nvar 为负数，则读取当前行之前的第 n 行，并将读取的行变为新的当前行；如果 n 或@nvar 为 0，则读取当前行。n 必须为整型常量，@nvar 必须为 smallint、tinyint 或 int 类型的变量。

(4) GLOBAL：指定游标为全局游标。

(5) INTO @变量名[,…n]：允许读取的数据存放在多个变量中。在变量行中的每个变量必须与结果集中相应的属性列对应(顺序、数据类型等)。

例 6.50 从例 6.47 打开的游标中读取数据。

```
FETCH NEXT FROM S_Cursor
```

4. 关闭游标

在处理完结果集中数据之后，必须关闭游标来释放结果集。可以使用 CLOSE 语句来关闭游标，但此语句不释放与游标有关的一切资源。语句格式如下：

```
CLOSE[GLOBAL]<游标名>|<游标变量名>
```

其中，各参数含义与打开命令一致。

例 6.51 关闭例 6.46 所声明的游标。

```
CLOSE S_Cursor
```

5. 释放游标

游标使用不再需要之后，要释放游标，以获取与游标有关的一切资源。语句格式如下：

```
DEALLOCATE[GLOBAL]<游标名>|<游标变量名>
```

其中，各参数含义与打开命令一致。

例 6.52 释放例 6.46 所声明的游标。

```
DEALLOCATE S_Cursor
```

6. 游标系统变量与函数

游标系统变量与函数返回有关游标的信息。

1) @@CURSOR_ROWS

返回最后打开的游标中满足条件的元组数。为了提高性能，SQL Server 可异步填充大型键集和静态游标。可调用 @@CURSOR_ROWS 以确定当其被调用时检索了游标符合条件的行数。语句格式如下：

```
@@CURSOR_ROWS
```

返回值是整型的，如表 6.3 所示。

表 6.3 @@CURSOR_ROWS 返回值列表

返 回 值	说 明
-m	游标被异步填充。返回的值-m 是键集中当前的行数
-1	游标为动态游标。不能确定已检索到所有符合条件的行
0	游标未打开
n	游标已完全填充。返回值 n 是游标中的总行数

例 6.53 声明一个名为 S_Curf 的游标,用于读取女生的信息,并读取第 3 条记录。

```
USE JXGL
DECLARE S_Curf SCROLL CURSOR
FOR SELECT SNAME,SEX,BIRTHDATE
    FROM S
    WHERE SEX = '女'
OPEN S_Curf
FETCH ABSOLUTE 3 FROM S_Curf
SELECT @@CURSOR_ROWS
```

运行结果如图 6.17 所示。

说明该游标中有 7 个元组。

2) @@FETCH_STATUS

返回上次执行 FETCH 命令的状态。返回值如表 6.4 所示。语句格式如下:

@@FETCH_STATUS

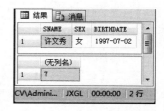

图 6.17 例 6.51 运行结果

表 6.4 @@FETCH_STATUS 返回值列表

返 回 值	说　明
0	FETCH 语句成功
-1	FETCH 语句失败或此元组不在结果集中
-2	被读取的元组不存在

常常利用@@FETCH_STATUS 控制在一个 WHILE 循环中的游标活动。

例 6.54 在教学管理数据库 JXGL 中,利用循环的 PRINT 语句输出 S 表中计算机学院(CS)的女生信息。

```
USE JXGL
DECLARE @info VARCHAR(200)
DECLARE @curs CURSOR
SET @curs = CURSOR SCROLL DYNAMIC
    FOR
    SELECT '学号是: ' + SNO + ';姓名是: ' + SNAME + ';性别是: ' + SEX + ';年龄是: ' + convert
(varchar(3),YEAR(GETDATE()) - YEAR(BIRTHDATE)) + '学院是: ' + COLLEGE
FROM S
WHERE SEX = '女' AND COLLEGE = 'CS'
OPEN @curs
FETCH NEXT FROM @curs INTO @info
WHILE(@@FETCH_STATUS = 0)
BEGIN
    PRINT @info
    FETCH NEXT FROM @curs INTO @info
END
```

运行结果如图 6.18 所示。

3) CURSOR_STATUS

CURSOR_STATUS 函数为一个标量函数,该函数用于确定是否返回游标和结果集。语句格式如下:

```
                                  消息
          学号是: S3    姓名是: 许文秀   性别是: 女   年龄是: 19  学院是: CS
          学号是: S7    姓名是: 吕占英   性别是: 女   年龄是: 20  学院是: CS
    100 %
    0160606UDCV (11.0 SP1) | XB-20160606UDCV\Admini... | JXGL | 00:00:00 | 0 行
```

图 6.18 例 6.54 运行结果

```
CURSOR_STATUS
(
    {'本地','游标名'}            /*指明数据源为本地游标*/
   |{'全局','游标名'}            /*指明数据源为全局游标*/
   |{'变量','游标变量'}          /*指明数据源为游标变量*/
)
```

返回值类型为 smallint,其含义如表 6.5 所示。

表 6.5 CURSOR_STATUS 函数返回值列表

返回值	游标名或游标变量	返回值	游标名或游标变量
1	结果集至少有一行	-2	游标不可用
0	结果集为空	-3	指定的游标不存在
-1	游标被关闭		

例 6.55 声明一个游标 S_Cur,用于读取学生表 S 中男同学的信息,用 CURSOR_STATUS 函数测试游标的存在状态。

```
USE JXGL
DECLARE S_Cur SCROLL CURSOR FOR
SELECT * FROM S WHERE SEX = '男'
OPEN S_Cur
SELECT CURSOR_STATUS('GLOBAL','S_Cur')
CLOSE S_Cur
SELECT CURSOR_STATUS('GLOBAL','S_Cur')
```

6.3.3 使用游标修改和删除表数据

通常情况下,使用游标从数据库的表中检索出数据,以实现对数据的处理。但在某些情况下,还需要修改或删除当前数据行。SQL Server 中的 UPDATE 语句和 DELETE 语句可以通过游标来修改或删除表中的当前数据行。

修改当前数据行的语句格式如下:

```
UPDATE <表名>
SET <列名> = <表达式>|DEFAULT|NULL[, ... n]
WHERE CURRENT OF [GLOBAL]<游标名>|<游标变量>
```

删除当前数据行的语句的格式为:

```
DELETE FROM <表名>
WHERE CURRENT OF [GLOBAL]<游标名>|<游标变量>
```

其中,CURRENT OF <游标名>|<游标变量>是表示当前游标或游标变量指针所指的当前行数据。CURRENT OF 只能在 UPDATE 和 DELETE 语句中使用。

例 6.56 声明一个游标 S_Cur 用以读取学生表中男生的信息,并将第 3 个男生的出生日期修改为 1996-08-11。

```
USE JXGL
DECLARE S_Cur SCROLL CURSOR FOR
    SELECT *
    FROM S
    WHERE SEX = '男'
OPEN S_Cur
FETCH ABSOLUTE 3 FROM S_Cur
UPDATE S
SET BIRTHDATE = '1996 - 08 - 11'
WHERE CURRENT Of S_Cur
```

习　题　6

扫一扫

习题

扫一扫

自测题

第 7 章　视图与索引

数据库的基本表是按照数据库设计人员的观点设计的,并不一定符合用户的需求。SQL Server 可以根据用户的各种需求重新构造表的数据结构,这种数据结构就是视图。视图是关系数据库系统提供给用户以多种角度观察数据库中数据的重要机制。索引是以表的列为基础的数据库对象,它保存着表中排序的索引列,并且记录了索引列在数据表中的物理存储位置,实现了表中数据的逻辑排序。

7.1　视　图

视图是从一个或几个表导出来的表,它不是真实存在的基本表而是一张虚表,视图所对应的数据并不实际地以视图结构存储在数据库中,而是存储在视图所引用的表中。视图实际上是一个查询结果,视图的名字和视图对表的查询存储在数据字典中。

7.1.1　视图概述

视图包含了一系列带有名称的列和数据行,用这些列和数据行来自由定义视图的查询所引用的表,并且在引用视图时动态生成。对其中所引用的基本表来说,视图的作用类似于筛选。定义视图的筛选可以来自当前或其他数据库的一个或多个表,或者其他视图。

从数据库系统外部来看,视图就如同一个表一样,对表能够进行的一般操作都可以应用于视图,例如查询、插入、修改和删除操作等。但对数据的操作要满足一定的条件,当对通过视图看到的数据进行修改时,相应的基本表的数据也会发生变化,同样,若基本表的数据发生变化,这种变化也会自动反映到视图中。

1. 视图的优点和不足

视图的主要优点体现在如下三方面:

(1) 简单性。视图不仅可以简化用户对数据的理解,也可以简化他们的操作。那些被经常使用的查询可以被定义为视图,从而使得用户不必为以后的操作每次指定全部的条件。

(2) 安全性。用户通过视图只能查询和修改他们所能见到的数据。数据库中的其他数据则既看不见也取不到。数据库授权命令可以使每个用户对数据库的检索限制到特定的数据库对象上,但不能授权到数据库特定行和特定的列上。通过视图,用户可以被限制在数据的不同子集上,例如,被限制在某视图的一个子集上,或是一些视图和基本表合并后的子集上。

(3) 逻辑数据独立性。视图可以使应用程序和数据库表在一定程度上独立。如果没有视图,应用一定是建立在表上的。有了视图之后,程序可以建立在视图之上,从而程序与数据库表被视图分割开来。当数据库表发生变化时,可以在表上修改视图,通过视图屏蔽表的变化,从而使应用程序可以不改变。反之,当应用程序发生变化时,也可以在表上修改视图,通过视图屏蔽应用程序的变化,从而保持数据库不变。

视图也存在一些不足,主要体现在如下两方面:

(1) 影响查询效率。由于数据库管理系统必须把视图的查询转化成对基本表的查询,如果这个视图是由一个复杂的多表连接所定义,那么,即使是视图的一个简单查询,也需要把它变成一个复杂的结合体,需要花费一定的时间。

(2) 修改受限制。当用户试图修改视图的某些元组时,数据库管理系统必须把它转换为对基本表元组的修改。对于简单视图来说,这是很方便的,但是,对于比较复杂的视图,可能是不可修改的。

所以,在定义数据库对象时,不能不假思索地来定义视图,应该权衡视图的优点和缺点,合理地定义视图。

2. 视图的主要内容

一般地,视图的内容包括如下几方面:

(1) 基本表的列的子集或行的子集,即视图作为基本表的一部分。

(2) 两个或多个基本表的联合,即视图是对多个基本表进行联合运算的 SELECT 语句。

(3) 两个或多个基本表的连接,即视图是由若干个基本表连接生成的。

(4) 基本表的统计汇总,即视图不仅可以是基本表的投影,还可以是经过对基本表的各种复杂运算的结果。

(5) 另外一个视图的子集,即视图可以基于表,也可以基于另外一个视图。

(6) 来自函数中的数据。

(7) 视图和基本表的混合。在视图的定义中,视图和基本表可以起到同样的作用。

从技术上讲,视图是 SELECT 语句的存储定义,最多可以在视图中定义一个或多个表的 1024 列,所能定义的行数是没有限制的。

7.1.2 创建视图

创建视图通常有两种方法:一种是通过 SSMS 图形化方式创建视图,另一种是使用 Transact-SQL 语句来创建视图。

1. 使用 SSMS 图形化方式

下面通过一个例子来说明用 SSMS 图形化方式创建视图的方法。

例 7.1 利用例 5.7 教学管理数据库的 3 个基本表,创建信息学院(IS)学生的成绩表视图 V_IS。其结构为 V_IS(SNO,SNAME,CNAME,GRADE,COLLEGE)。

具体步骤如下:

(1) 在"对象资源管理器"中展开"数据库"文件夹,并进一步展开 JXGL 文件夹。

(2) 右击"视图"选项,在弹出的快捷菜单中选择"新建视图"命令,进入视图设计界面。

(3) 在弹出的"添加表"对话框中,可以选择创建视图所需的表、视图或者函数等。

(4) 单击对话框中的"关闭"按钮,则返回到 SQL Server Management Studio 的视图设计界面,如图 7.1 所示。

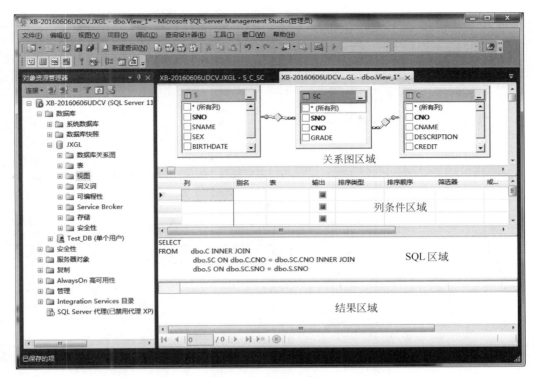

图 7.1 视图设计器界面

在窗口右侧的"视图设计器"中包括以下 4 个区域：

① 关系图区域。该区域以图形方式显示正在查询的表和其他表结构化对象，同时也显示它们之间的关联关系。若需要添加表，可以在该区域中的空白处右击，在弹出的快捷菜单中选择"添加表"命令。若要删除表，则可以在表的标题栏上右击，在弹出的快捷菜单中选择"删除"命令。

② 列条件区域。该区域是一个类似于电子表格的网格，用户可以在其中指定视图的选项。通过列条件区域可以指定要显示列的列名、列所属的表名、计算列的表达式、查询的排列次序、搜索条件、分组准则等。

③ SQL 区域。该区域显示视图所要存储的查询语句。可以对设计器自动生成的 SQL 语句进行编辑，也可以输入自己的 SQL 语句。

④ 结果区域。该区域显示最近执行的选择查询的结果。对于显示单个表或视图中的数据的视图，可以通过编辑列条件区域中的值对数据库进行修改，也可以添加或删除行。

（5）为视图选择包含的列。可以通过"关系图区域""列条件区域"或"SQL 区域"的任何一个区域做出修改，另外两个区域都会自动更新以保持一致。

（6）在"列条件区域"的 COLLEGE 列的筛选器中写上筛选条件"= 'IS'"。在 SQL 区域中就可以看到所生成相应的 Transact-SQL 语句，如图 7.2 所示。

（7）单击工具栏上的"执行"按钮，在数据区域将显示包含在视图中的数据行。单击"保存"按钮，视图取名"V_IS"，即可保存视图。

2. 使用 Transact-SQL 语句方式

SQL Server 提供了创建视图的 Transact-SQL 语句 CREATE VIEW，其语句格式为：

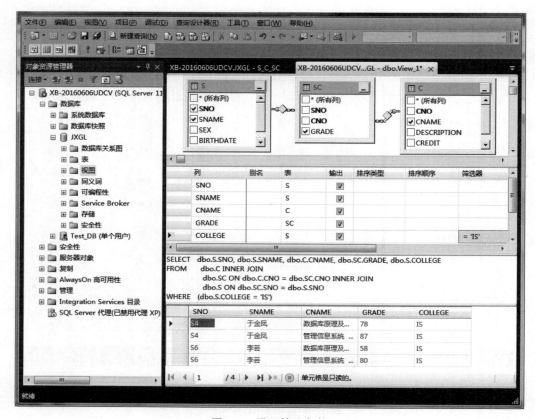

图 7.2 设置筛选条件

```
CREATE VIEW <视图名>[(<列名>[, … n ])]
AS
    < SELECT 查询子句>
[WITH CHECK OPTION]
```

参数说明如下。

(1) <视图名>：新建视图的名称。

(2) <列名>：视图中的列使用的名称。

(3) AS：指定视图要执行的操作。

(4) < SELECT 查询子句>：定义视图的 SELECT 语句。

(5) WITH CHECK OPTION：表示对视图进行 UPDATE、INSERT 和 DELETE 操作时要保证更新、插入或删除的行满足视图定义中的子查询条件。

例 7.2 建立数学学院(MA)学生的视图 V_MA,并要求进行修改和插入操作时仍需保证该视图只有数学学院的学生。

```
CREATE VIEW V_MA
AS
    SELECT SNO,SNAME,BIRTHDATE
    FROM S
    WHERE COLLEGE = 'MA'
    WITH CHECK OPTION
```

说明：

(1) 由于在定义 V_MA 视图时加上了 WITH CHECK OPTION 子句，以后对该视图进行插入、修改和删除操作时，RDBMS 会验证条件"COLLEGE='MA'"。

如执行语句：

INSERT INTO V_MA(SNO,SNAME,BIRTHDATE) VALUES('S15','陈志辉','1997 - 03 - 25')

运行结果如图 7.3 所示。

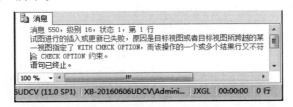

图 7.3　带有 WITH CHECK OPTION 子句视图插入数据时的错误提示

因为所插入的元组('S15','陈志辉','1997 -03-25')没有指明是数学学院(MA)的学生，所以 WITH CHECK OPTION 语句验证条件不满足。该语句的含义是："如果插入元组，则插入的元组在刷新视图后必须可以看到；如果修改元组，则修改后的结果也必须能通过该视图看到。"

(2) 只能在当前数据库中创建视图，并且 CREATE VIEW 必须是查询批处理中的第一条语句。如在例 7.2 中，创建视图的 Transact-SQL 语句如下：

```
USE JXGL
CREATE VIEW V_MA
AS
    SELECT SNO,SNAME,BIRTHDATE
    FROM S
    WHERE COLLEGE = 'MA'
    WITH CHECK OPTION
```

运行结果如图 7.4 所示。

可以增加 GO 语句将事务 USE JXGL 与 CREATE VIEW…分隔开。GO 不是 Transact-SQL 语句，是 SQL Server 查询分析器及一些实用工具才能识别的命令。GO 语句可以将两个分隔的部分分别编译为两个执行计划。如例 7.2 代码可以表达如下：

图 7.4　创建视图时增加 USE 语句出现错误

```
USE JXGL
GO
CREATE VIEW V_MA
AS
    SELECT SNO,SNAME,BIRTHDATE
    FROM S
    WHERE COLLEGE = 'MA'
    WITH CHECK OPTION
```

若一个视图只是去掉了单个基本表的某些行和某些列，且保留了主码，则称这类视图为行列子集视图。V_MA 视图就是一个行列子集视图。

视图不仅可以建立在单个基本表上,也可以建立在多个基本表上。

例 7.3 创建学生选修课程的门数和平均成绩的视图 C_G,其中包含的属性列为 (SNO,C_NUM,AVG_GRADE)。

```
USE JXGL
GO
CREATE VIEW C_G(SNO,C_NUM,AVG_GRADE)
AS
SELECT SNO,COUNT(CNO),ROUND(AVG(GRADE),2)
    FROM SC
    WHERE GRADE IS NOT NULL
    GROUP BY SNO
```

组成视图的属性列名或者全部省略或者全部指定,如果省略了视图的各个属性列名,则隐含该视图由子查询 SELECT 子句目标列生成的诸项组成。但在下列三种情况下必须明确指定组成视图的所有列名:

(1) 某个目标列不是单纯的属性名,而是统计函数或列表达式。
(2) 多表连接时选出了几个同名列作为视图的列。
(3) 需要在视图中为某个列启用新的名称。

可以使用 UNION ALL 定义分区视图,这些成员表的结构相同,但作为多个表分别存储在同一个 SQL Server 服务器中。

例 7.4 教学管理数据库 JXGL 中有教师信息表 T_info,职工管理数据库 STAFF 中有职工信息表 E_info,结构均为(E_NO,E_NAME,E_SEX,J_W_DATE,E_UNIT,JOB,TITLE,E_CV),字段依次表示教师(职工)编号、姓名、性别、参加工作时间、所在单位、职务、职称和个人简历。创建 2000 年 1 月 1 日前参加工作的女教师和职工的分区视图,Transact-SQL 语句如下:

```
CREATE VIEW T_E_info
AS
    SELECT E_NO,E_NAME,E_SEX,J_W_DATE,E_UNIT,JOB,TITLE,E_CV
    FROM JXGL.dbo.T_info
    WHERE J_W_DATE<='2000-01-01' AND E_SEX='女'
    UNION ALL
    SELECT E_NO,E_NAME,E_SEX,J_W_DATE,E_UNIT,JOB,TITLE,E_CV
    FROM STAFF.dbo.E_info
    WHERE J_W_DATE<='2000-01-01' AND E_SEX='女'
```

7.1.3 修改视图

为了满足用户获取额外信息的要求或在底层表定义中进行修改的要求,经常需要修改视图。可以通过删除并重建视图或用 SSMS 图形化或执行 Transact-SQL 语句方式来修改视图。但是删除并重建视图会造成与该视图关联的权限丢失。

1. 使用 SSMS 图形化方式

下面通过一个例子来说明利用 SSMS 图形化方式修改视图的方法。

例 7.5 修改例 7.3 创建的视图 C_G,使之只查询计算机科学系(CS)的学生选修课程的门数和平均成绩。

具体步骤如下:

(1) 在"对象资源管理器"中展开"数据库"文件夹,并进一步展开 JXGL 文件夹。

(2) 展开"视图"选项,右击要修改的视图,在弹出的快捷菜单中选择"设计"命令,打开视图设计对话框就可以修改视图的定义了。

(3) 本例中,一是需要添加表 S,只需在关系图区域中的空白处右击,在弹出的快捷菜单中选择"添加表"命令;二是需要修改筛选条件,在"列条件区域"的 COLLEGE 列的筛选器中写上筛选条件" = 'CS' "。在 SQL 区域中就可以看到所生成相应的 Transact-SQL 语句,如图 7.5 所示。

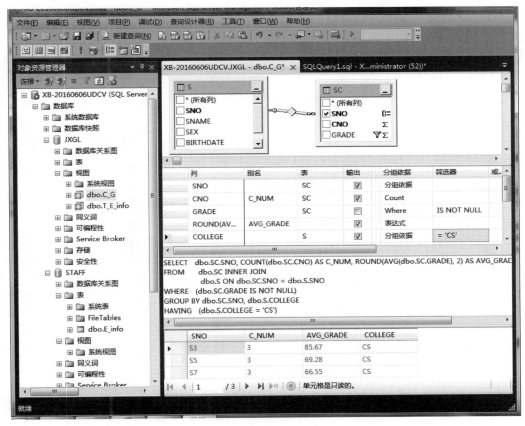

图 7.5　修改视图 C_G

(4) 单击工具栏上的"执行"按钮,在数据区域将显示包含在视图中的数据行。单击"保存"按钮,即可保存修改后的视图。

2. 使用 Transact-SQL 语句

Transact-SQL 提供了 ALTER VIEW 语句修改视图,语句格式如下:

```
ALTER VIEW <视图名>[(<列名>[, … n])]
AS
    <SELECT 查询子句>
[WITH CHECK OPTION]
```

各参数的含义与创建视图语句的含义相同。

例 7.6 修改例 7.2 中视图 V_MA,并要求该视图只查询数学学院(MA)的男生。

```
ALTER VIEW V_MA
AS
    SELECT SNO,SNAME,BIRTHDATE
    FROM S
    WHERE COLLEGE = 'MA' AND SEX = '男'
WITH CHECK OPTION
```

7.1.4 删除视图

当一个视图不再需要时,可以对其进行删除操作,以释放存储空间。视图删除后,只会删除视图在数据库中的定义,而与视图有关数据表中的数据不会受到任何影响,同时由此导出的其他视图依然存在,但已无任何意义了。

1. 使用 SSMS 图形化方式

(1) 在"对象资源管理器"中展开"数据库"文件夹,并进一步展开视图所在数据库文件夹。

(2) 展开"视图"选项,右击要删除的视图,在弹出的快捷菜单中选择"删除"命令,进入"删除对象"窗口,单击"确定"按钮就可以删除视图。

2. 使用 Transact-SQL 语句

Transact-SQL 提供了 DROP VIEW 语句删除视图,语句格式如下:

```
DROP VIEW <视图名>
```

7.1.5 使用视图

视图创建完毕后,就可以如同查询基本表一样通过视图查询所需要的数据,而且有些查询需要的数据直接从视图中获取比从基本表中获取数据要简单,也可以通过视图修改基本表中的数据。

1. 查询数据

1) 使用 SSMS 图形化方式

(1) 在"对象资源管理器"中展开"数据库"文件夹,并进一步展开视图所在数据库文件夹。

(2) 展开"视图"选项,右击要查询数据的视图,在弹出的快捷菜单中选择"选择前 1000 行"命令,进入数据浏览窗口。

2) 使用 Transact-SQL 语句方式

与表的数据查询一样,在查询窗口可以使用查询语句,格式如下:

```
SELECT *
FROM <视图名>
```

2. 修改数据

更新视图的数据,其实就是对基本表的更新。这是由于视图是不实际存储数据的虚表,对视图的更新最终要转换为对基本表的更新。

对于视图数据的更新操作(INSERT、DELETE、UPDATA),有以下三条规则:

（1）如果一个视图是从多个基本表使用连接操作导出的,那么不允许对这个视图执行更新操作。

（2）如果在导出视图的过程中,使用了分组和统计函数操作,则不允许对这个视图执行更新操作。

（3）行列子集视图是可以执行更新操作的。

1）使用 SSMS 图形化方式

（1）在"对象资源管理器"中展开"数据库"文件夹,并进一步展开视图所在数据库文件夹。

（2）展开"视图"选项,右击要更新数据的视图,在弹出的快捷菜单中选择"编辑前 200 行"命令,进入数据更新窗口。

2）使用 Transact-SQL 语句方式

与表的数据更新一样,在查询窗口可以使用数据更新语句。

例 7.7 在例 7.2 建立的数学学院(MA)学生的视图 V_MA 中,将学号为 S13 的学生姓名改为"马常友"。

```
USE JXGL
UPDATE V_MA
SET SNAME = '马常友'
WHERE SNO = 'S13'
```

转换为对基本表的更新语句为：

```
USE JXGL
UPDATE S
SET SNAME = '马常友'
WHERE SNO = 'S6' AND COLLEGE = 'MA'
```

例 7.8 删除数学学院学生视图 V_MA 中学号为 S15 的记录。

```
USE JXGL
DELETE
FROM V_MA
WHERE SNO = 'S15'
```

转换为对基本表的更新语句为：

```
USE JXGL
DELETE
FROM S
WHERE SNO = 'S15' AND COLLEGE = 'MA'
```

在关系数据库中,有些视图是不可以更新的,其原因是这些视图的更新不能唯一地有意义地转换成对相应基本表的更新。

例如,前面例 7.3 中定义的视图 C_G 是由学生选修课程的门数和平均成绩两个属性列组成的,其中平均成绩一项 AVG_GRADE 是由 SC 表中对元组分组后计算平均值得来的,如果想把视图 C_G 中学号为 S5 的学生的平均成绩改成 90 分,SQL 语句如下：

```
USE JXGL
UPDATE C_G
SET AVG_GRADE = 90
```

WHERE SNO = 'S5'

但这个对视图的更新是无法转换成对基本表 SC 的更新的,这是因为系统无法修改各科成绩,以使 S5 学生的平均成绩成为 90。所以 C_G 视图是不可更新的。

一般地,行列子集视图是可更新的。除行列子集视图外,有些视图理论上是可以更新的,但它们的确切特征还是尚待研究的课题,还有些视图从理论上就是不可以更新的。

目前各个关系数据库系统一般都只允许对行列子集视图进行更新,而且各个系统对视图的更新还有更进一步的规定,由于各系统实现方法上的差异,这些规定也不尽相同。

7.2 索 引

索引是对数据库表中一个或多个列的值进行排序的结构,其主要目的是提高 SQL Server 系统的性能,加快数据的查询速度和减少系统的响应时间。所以,索引就是加快检索表中数据的方法。

7.2.1 索引概述

数据库的每个表的数据都存储在数据页的集合中,数据页是无序存放的。而表中的行在数据页中也是无序存放的。数据的访问方式有两种:一是使用表扫描访问数据,即通过遍历表中的所有数据查找满足条件的元组;二是使用索引扫描访问数据,即通过索引查找满足条件的行。

数据库的索引类似于书籍的索引。在书籍中,索引允许用户不必翻阅完整本书就能迅速地找到所需要的信息。在数据库中,索引是一种逻辑排序方法,此方法并不改变已打开的数据库文件记录数据的物理排列顺序,而只是建立一个与该数据库相对应的索引文件,记录的显示和处理将按索引表达式指定的顺序进行。

索引表是与基本表关联的一种数据结构,它包含由基本表中的一列或多列生成的索引键和基本表中包含各个索引键的元组所在的存储位置。不论基本表中是否按索引键有序,但索引中总是按索引键有序的。如学生表 S 的以 BIRTHDATE 为索引键的索引表如图 7.6 所示。

Record#	SNO	SNAME	SEX	BIRTHDATE	COLLEGE
1	S1	刘世元	男	1996-05-23	MA
2	S10	王萍	女	1996-02-12	IS
3	S11	高艳霞	女	1998-01-05	MC
4	S12	陈志辉	男	1997-03-25	CS
5	S13	马常友	男	1997-11-25	MA
6	S2	王忠桥	男	1997-08-06	CS

(a) 基本表

BIRTHDATE	Record#
1996-02-12	2
1996-05-23	1
1997-03-25	4
1997-08-06	6
1997-11-25	5
1998-01-05	3

(b) 索引表

图 7.6 基本表与索引表示意图

1. 索引的优缺点

创建索引可以大大提高系统的性能。其优点主要表现在:

(1) 通过创建唯一性索引，可以保证数据库表中每一行数据的唯一性。
(2) 可以大大加快数据的检索速度，这也是创建索引的最主要原因。
(3) 可以加速表和表之间的连接，特别是在实现数据的参照完整性方面特别有意义。
(4) 在使用分组和排序子句进行数据检索时，同样可以显著减少查询中分组和排序的时间。
(5) 通过使用索引，可以在查询的过程中使用优化隐藏器以提高系统的性能。

索引的存在也让系统付出一定的代价，主要表现在：
(1) 创建索引和维护索引要耗费时间，所耗费的时间随着数据量的增加而增加。
(2) 索引需要占用物理空间，除了数据表占用数据空间之外，每一个索引还要占用一定的物理空间。如果要建立聚集索引，那么需要的空间就会更大。
(3) 当对表中的数据进行增加、删除和修改的时候，索引也要动态地维护，这样就降低了数据的维护速度。

创建索引虽然可以提高查询速度，但是需要牺牲一定的系统性能。因此，哪些列适合创建索引，哪些列不适合创建索引，用户需要进行仔细考虑。

2. 索引的分类

在 SQL Server 中，索引按不同的划分可以分为聚集索引和非聚集索引、唯一索引和非唯一索引、简单索引和复合索引。

1) 聚集索引和非聚集索引

聚集索引会对基本表进行物理排序，所以这种索引对查询非常有效，在每一张基本表中只能有一个聚集索引。当建立主键约束时，如果基本表中没有聚集索引，SQL Server 会用主键列作聚集索引键。尽管可以在表的任何列或列的组合上建立索引，实际应用中一般为定义成主键约束的列建立聚集索引。

例如，汉语字典的正文内容本身就是按照音序排列的，而"汉语拼音音节索引"就可以认为"聚集索引"。

非聚集索引不会对基本表进行物理排序。如果表中不存在聚集索引，则基本表是未排序的。

因为一个表中只能有一个聚集索引，如果需要在表中建立多个索引，则可以创建为非聚集索引，表中的数据并不按照非聚集索引的顺序存储。

2) 唯一索引和非唯一索引

唯一索引确保在被索引的列中，所有数据都是唯一的，不包含重复的值。如果表具有 PRIMARY KEY 或 UNIQUE 约束，那么在执行 CREATE TABLE 语句或 ALTER TABLE 语句时，SQL Server 会自动创建唯一索引。

非唯一索引允许所保存的列中出现重复的值，所以在对数据操作时，非唯一索引会比唯一索引带来更大的开销。唯一索引通常用于实现对数据的约束，例如对主键的约束；非唯一索引则通常用于实现对非主键列的元组定位。

无论是聚集索引，还是非聚集索引，都可以是唯一索引。在 SQL Server 中，当唯一性是数据本身的特点时，可创建唯一索引，但索引列的组合不同于表的主键。例如，如果要频繁查询表 Employees(员工表：主键为列 Emp_id)的列 Emp_name(员工姓名)，而且要保证员工姓名是唯一的，则可以在列 Emp_name 上创建唯一索引。如果用户为多个员工输入了相同的姓名,则数据库显示错误,并且不能把这些相同姓名的元组存入该表。

3) 简单索引和复合索引

只针对基本表的一列建立的索引,这种索引称为简单索引(single index)。针对多个列(最多包含16列)建立的索引称为复合索引或组合索引(composite index)。

7.2.2 创建索引

在 SQL Server 中,创建索引可以分为直接方式和间接方式两种。直接方式是指用户利用 SSMS 图形化方式或 Transact-SQL 语句方式来创建的索引。间接方式是指在创建其他对象的同时创建索引。

1. 创建索引的基本原则

在基本表上创建索引时,应考虑以下常用的基本原则。

(1) 一个表创建大量的索引,会影响 INSERT、UPDATE 和 DELETE 语句的性能。应避免对经常更新的表创建过多的索引。

(2) 若基本表的数据量大,且对基本表的更新操作较少而查询操作较多时,可以创建多个索引来提高性能。

(3) 当视图包含统计函数、表连接或两者组合时,在视图上创建索引可以显著地提高性能。

(4) 可以对唯一列或非空列创建聚集索引。

(5) 每个表只能创建一个聚集索引。

(6) 在包含大量重复值的列上创建索引,查询的时间会较长。

(7) 若查询语句中存在计算列,则可以考虑对计算列值创建索引。

(8) 在实际创建索引时,要考虑到索引大小的限制,即索引键最多包含16列,最大为900字节。

2. 使用 SSMS 图形化方式

下面通过一个例子来说明用 SSMS 图形化方式创建索引的方法。

例 7.9 为例 5.7 教学管理数据库的学生表 S 的 SNAME 创建索引 I_SNAME。

具体步骤如下:

(1) 在"对象资源管理器"中,依次展开"数据库"→JXGL→"表"。

(2) 选择要创建索引的表 S,单击该表左侧的"+"号,然后选择"索引"项,右击,在弹出的快捷菜单中选择"新建索引"→"非聚集索引"命令,出现"新建索引"对话框。

(3) 在弹出的"新建索引"对话框中输入索引的名称 I_SNAME,本例中选择了"唯一"选项,如图 7.7 所示。

(4) 在对话框中单击"添加"按钮,将弹出选择列对话框,如图 7.8 所示。在其中选择要添加到索引键的表列,本例中选择 SNAME 列。

(5) 单击"确定"按钮关闭该对话框,返回到"新建索引"对话框(见图 7.7),在"索引键列"选择页中的"排序顺序"下拉列表框中选择"升序"。

(6) 在"新建索引"对话框中打开"选项""包含性列""存储"等选择页进行必要的设置后,单击"确定"按钮,即完成了创建非聚集索引 I_SNAME 的操作。

利用 SSMS 图形化方式创建聚集索引和非唯一索引的操作步骤基本相同。

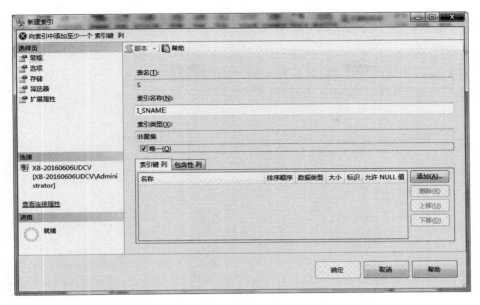

图 7.7 创建非聚集索引的"常规"选择页

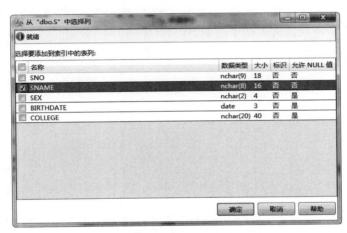

图 7.8 从 S 表中选择索引键的表列

3. 使用 Transact-SQL 语句方式

Transact-SQL 提供了 CREATE INDEX 语句创建索引,语句格式如下:

CREATE[UNIQUE][CLUSTERED|NONCLUSTERED]INDEX <索引名>
ON <表名或视图名>(<列名>[ASC|DESC][, … n])

参数说明如下。

(1) UNIQUE:指定创建的索引为唯一索引。如果此选项省略,则为非唯一索引。

(2) CLUSTERED | NONCLUSTERED:用于指定创建的索引为聚集索引或非聚集索引。如果省略此选项,则创建的索引默认为是非聚集索引。

(3) ASC|DESC:用于指定索引列升序或降序,默认设置为 ASC。

例 7.10 为例 5.7 教学管理数据库的课程表 C 的列 CNAME 创建名为 I_CNAME 的唯一索引。

```
USE JXGL
CREATE UNIQUE INDEX I_CNAME
ON C(CNAME)
```

例 7.11　为选修课程表 SC 的 CNO、GRADE 列创建名为 I_CNO_GRADE 的复合索引。其中，CNO 为升序，GRADE 为降序。

```
USE JXGL
CREATE INDEX I_CNO_GRADE
ON SC(CNO ASC,GRADE DESC)
```

例 7.12　为 C 表创建输入成批数据时忽略重复值的索引，索引名为 I_CNAME_CREDIT。填充因子取 60。

```
USE JXGL
CREATE UNIQUE NONCLUSTERED INDEX I_CNAME_CREDIT
ON C(CNAME ASC,CREDIT ASC)
WITH PAD_INDEX,
FILLFACTOR = 60,
IGNORE_DUP_KEY
```

4. 间接创建索引

在定义或修改表结构时，如果定义了主键约束（PRIMARY KEY）或唯一性约束（UNIQUE），那么系统就同时创建了索引。

例 7.13　创建一个教师信息表，并定义了主键约束和唯一性约束。

```
USE JXGL
CREATE TABLE TEACHER
(TNO CHAR(6) PRIMARY KEY,
    TNAME CHAR(8) UNIQUE,
    TSEX CHAR(2),
    BIRTHDAY DATE,
    TITLE CHAR(12),
    SALARY REAL
)
```

此例中创建了两个索引：一个是按 TNO 升序创建了一个聚集索引，另一个按 TNAME 升序创建了一个非聚集索引。

索引一旦被创建，就完全由系统自动选择和维护。不需要用户指定使用索引，也不需要用户执行打开索引或进行更新索引等操作，所有的工作都是由 SQL Server 数据库管理系统自动完成的。

7.2.3　管理索引

索引需要定期的管理，以提高空间的利用率。例如只有删除索引块中的所有索引行，索引块空间才会被释放。又如，在索引列上频繁执行 UPDATE 或 INSERT 操作也应当定期重建索引以提高空间利用率。

1. 查看与修改索引

在基本表中创建索引后，可以通过 SSMS 图形化方式来查看与修改索引，也可以通过 Transact-SQL 语句方式来查看与修改索引。

1）使用 SSMS 图形化方式

具体步骤如下：

（1）在"对象资源管理器"中，依次展开"数据库"→JXGL→"表"。

（2）展开要查看索引的表的下属对象，选择"索引"对象。

（3）单击主菜单"视图"的"对象资源管理器详细信息"命令，在工作界面的右边会列出该表的所有索引，如图 7.9 所示。

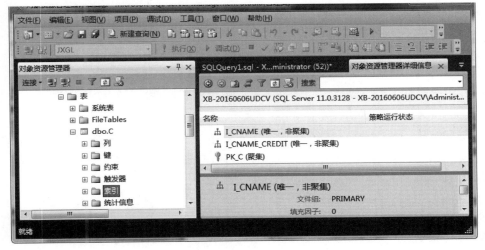

图 7.9　查看索引

（4）如果要查看、修改索引的相关属性，在图 7.9 中选择相应的索引，右击，在弹出的快捷菜单中选择"属性"命令，弹出"索引属性"对话框，如图 7.10 所示。

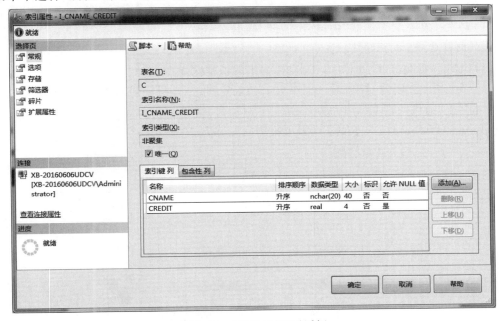

图 7.10　"索引属性"对话框

(5) 在"索引属性"对话框中的各个选择页中可以查看、修改索引的相关属性。

注意：在"索引属性"对话框中不能修改索引的名称。

2) 使用系统存储过程

使用 sp_helpindex 系统存储过程可以查看基本表中的所有索引信息。

系统存储过程 sp_helpindex 语句格式如下：

EXEC sp_helpindex <表名称>

其中，<表名称>是指当前数据库中表的名称。

例 7.14 查看例 5.7 教学管理数据库的 C 表的索引。

USE JXGL
EXEC sp_helpindex C

也可以使用系统存储过程 sp_rename 更改索引的名称，语句格式为：

EXEC sp_rename <表名>.<旧名称>,<新名称>[,<对象类型>]

其中，<对象类型>表示索引的对象类型，索引对象用 index 表示，字段对象用 column 表示。

注意：更改索引名称时，不仅要指定索引名称，而且必须要指定索引所在的表名。

例 7.15 将例 7.10 中的索引 I_CNAME 更名为 I_C。

USE JXGL
EXEC sp_rename 'C.I_CNAME','I_C'

2. 删除索引

当不再需要一个索引时，可将其从数据库中删除，以回收它当前使用的磁盘空间。删除索引之前，必须先删除 PRIMARY KEY 或 UNIQUE 约束。

1) 使用 SSMS 图形化方式

具体步骤如下：

(1) 在"对象资源管理器"中，依次展开"数据库"→"表"。

(2) 展开要查看索引的表的下属对象，选择"索引"对象。

(3) 单击要删除的索引对象，右击，在弹出的快捷菜单中选择"删除"命令。

(4) 在弹出的"删除对象"对话框中，单击"确定"按钮即可完成删除操作。

2) 利用 Transact-SQL 语句方式

Transact-SQL 提供了 DROP INDEX 语句删除索引，语句格式如下：

DROP INDEX <表名>.<索引名>[, … n]

例 7.16 删除例 7.15 中的索引 I_C。

USE JXGL
DROP INDEX C.I_C

习 题 7

习题

自测题

第 8 章　SQL Server 子程序

SQL Server 子程序主要包括存储过程(stored procedure)、触发器(trigger)和用户定义函数(user-defined function),其中,存储过程(stored procedure)和触发器(trigger)是两个重要的数据库对象。所谓存储过程,是一组预编译的 Transact-SQL 语句,存储在 SQL Server 中,被作为一种数据库对象保存起来。存储过程的执行不是在客户端而是在服务器端(执行速度快)。存储过程可以是一条简单的 Transact-SQL 语句,也可以是复杂的 Transact-SQL 语句和流程控制语句的集合。触发器是一种特殊类型的存储过程,在用户使用一种或多种数据更新操作来更新指定表中的数据时被触发并自动执行,通常用于实现复杂的业务规则,更有效地实施数据完整性。和其他编程语言一样,SQL Server 提供了用户定义函数(user defined functions)的功能,用于补充和扩展系统支持的内置函数。通过用户定义函数接收的参数,可以执行复杂的操作并将操作结果以值的形式返回。

8.1　存 储 过 程

存储过程是一种数据库对象,独立存储在数据库内。它可以接收参数、输出参数、返回单个或多个结果集以及返回值。

8.1.1　存储过程概述

存储过程是 Transact-SQL 语句和流程控制语句的预编译集合,以一个名称存储并作为一个单元处理。存储过程存储在数据库内,可由应用程序通过一个调用执行,而且允许用户声明变量、有条件执行并且具有强大的编程功能。存储过程包含程序流、逻辑以及对数据库的查询。

1. 使用存储过程的优势和不足

应用程序可以按名称调用存储过程,并运行包括在存储过程中的 SQL 语句,以提高应用程序的效率。使用存储过程的主要优势如下:

(1) 提高了处理复杂任务的能力。主要用于数据库中执行操作的编程语句,通过接收输入参数并以输出参数的格式向调用过程或批处理返回值。

(2) 增强了代码的复用率和共享性。存储过程只需编译一次,以后可以多次执行,因此使用存储过程可以提高应用程序的性能。

(3) 减少网络中的数据流量。例如一个需要数百行 SQL 代码的操作用一条执行语句完成,不需要在网络中发送数百行代码,从而大大减轻了网络负荷。

(4) 可作为安全机制使用。数据库用户可以通过得到权限来执行存储过程,而不必给予用户直接访问数据库对象的权限。这样,对于数据表,用户只能通过存储过程来访问,并进行有限的操作,从而保证了表中数据的安全。

使用存储过程也有不足之处,主要表现在:

(1) 如果需要对存储过程的输入参数进行更改,或者要更改由其返回的数据,则需要更新程序集中的代码以添加参数、更新调用等,一般比较烦琐。

(2) 可移植性差。由于存储过程将应用程序绑定到 SQL Server,因此使用存储过程封装业务逻辑将限制应用程序的可移植性。

(3) 很多存储过程不支持面向对象的设计,无法采用面向对象的方式将业务逻辑进行封装,从而无法形成通用的可支持复用的业务逻辑框架。

(4) 代码可读性差,因此一般比较难维护。

2. 存储过程的分类

在 SQL Server 中存储过程可以分为三类:系统存储过程、扩展存储过程和用户自定义的存储过程。

1) 系统存储过程

系统存储过程是由 SQL Server 系统提供的存储过程,可以作为命令执行各种操作,具体在后面章节中介绍。

系统存储过程主要用来从系统表中获取信息,为系统管理员管理 SQL Server 提供帮助,为用户查看数据库对象提供方便。例如,执行 sp_helptext 系统存储过程可以显示默认值、未加密的存储过程、用户函数、触发器或视图等对象的文本信息;执行 sp_depends 系统存储过程可以显示有关数据库对象相关性的信息;执行 sp_rename 系统存储过程可以更改当前数据库中用户创建对象的名称。SQL Server 中许多管理工作是通过执行系统存储过程来完成的,许多系统信息也可以通过执行系统存储过程而获得的。

系统存储过程定义在系统数据库 master 中,其前缀是 sp_。在调用时不必在存储过程前加上数据库名。这里给出几个常用的系统存储过程,如表 8.1 所示。

表 8.1 几个常用的系统存储过程

存储过程	功能
sp_addlogin	创建一个新的 login 账户
sp_addrole	在当前数据库中增加一个角色
sp_cursorclose	关闭和释放游标
sp_dbremove	删除数据库和该数据库相关的文件
sp_droplogin	删除一个登录账户
sp_helpindex	返回有关表的索引信息
sp_helprolemember	返回当前数据库中角色成员的信息
sp_helptrigger	显示触发器类型
sp_lock	返回有关锁的信息
sp_primarykeys	返回主键列的信息
sp_statistics	返回表中的所有索引列表

2) 扩展存储过程

扩展存储过程在 SQL Server 环境外执行的动态链接库(Dynamic-Link Libraries,DLL)来实现。扩展存储过程通过前缀 xp_ 标识,它们以与系统存储过程相似的方式来执行。扩展存储过程能够在编程语言(例如 C++)中创建自己的外部例程,其显示方式和执行方式与常规存储过程一样。可以将参数传递给扩展存储过程,而且扩展存储过程也可以返回结果和状态。常用扩展存储过程如表 8.2 所示。

表 8.2 常用扩展存储过程

扩展存储过程	功 能
xp_availablemedia	查看系统上可用的磁盘驱动器的空间信息
xp_dirtree	查看某个目录下所有子目录的结构
xp_enumdsn	查看系统上设定好的 ODBC 数据源
xp_enumgroups	查看系统上的组信息
xp_fixeddrives	列出服务器上固定驱动器以及可用空间

3) 用户自定义的存储过程

用户自定义的存储过程是用户创建的一组 Transact-SQL 语句集合,可以接收和返回用户提供的参数,完成某些特定功能。

本节只介绍用户自定义的存储过程及应用。

例 8.1 在教学管理数据库中,显示表 S 的相关性信息。

```
USE JXGL
EXEC sp_depends @objname = 'S'
```

例 8.2 查看 D:\JXGLSYS 目录结构。

```
USE master
EXEC xp_dirtree 'D:\JXGLSYS'
```

例 8.3 查看服务器上所有固定驱动器,以及每个驱动器的可用空间。

```
USE master
EXEC xp_fixeddrives
```

8.1.2 创建存储过程

在 SQL Server 中创建存储过程主要有两种方式:一种是 SSMS 图形化方式,另一种是 Transact-SQL 语句方式。

1. 利用 SSMS 图形化方式

具体步骤如下:

(1) 在"对象资源管理器"中,展开要创建存储过程的数据库。

(2) 展开"数据库"、存储过程所属的数据库以及"可编程性"。

(3) 右击"存储过程",在弹出的快捷菜单中选择"新建存储过程"命令,出现新建存储过程对话框,如图 8.1 所示。

模板中有些参数是用户可以自己指定的。第 21 行之前的部分不去管它。

(1) 第 21 行: CREATE PROCEDURE 是关键字,< Procedure_Name, sysname, ProcedureName >定义过程名称部分。

(2) 第 23 行和 24 行: 定义参数部分。需要修改参数的 3 个元素: 参数的名称、参数的数据类型以及参数的默认值。参数定义的格式如下:

<参数名>,<参数类型>[= <默认值>]

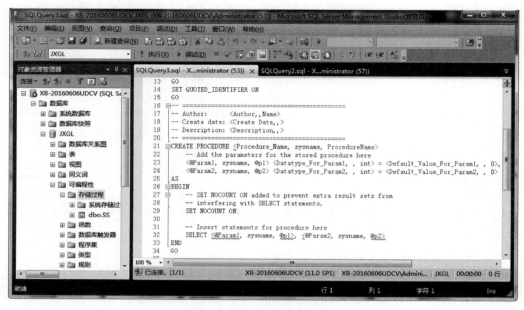

图 8.1 "新建存储过程"对话框

这些参数值也可以在"指定模板参数的值"对话框中设置,"值"列包含参数的建议值。接受这些值或将其替换为新值,如图 8.2 所示。

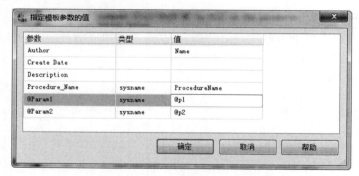

图 8.2 "指定模板参数的值"对话框

(3) 第 29 行:SET NOCOUNT 语句,语句格式如下:

SET NOCOUNT ON | OFF

当 SET NOCOUNT 为 ON 时,不返回计数(表示受 Transact-SQL 语句影响的行数)。当 SET NOCOUNT 为 OFF 时,返回计数。

(4) 第 32 行:用户根据需要书写的 Transact-SQL 语句。

(5) 若要保存脚本,在"文件"菜单中单击"保存"命令。接受该文件名或将其替换为新的名称,再单击"保存"按钮。

例 8.4 在教学管理数据库中,利用"新建存储过程"面板,创建学号和课程号参数的成绩查询存储过程 SC_GRADE。

```
CREATE PROCEDURE SC_GRADE
 -- Add the parameters for the stored procedure here
@par_SNO CHAR(9),@par_CNO CHAR(4)
AS
BEGIN
 -- SET NOCOUNT ON added to prevent extra result sets from
 -- interfering with SELECT statements.
  SET NOCOUNT ON;
  SELECT GRADE
  FROM SC
  WHERE SNO = @par_SNO AND CNO = @par_CNO
END
GO
```

2. 使用 Transact-SQL 语句

SQL Server 提供的创建存储过程的 Transact-SQL 语句是 CREATE PROCEDURE，其语句格式为：

```
CREATE PROCEDURE|PROC <存储过程名>[;n]
  [<@形参名> <数据类型1>[, … n]
  [<@变参名> <数据类型2>[OUTPUT][, … n]
  [WITH RECOMPILE|ENCRYPTION]
  [FOR REPLICATION]
  AS
  <Transaction-SQL 语句>|<语句块>
```

参数说明如下。

（1）<存储过程名>：新建的存储过程名称。

（2）n：可选的整数，用于将相同名称的过程进行组合，使得它们可以用一句 DROP PROCEDURE 语句删除。例如，名为 PRO_RYB 的存储过程可以命名为"PRO_RYB;1" "PRO_RYB;2"等，用 DROP PROCEDURE PRO_RYB 语句则可删除整个存储过程组。

（3）<@形参名>：过程中的参数。在 CREATE PROCEDURE 语句中可以声明一个或多个参数。

（4）<数据类型1>：参数的数据类型。参数类型可以是 SQL Server 中支持的所有数据类型，也可以是用户定义类型。

（5）<@变参名>：指定作为输出参数支持的结果集。

（6）<数据类型2>：游标数据类型（CURSOR）。CURSOR 数据类型只能用于输出参数。

（7）OUTPUT：表示该参数是返回参数。

（8）RECOMPILE：指明存储过程不驻留在内存，而在每次执行时重新编译。

（9）ENCRYPTION：用于对创建系统表 syscomments 的存储过程进行加密，使其他用户无法查询到存储过程的创建语句。

（10）FOR REPLICATION：表示存储过程只能在复制过程中执行，和 ENCRYPTION 不能同时使用。

1）简单的存储过程

存储过程不使用任何参数。

例 8.5 利用例 5.7 教学管理数据库的 SC 表,返回学号为 S3 的学生的成绩情况。

```
USE JXGL
GO
CREATE PROCEDURE S3_Grade
    AS
     SELECT *
     FROM SC
     WHERE SNO = 'S3'
```

这里也必须在选定当前数据库时,加 GO 语句将两个事务分隔。

2) 带输入参数的存储过程

存储过程可以使用输入参数,将值传进存储过程。

例 8.6 利用例 5.7 教学管理数据库的 3 个基本表,创建一个存储过程 PS_GRADE,输出指定学生的姓名及课程名称和成绩信息。

```
USE JXGL
GO
CREATE PROCEDURE PS_GRADE
    @S_NAME CHAR(8)
AS
    SELECT SNAME,CNAME,GRADE
    FROM S JOIN SC ON S.SNO = SC.SNO AND SNAME = @S_NAME
    JOIN C ON SC.CNO = C.CNO
```

在本例中,@S_NAME 作为输入参数,为存储过程传送指定学生的姓名。

例 8.7 先判断存储过程 Insert_S 是否存在,如果不存在,则创建一个带参数的存储过程 Insert_S,用于向 S 表添加一个新元组。

```
USE JXGL
GO
IF EXISTS(SELECT name FROM sysobjects WHERE name = 'Insert_S' AND type = 'P')
    DROP PROCEDURE Insert_S
GO
CREATE PROCEDURE Insert_S
    @S_NO nchar(9),@S_NAME nchar(8),@S_SEX nchar(2),@S_BIRTHDATE date,
    @S_COLLEGE nchar(20)
AS
    INSERT INTO S(SNO,SNAME,SEX,BIRTHDATE,COLLEGE)
    VALUES (@S_NO,@S_NAME,@S_SEX,@S_BIRTHDATE,@S_COLLEGE)
```

3) 带输出参数的存储过程

OUTPUT 用于指明参数为输出参数。

例 8.8 利用例 5.7 教学管理数据库的 3 个基本表,创建一个存储过程 PV_GRADE,输入一个学生姓名,输出该学生所有选修课程的平均成绩。

```
USE JXGL
GO
CREATE PROCEDURE PV_GRADE
    @S_NAME CHAR(8) = NULL,@S_AVG REAL OUTPUT
AS
```

```
SELECT @S_AVG = AVG(GRADE)
FROM S JOIN SC ON S.SNO = SC.SNO AND SNAME = @S_NAME
JOIN C ON SC.CNO = C.CNO
```

在本例中,定义输入参数@S_NAME 的同时为输入参数指定默认值,即在调用程序不提供学生姓名时,默认是所有学生的平均成绩。

注意:创建存储过程的 SELECT 子查询语句中赋值语句和目标列不能同时应用,如例 8.6 中,不能有 SELECT SNAME,@S_AVG=AVG(GRADE)。

例 8.9 创建存储过程,在例 5.7 教学管理数据库的 S 表上声明并打开一个游标。

```
USE JXGL
GO
CREATE PROCEDURE O_S_Cur @S_Cursor Cursor VARYING OUTPUT
    AS
    SET @S_Cursor = CURSOR FOR
    SELECT *
      FROM S
      WHERE BIRTHDATE <'1997 - 09 - 01'
OPEN @S_Cursor
```

其中,VARYING 指定作为输出参数支持的结果集(由存储过程动态构造,内容可以变化),仅适用于游标参数。

4) 加密存储过程

WITH ENCRYPTION 子句用于对用户隐藏创建存储过程的 Transact-SQL 语句。

例 8.10 创建加密存储过程 Encrypt_M,然后利用 sp_helptext 查看其内容。

```
USE JXGL
GO
CREATE PROCEDURE Encrypt_M WITH ENCRYPTION
  AS
    SELECT *
      FROM S
```

利用 sp_helptext 查看其内容:

```
EXEC sp_helptext Encrypt_M
```

运行结果如图 8.3 所示。

5) 嵌套调用存储过程

在一个存储过程中执行另一个存储过程,称为存储过程嵌套。存储过程最多可以嵌套 32 层。

图 8.3 查看加密存储过程文本

例 8.11 创建一个输入学生姓名,输出该学生姓名、课程号和成绩的存储过程 P_GRADE;再创建存储过程 M_PV,该存储过程利用游标,每查询出一个男生,就将姓名传给 P_GRADE,输出相关信息。

```
USE JXGL
GO
CREATE PROCEDURE P_GRADE
@S_NAME CHAR(8) = NULL
AS
```

```
DECLARE @S_M nchar(8),@C_M nchar(4),@G_E real
SELECT @S_M = SNAME,@C_M = CNAME,@G_E = GRADE
FROM S JOIN SC ON S.SNO = SC.SNO AND SNAME = @S_NAME JOIN C ON SC.CNO = C.CNO
PRINT @S_M + @C_M + str(@G_E)

CREATE PROCEDURE M_PV
AS
DECLARE @S_NAME nchar(8)
DECLARE M_Cur SCROLL CURSOR FOR
    SELECT SNAME
    FROM S
    WHERE SEX = '男'
OPEN M_Cur
FETCH NEXT FROM M_Cur INTO @S_NAME
EXEC dbo.P_GRADE @S_NAME
WHILE (@@FETCH_STATUS = 0)
    BEGIN
        FETCH NEXT FROM M_Cur INTO @S_NAME
        EXEC dbo.P_GRADE @S_NAME
    END
CLOSE M_Cur
```

8.1.3 调用存储过程

在需要执行存储过程时,可以使用 Transact-SQL 语句的 EXECUTE(可以简写为 EXEC)关键字。如果存储过程是批处理中的第一条语句,那么不使用 EXECUTE 关键字也可以执行该存储过程,EXECUTE 语法格式如下:

```
[EXEC|EXECUTE]
{
[<@状态变量> = ]
<存储过程名>
[[<@过程参数>] = <参数值>|<@变参名>[OUTPUT]|[DEFAULT]]
[, … n]
[WITH RECOMPILE]
}
```

参数说明如下。

(1) <@状态变量>:是一个可选的整型变量,保存存储过程的返回状态。这个变量用于 EXECUTE 语句前,必须在批处理、存储过程或函数中声明过。

(2) <存储过程名>:要调用的存储过程名称。

(3) <@过程参数>:在 CREATE PROCEDURE 语句中定义。参数名称前必须加上符号"@"。

(4) <参数值>:是过程中参数的值。如果参数名称没有指定,参数值必须以 CREATE PROCEDURE 语句中定义的顺序给出。参数值也可以用<@变参名>代替,<@变参名>是用来存储参数值或返回参数值的变量。

(5) OUTPUT:指定存储过程必须返回一个参数。该存储过程的匹配参数也必须由关键字 OUTPUT 创建。

(6) DEFAULT：表示不提供实参，而是使用对应的默认值。

(7) WITH RECOMPILE：强制在执行存储过程时对其进行编译，并将其存储起来，以后执行时不再编译。

例 8.12 调用例 8.6 定义存储过程 PS_GRADE。

```
USE JXGL
DECLARE @NAME CHAR(9)
SET @NAME = '许文秀'
EXEC PS_GRADE @NAME
```

执行上述语句的结果如图 8.4 所示。

例 8.13 调用例 8.7 定义的存储过程 Insert_S，向 S 表插入元组('S14','陈淑霞','女','1996-12-20','MC')。

```
USE JXGL
EXEC Insert_S 'S14','陈淑霞','女','1996-12-20','MC'
```

例 8.14 调用例 8.8 定义存储过程 PV_GRADE。

```
DECLARE @S_AVG REAL
EXEC PV_GRADE '刘德峰',@S_AVG OUTPUT
PRINT '刘德峰平均成绩为：' + STR(@S_AVG)
```

执行上述语句的结果如图 8.5 所示。

图 8.4　例 8.12 执行结果

图 8.5　例 8.14 执行结果

例 8.15 调用例 8.9 定义存储过程。需要声明一个局部游标变量，执行上述存储过程，通过游标变量读取元组。

```
DECLARE @My_Cursor CURSOR
EXEC O_S_Cur @S_Cursor = @My_Cursor OUTPUT
FETCH NEXT FROM @My_Cursor
WHILE (@@FETCH_STATUS = 0)
BEGIN
    FETCH NEXT FROM @My_Cursor
END
CLOSE @My_Cursor
DEALLOCATE @My_Cursor
```

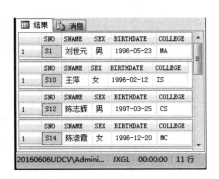

图 8.6　例 8.15 执行结果

执行上述语句的结果如图 8.6 所示。

8.1.4　管理存储过程

管理存储过程包括查看存储过程的相关信息、修改与删除存储过程等操作。

1. 查看存储过程信息

可以执行系统存储过程 sp_helptext,来查看创建的存储过程的内容;也可以执行系统存储过程 sp_help,来查看存储过程的名称、拥有者、类型和创建时间,以及存储过程中所使用的参数信息等。其语句格式如下:

[EXEC|EXECUTE] sp_helptext <存储过程名称>
[EXEC|EXECUTE] sp_help <存储过程名称>

例 8.16 查看存储过程 PV_GRADE 的相关内容信息。

```
USE JXGL
EXEC sp_helptext PV_GRADE
```

执行结果如图 8.7 所示。

例 8.17 查看存储过程 PV_GRADE 的名称、参数等相关内容信息。

```
USE JXGL
EXEC sp_help M_PV
```

执行结果如图 8.8 所示。

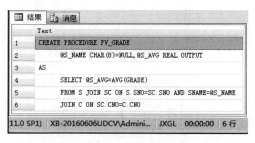

图 8.7 例 8.16 执行结果

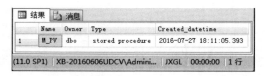

图 8.8 例 8.17 执行结果

2. 修改存储过程

在 SQL Server 中修改存储过程主要有两种方式:一是使用 SSMS 图形化方式;二是使用 Transact-SQL 语句的方式。

1) 使用 SSMS 图形化方式

修改存储过程的步骤如下:

(1) 在"对象资源管理器"中,展开要修改存储过程的数据库。
(2) 依次展开"数据库"、存储过程所属的数据库以及"可编程性"。
(3) 展开"存储过程",右击要修改的存储过程,在弹出的快捷菜单中选择"修改"命令即可进行修改。

2) 使用 Transact-SQL 语句方式

如果需要更改存储过程中的语句或参数,可以删除相关的语句或参数后重新创建该存储过程,也可以直接修改该存储过程。删除后再重建的存储过程,所有与该存储过程有关的权限都将丢失。而修改存储过程时,可以对相关语句和参数进行修改,并且保留相关权限。

SQL Server 提供的修改存储过程的 Transact-SQL 语句是 ALTER PROCEDURE,其语句格式为:

ALTER PROCEDURE│PROC <存储过程名>[;n]

```
    [<@形参名> <数据类型 1>[, … n]
    [<@变参名> <数据类型 2>[OUTPUT][, … n]
    [FOR REPLICATION]
 AS
    <Transact-SQL 语句>|<语句块>
```

语句中的参数与 CREATE PROCEDURE 语句中的参数含义相同。

例 8.18 在例 8.6 中,将存储过程修改为一个输入参数(学生姓名)和两个输出参数(总成绩和平均成绩)。

```
USE JXGL
GO
ALTER PROCEDURE PS_GRADE
@S_NAME CHAR(8),@S_AVG REAL OUTPUT,@S_SUM INT OUTPUT
AS
    SELECT @S_AVG = AVG(GRADE),@S_SUM = SUM(GRADE)
    FROM S JOIN SC ON S.SNO = SC.SNO AND SNAME = @S_NAME
    JOIN C ON SC.CNO = C.CNO
```

例 8.19 调用例 8.18 中修改后的存储过程 PS_GRADE。

```
USE JXGL
DECLARE @S_SUM1 int ,@S_AVG1 REAL
EXEC PS_GRADE '刘世元', @S_SUM1 OUTPUT,@S_AVG1 OUTPUT
PRINT '刘世元总分是: ' + STR(@S_SUM1) + ' 平均成绩是: ' + STR(@S_AVG1)
```

3. 删除存储过程

在 SQL Server 中删除存储过程主要有两种方式:一是使用 SSMS 图形化方式;二是使用 Transact-SQL 语句的方式。

1) 使用 SSMS 图形方式

删除存储过程的步骤如下:

(1) 在"对象资源管理器"中,展开要删除存储过程的数据库。

(2) 依次展开"数据库"、存储过程所属的数据库以及"可编程性"。

(3) 展开"存储过程",右击要删除的存储过程,在弹出的快捷菜单中选择"删除"命令,出现"删除对象"对话框,单击"确定"按钮即可。

2) 使用 Transact-SQL 语句

SQL Server 提供的删除存储过程的 Transact-SQL 语句是 DROP PROCEDURE,其语句格式为:

```
DROP PROCEDURE <存储过程名>[, … n]
```

例 8.20 删除存储过程 SC_GRADE。

```
USE JXGL
DROP PROCEDURE SC_GRADE
```

8.2 触 发 器

触发器是一种特殊类型的存储过程,它不同于之前介绍的存储过程。触发器主要是通过事件进行触发自动调用执行,而存储过程可以通过名称被调用。

8.2.1 触发器概述

触发器是一种对表进行插入、更新、删除的时候会自动执行的特殊存储过程。触发器和普通的存储过程的区别是：触发器是当对某一个表进行如 UPDATE、INSERT、DELETE 等操作的时候，系统会自动调用执行该表上对应的触发器。SQL Server 中触发器可以分为两类：DML 触发器和 DDL 触发器，其中，DDL 触发器会影响多种数据定义语言语句而触发，这些语句有 CREATE、ALTER、DROP 等。

1. 触发器的常用功能

触发器常用的一些功能如下：

(1) 强化约束。触发器可以实现比 CHECK 约束更加复杂的约束。

(2) 检查所做的 Transact-SQL 是否允许。触发器可以检查 Transact-SQL 所做的操作是否被允许。例如，在产品库存表里，如果要出库一条产品元组，触发器可以检查该产品数量是否达到最小库存量，如果达到最小库存量，则取消该删除操作。

(3) 修改其他数据表中的数据。当一个 Transact-SQL 语句对数据表进行操作的时候，触发器可以根据该 Transact-SQL 语句的操作情况来对另一个数据表进行操作。例如，如果要删除学生表 S 的一个元组，触发器可以自动先删除选课表 SC 中与该元组相关联的所有元组。

(4) 调用更多的存储过程。约束的本身是不能调用存储过程的，但是触发器本身就是一种存储过程，而存储过程是可以嵌套使用的，所以触发器也可以调用一个或多个存储过程。

(5) 发送 Transact-SQL Mail。在 Transact-SQL 语句执行完之后，触发器可以判断更改过的元组是否达到一定条件，如果达到这个条件的话，触发器可以自动调用"数据库邮件"来发送邮件。例如，当一个订单交费之后，可以让物流人员发送 E-mail，通知他尽快发货。

(6) 返回自定义的错误信息。约束是不能返回信息的，而触发器可以。例如，插入一条重复元组时，可以返回一个具体友好的错误信息给前台应用程序。

(7) 更改原本要操作的 Transact-SQL 语句。触发器可以修改原来要操作的 Transact-SQL 语句，例如，原来的 Transact-SQL 语句是要删除数据表中的元组，但该数据表中的元组是不允许删除的，那么触发器可以不执行该语句。

(8) 防止数据表结构更改或数据表被删除。为了保护已经建好的数据表，触发器可以在接收到 DROP 和 ALTER 开头的 Transact-SQL 语句时，不进行对数据表的操作。

2. 触发器的分类

在 SQL Server 中，按照触发事件的不同，可以把提供的触发器分成两大类：DML 触发器和 DDL 触发器。

1) DML 触发器

DML 触发器是当数据库服务器中发生数据操作语言(DML)事件时执行的存储过程。DML 触发器又分为两类：AFTER 触发器和 INSTEAD OF 触发器。其中，AFTER 触发器要求只有执行某一操作(如 INSERT、UPDATE、DELETE)之后才被触发，且只能定义在表上。INSTEAD OF 触发器与 AFTER 触发器不同，AFTER 触发器是在 INSERT、UPDATE、DELETE 操作完成后才被激活的，而 INSTEAD OF 触发器则是在这些操作进行之前就被激活了,并且不再去执行原来的 SQL 操作,而是用触发器内部的 SQL 语句代替执行。

2) DDL 触发器

DDL 触发器是在响应数据定义语言(DDL)事件(CREATE、ALTER 和 DROP 等语句)时执行的存储过程。DDL 触发器一般用于执行数据库中管理任务,如审核和规范数据库操作、防止数据库表结构被修改等。

8.2.2 创建触发器

与创建存储过程一样,在 SQL Server 中创建触发器有两种方式:一是使用 SSMS 图形化方式;二是使用 Transact-SQL 语句方式。

1. 使用 SSMS 图形方式

具体步骤如下:

(1) 在"对象资源管理器"中,展开要创建 DML 触发器的数据库和其中的表或视图。

(2) 右击"触发器"选项,在弹出的快捷菜单中选择"新建触发器"命令。出现"新建触发器"窗口,如图 8.9 所示,类似于新建存储过程图 8.1,在其中编辑有关的 Transact-SQL 命令即可。

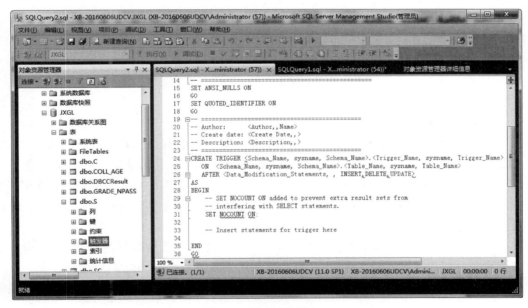

图 8.9 新建触发器窗口

(3) 命令编辑完后,进行语法检查,然后单击"确定"按钮,至此一个 DML 触发器创建成功。

例 8.21 在教学管理数据库中,使用 SSMS 图形化方式为学生表 S 创建一个简单的 DML 触发器 S_I_U,在插入和修改数据时,都会自动显示提示信息。

在图 8.9 中修改 Transact-SQL 语句如下:

```
CREATE TRIGGER S_I_U
ON S
FOR
```

```
INSERT,UPDATE
AS
    PRINT '对S表进行了数据的插入或修改'
```

单击"执行"按钮,即可完成触发器的创建。

例8.22 在教学管理数据库中,将表S中学号为S11的学生出生日期修改为1996-12-24。

```
USE JXGL
UPDATE S
SET BIRTHDATE = '1996 - 12 - 24'
WHERE SNO = 'S11'
```

执行结果如图8.10所示。说明了当对S表的数据进修改时,触发了例8.21中创建的触发器。

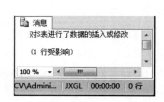

图8.10 例8.22执行结果

2. 使用 Transact-SQL 语句

对于不同类型的触发器,其创建的语法多数相似,其区别与定义表示触发器的特性有关。

1) DML 触发器

创建一个触发器定义的基本语句格式如下:

```
CREATE TRIGGER <触发器名>
ON <表名>|<视图名>
FOR|AFTER|INSTEAD OF
[INSERT][,UPDATE][,DELETE]
AS
    <Transact - SQL 语句>|<语句块>
```

参数说明如下。

(1) FOR|AFTER|INSTEAD OF:指定触发器触发的时机。其中,FOR|AFTER 指定在相应操作(如 INSERT、UPDATE、DELETE)成功执行后才触发。视图上不能定义 FOR|AFTER 触发器。在表或视图上,每个 INSERT、UPDATE 或 DELETE 语句最多可以定义一个 INSTEAD OF 触发器,但是 INSTEAD OF 触发器不能在 WITH CHECK OPTION 的可更新视图上定义。

(2) [INSERT][,UPDATE][,DELETE]:指定能够激活触发器的操作,必须至少指定一个操作。如果指定的操作多于一个,需用逗号分隔这些选项。

(3) <Transact-SQL 语句>|<语句块>:指定触发器所执行的 Transact-SQL 语句或语句块。

例8.23 在教学管理数据库中,用 Transact-SQL 语句为 SC 表创建一个 DELETE 类型的触发器 DEL_COUNT,删除数据时,显示删除元组的个数。

```
USE JXGL
GO
CREATE TRIGGER DEL_COUNT
ON SC
    FOR DELETE
    AS
        DECLARE @COUNT VARCHAR(50)
        SELECT @COUNT = 'SC 表中' + STR(@@ROWCOUNT,3) + ' 个元组被删除'
```

```
        PRINT @COUNT
        RETURN
```
其中,用全局变量@@ROWCOUNT统计删除学生元组的个数。

例 8.24 删除表 SC 中所有机械学院(MC)的学生元组。

```
USE JXGL
DELETE
FROM SC
WHERE SNO IN (SELECT SNO
              FROM S
              WHERE COLLEGE = 'MC')
```

执行结果如图 8.11 所示。

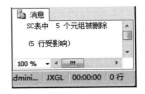

图 8.11　图 8.24 执行结果

SQL Server 在执行触发器时,系统会创建两个特殊的临时表 inserted 和 deleted,下面介绍一下这两个表与触发器工作过程的关系。

(1) INSERT 触发器:当向数据表中插入数据时,INSERT 触发器触发执行,新元组插入数据表和临时表 inserted 中。inserted 表是一个逻辑表,它包含了已经插入的数据元组的一个副本。INSERT 触发器的工作过程如图 8.12 所示。

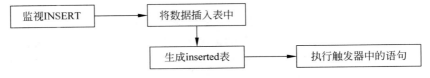

图 8.12　INSERT 触发器的工作过程

(2) DELETE 触发器:当试图删除表中元组时,DELETE 触发器触发执行,被删除的元组存放到 deleted 表中。deleted 表是一个逻辑表,它包含了已经删除数据元组的一个副本。DELETE 触发器的工作过程如图 8.13 所示。

图 8.13　DELETE 触发器的工作过程

(3) UPDATE 触发器:当试图更新表中元组数据时,UPDATE 触发器触发执行,UPDATE 语句的执行可以看成两步,即先删除,后插入。因此执行过程中把数据表中原元组先移到 deleted 表中,再把修改过的元组插入 inserted 表中。UPDATE 触发器的工作过程如图 8.14 所示。

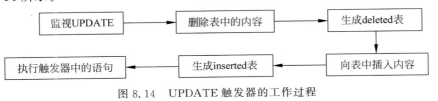

图 8.14　UPDATE 触发器的工作过程

由于 inserted 表和 deleted 表都是临时表,它们在触发器执行时都被创建,触发器执行完后就消失了,所以只能在触发器的语句中使用 SELECT 语句查询这两个表。

例 8.25 在教学管理数据库中,如果删除表 S 中的学号为 S7 的元组,因为涉及与 SC 表的外键联系,需要创建 S 表的 INSTEAD OF(不能是 AFTER|FOR)触发器,使得在删除 S 表元组前,必须先删除 SC 表中有外键联系的元组。

```
USE JXGL
GO
CREATE TRIGGER S_DEL
  ON S
    INSTEAD OF DELETE
  AS
    DELETE FROM SC WHERE SC.SNO IN
         (SELECT SNO FROM deleted)
    RETURN
```

执行下列语句:

```
DELETE S WHERE SNO = 'S7'
```

该语句执行后,触发 S_DEL 触发器,删除了 SC 表中学号为 S7 的所有元组,但表 S 中学号为 S7 的元组并没有被删除。这是因为用这个替代触发器 INSTEAD OF 会替代原有的 DELETE 操作,造成原有的操作无效。

例 8.26 假设课程表 C 与选课表 SC 没有外键联系,在 C 表中创建 UPDATE 和 DELETE 触发器,当修改或删除 C 表中的 CNO 的值时,同时修改或删除 SC 表中相应的 CNO。

```
CREATE TRIGGER C_UPDATE
ON C AFTER UPDATE, DELETE
AS
  BEGIN
    IF (UPDATE(CNO))
       UPDATE SC SET CNO = (SELECT CNO FROM inserted)
       WHERE CNO = (SELECT CNO FROM deleted)
    ELSE
       DELETE FROM SC
       WHERE CNO IN (SELECT CNO FROM deleted)
  END
```

执行下列程序:

```
UPDATE C SET CNO = 'C7' WHERE CNO = 'C4'
```

该语句执行后,课程表 C 和选课表 SC 中的 CNO 为 C4 的元组课程号都修改为 C7。

说明: UPDATE() 函数返回一个布尔值,指示是否对表或视图的指定列进行了 UPDATE 等操作。

2) DDL 触发器

创建一个触发器定义的基本语句格式如下:

```
CREATE TRIGGER <触发器>
  ON {ALL SERVER|DATABASE}
```

```
[FOR|AFTER] <事件类型>|<事件组>
AS
   <Transact-SQL 语句>|<语句块>
```

参数说明如下。

(1) ALL SERVER|DATABASE：ALL SERVER 关键字是指将当前 DDL 触发器的作用域应用于当前服务器,该触发器保存在对象资源管理器"服务器对象"文件夹下的"触发器"文件夹中；DATABASE 是指将当前 DDL 触发器的作用域应用于当前数据库,该触发器保存在相应数据库的"可编程性"文件夹下的"数据库触发器"文件夹中。

(2) 事件类型：导致 DDL 触发器触发的事件名称。选项值可以是 CREATE_TABLE、ALTER_TABLE、DROP_TABLE、CREATE_USER、CREATE_VIEW 等。当 ON 关键字后面指定 DATABASE 选项时使用该名称。

(3) 事件组：预定义的 Transact-SQL 语句事件分组的名称。ON 关键字后面指定为 ALL SERVER 选项时使用该名称,如 CREATE_DATABASE、ALTER_DATABASE 等。

其他选项与创建 DML 触发器语句格式相同。

例 8.27 创建 JXGL 数据库作用域 DDL 触发器,当删除或修改一个数据表时,提示禁止该操作,然后回滚删除表操作。

```
CREATE TRIGGER DDL_TableTrigger
ON DATABASE
FOR DROP_TABLE, ALTER_TABLE
AS
   PRINT '对不起,不能对数据表进行删除或修改操作,请联系 DBA'
   ROLLBACK
-- 测试删除表
USE JXGL
GO
DROP TABLE SC
```

执行结果如图 8.15 所示。

图 8.15 例 8.27 执行结果

例 8.28 如果当前服务器上发生任何 CREATE_DATABASE 事件,DDL 触发器将输出消息。

```
IF EXISTS (SELECT * FROM sys.server_triggers
    WHERE name = 'ddl_trig_database')
DROP TRIGGER ddl_trig_database
   ON ALL SERVER;
GO
CREATE TRIGGER ddl_trig_database
ON ALL SERVER
   FOR CREATE_DATABASE
   AS
      PRINT '对不起,不允许创建数据库.'
      ROLLBACK
   -- 测试创建数据库
   CREATE DATABASE TEST
```

执行结果如图 8.16 所示。

该例中,先判断所创建服务器级的触发器是否存在,如果存在就先删除再创建。系统视图 sys.server_triggers 中存储了服务器级触发器信息,目录视图 sys.triggers 中存储了当前数据库的触发器信息。

图 8.16 例 8.28 执行结果

8.2.3 管理触发器

管理触发器包括查看触发器的相关信息、修改与删除触发器,以及禁用与启用触发器等操作。

1. 查看触发器信息

因为触发器是一种特殊的存储过程,因此也可以执行系统存储过程 sp_helptext 来查看创建的触发器的内容;执行系统存储过程 sp_help 来查看触发器的名称、拥有者、类型和创建时间,以及触发器中所使用的参数信息等。其语句格式如下:

[EXEC|EXECUTE] sp_helptext <触发器名称>
[EXEC|EXECUTE] sp_help <触发器名称>

例 8.29 利用 sp_helptext 查看例 8.23 创建的触发器 DEL_COUNT 内容。

```
USE JXGL
EXEC sp_helptext DEL_COUNT
```

执行结果如图 8.17 所示。

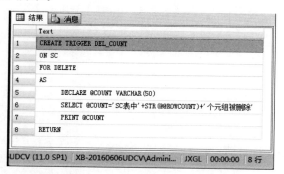

图 8.17 查看触发器 DEL_COUNT 内容

还可以通过使用系统存储过程 sp_helptrigger 查看某张特定表上存在的触发器的相关信息。其语句格式如下:

[EXEC|EXECUTE] sp_helptrigger <表名>

2. 修改触发器

在 SQL Server 中修改触发器主要有两种方式:一是利用 SSMS 图形化方式修改触发器;二是通过在查询窗口中执行 Transact-SQL 语句修改触发器。

用 SSMS 图形方式类似于存储过程的修改,此处不再赘述。

使用 Transact-SQL 修改触发器语句格式如下:

```
ALTER TRIGGER <触发器名>
ON <表名>|<视图名>
```

```
FOR|AFTER|INSTEAD OF
[INSERT][,UPDATE][,DELETE]
AS
    <Transact-SQL 语句>|<语句块>
```

语句中参数的含义与 CREATE TRIGGER 语句相同。

例 8.30 修改例 8.21 中的触发器 S_I_U,使得对学生表 S 进行插入和修改操作时,自动给出操作无效的提示信息,并撤销此次操作。

```
USE JXGL
GO
ALTER TRIGGER S_I_U
ON S
INSTEAD OF
INSERT,UPDATE
AS
    PRINT '你执行的插入或修改操作无效!'
```

3. 删除触发器

在 SQL Server 中删除触发器主要有两种方式:一是使用 SSMS 图形化方式;二是执行 Transact-SQL 语句。

用 SSMS 图形方式类似于存储过程的删除,此处不再赘述。

使用 Transact-SQL 语句删除触发器语句格式如下:

```
DROP TRIGGER <触发器名>
```

例 8.31 在教学管理数据库中,删除 S 表上的触发器 DEL_COUNT。

```
USE JXGL
GO
DROP TRIGGER DEL_COUNT
```

注意:删除触发器所在的表时,SQL Server 将自动删除与该表相关的触发器。

4. 禁用与启用触发器

删除了触发器后,它就从当前数据库中消失了。禁用触发器不会删除触发器,该触发器仍然作为对象存在于当前数据库中。但是,当执行任意 INSERT、UPDATE 或 DELETE 语句(在其上对触发器进行了编程)时,触发器将不会被触发。已禁用的触发器可以被重新启用,启用触发器并不是要重新创建它。在创建触发器时,触发器默认为启用状态。

当暂时不需要某个触发器时,可以将其禁用。如果需要时,再重新启用。其语句格式如下:

```
ALTER TABLE <表名>
[ENABLE|DISABLE] TRIGGER
[ALL|<触发器名>[,…n]]
```

参数说明如下。

(1) ENABLE|DISABLE:指定启用或禁用触发器。

(2) ALL:指定启用或禁用表中所有的触发器。

(3) <触发器名>:指定启用或禁用的触发器名称。

例 8.32 在教学管理数据库中,禁用 S 表上创建的所有触发器。

```
USE JXGL
GO
ALTER TABLE S
DISABLE TRIGGER ALL
```

扫一扫

视频讲解

8.3 用户定义函数

用户定义函数像系统内置函数一样,可以接收参数,执行复杂的操作并将操作结果以值的形式返回,也可以将结果用表格变量返回。

8.3.1 用户定义函数概述

用户定义函数是 SQL Server 的数据库对象,是由一个或多个 Transact-SQL 语句组成的子程序,可用于封装代码以便重新使用。它不能用于执行一系列改变数据库状态的操作,但它可以像系统函数一样在查询或存储过程等程序段中使用,也可以像存储过程一样通过 EXECUTE 命令来执行。用户定义函数与存储过程的比较如表 8.3 所示。

表 8.3 用户定义函数与存储过程的比较

比较项	用户定义函数	存储过程
参数	允许有 0 到多个输入参数,不允许有输出参数	允许有多个输入/输出参数
返回值	有且只有一个返回值	可以没有返回值
调用	在表达式或赋值语句中引用	使用 EXECUTE 调用

1. 用户定义函数的优点

使用用户定义函数的优点如下:

(1) 模块化程序设计。将特定的功能封闭在一个用户定义函数中,并存储在数据库中。这个函数只需创建一次,以后便可以在程序中多次调用,并且用户定义函数可以独立于程序源代码进行修改。

(2) 执行速度快。与存储过程相似,用户定义函数实施缓存计划。即用户定义函数只需编译一次,以后可以多次重用,从而降低了 Transact-SQL 代码的编译开销。这意味着每次使用用户定义函数时均无须重新解析和重新优化,从而缩短了执行时间。

(3) 减少网络流量。和存储过程一样可以减少网络通信的流量。此外,用户定义函数还可以用在 WHERE 子句中,在服务器端过滤数据,以减少发送至客户端的数字或行数。

2. 用户定义函数的分类

在 SQL Server 中,根据函数返回值形式的不同,将用户定义函数分为三种类型。

1) 标量型函数

标量型函数(scalar functions)返回值是返回子句(RETURNS 子句)中定义类型的单个数据值,不能返回多个值。函数体语句定义在 BEGIN…END 语句块内,其中包含了可以返回值的 Transact-SQL 命令。

2) 内联表值型函数

内联表值型函数(inline table-valued function)以表的形式返回一个返回值,即返回的是在 RETURN 子句中指定的 TABLE 类型的元组集(表)。内联表值型函数没有 BEGIN…END 语句块的函数体。其返回的表由一个位于 RETURN 子句中的 SELECT 命令语句从数据库中筛选出来。内联表值型函数功能相当于一个参数化的视图。

3) 多语句表值型函数

多语句表值型函数(multi-statement table-valued function)可以看作标量型和内联表值型函数的结合体。它的返回值是一个表,但它和标量型函数一样有一个 BEGIN…END 语句块的函数体,返回值的表中的数据是由函数体中的语句插入的。由此可见,它可以进行多次查询,对数据进行多次筛选与合并,弥补了内联表值型函数的不足。

8.3.2 创建用户定义函数

与创建存储过程一样,在 SQL Server 中创建用户定义函数有两种方式:一是利用 SSMS 图形化方式;二是利用 Transact-SQL 语句方式。在"对象资源管理器"中利用 SSMS 图形化方式创建用户定义函数操作步骤与创建存储过程类似,此处不再赘述。在 Transact-SQL 语句方式中,可以使用 CREATE FUNCTION 语句创建用户定义函数。根据函数返回值不同,创建的方法也有所不同。

1. 创建标量型函数

标量型函数的函数体由一条或多条 Transact-SQL 语句组成,写在 BEGIN…END 之间。其语句格式如下:

```
CREATE FUNCTION <函数名>
([@<形参名> <数据类型>[, … n]])
RETURNS <返回值数据类型>
[AS]
BEGIN
    < Transact - SQL 语句>|<语句块>
    RETURN <返回表达式>
END
```

其中,<返回值数据类型>不能是 text、ntext、image 和 timestamp 类型。另外在 BEGIN…END 之间必须有一条 RETURN 语句,用于指定返回表达式,即函数的返回值。

例 8.33 在教学管理数据库中,定义一个函数 S_AVG,当给定一个学生姓名,返回该学生的平均成绩。

```
USE JXGL
GO
CREATE FUNCTION S_AVG
(@S_NAME nchar(8))
RETURNS REAL
AS
BEGIN
    DECLARE @S_AVERAGE real
    SELECT @S_AVERAGE = AVG(GRADE)
    FROM S JOIN SC ON S.SNO = SC.SNO AND S.SNAME = @S_NAME
    RETURN @S_AVERAGE
END
```

标量型函数创建后,可以在对象管理器中查看到新建的用户定义函数。其方法是依次单击"对象资源管理器"→"数据库"→JXGL→"可编程性"→"函数"。

调用用户定义函数与调用系统内置函数方法一样,但需要在用户定义函数名前加上"dbo."前缀,以表示该函数的所有者。

说明:DBO 是每个数据库的默认用户,具有所有者权限,即 DBOwner。

例 8.34 调用例 8.28 中定义的函数 S_AVG,求得学生"王丽萍"的平均成绩。

```
USE JXGL
GO
PRINT dbo.S_AVG('王丽萍')
```

2. 创建内联表值型函数

对于内联表值型函数,没有函数主体,表是单个 SELECT 语句的结果集,同时也返回 TABLE 数据类型。

创建内联表值型函数的语句格式如下:

```
CREATE FUNCTION <函数名>
([<@形参名> <数据类型>[, … n]])
RETURNS TABLE
[AS]
    RETURN(SELECT <查询语句>)
```

其中,RETURNS TABLE 子句说明返回值是一个表。最后的 RETURN 子句中的 SELECT 语句是返回表中的数据。

例 8.35 在教学管理数据库中,定义函数 S_CNAME,当给定一个学生的学号,返回该学生所学的所有课程名。

```
USE JXGL
GO
CREATE FUNCTION S_CNAME
(@S_NO nchar(9))
RETURNS TABLE
AS
    RETURN(SELECT SNO,CNAME FROM SC JOIN C ON SC.CNO = C.CNO AND SNO = @S_NO)
```

类似于标量型函数,内联表值型函数创建后,同样可以在对象管理器中查看新建的用户定义函数。

因为内联表值型函数返回的是表变量,所以可以用 SELECT 语句调用。

例 8.36 调用例 8.35 中定义的内联表值型函数 S_CNAME,求得学号为 S6 的学生选修课的课程名。

```
USE JXGL
GO
SELECT * FROM S_CNAME('S6')
```

3. 创建多语句表值型函数

RETURNS 指定 TABLE 作为返回的数据类型,在 BEGIN…END 语句块中定义的函数主体包含 Transact-SQL 语句,这些语句的结果生成行并插入返回的表中。

创建多语句表值型函数的语句格式如下:

```
CREATE FUNCTION <函数名>
([<@形参名> <数据类型>[, … n]])
RETURNS <@返回变量> TABLE(表结构定义)
[AS]
BEGIN
    <Transact-SQL 语句>|<语句块>
    RETURN
END
```

参数说明如下:

"RETURNS <@返回变量> TABLE(表结构定义)"语句是指该函数的返回局部变量,该变量的数据类型是TABLE,而且在该子句中还需要对返回的表进行表结构的定义。另外,在 BEGIN … END 之间的语句块是函数体,函数体中必须包括一条不带参数的 RETURN 语句,用于返回表数据。

例 8.37 在教学管理数据库中,定义一个函数 S_TABLE,输入一个学生的姓名,返回该姓名的学生成绩表。

```
USE JXGL
GO
CREATE FUNCTION S_TABLE
(@S_NAME nchar(8))
RETURNS @TB TABLE
(
    TB_SNO nchar(9),
    TB_NAME nchar(8),
    TB_CNO nchar(4),
    TB_GREAD real
)
AS
BEGIN
    INSERT INTO @TB SELECT S.SNO,SNAME,CNO,GRADE
                    FROM S JOIN SC ON S.SNO = SC.SNO
                    WHERE SNAME = @S_NAME
    RETURN
END
```

类似于标量型函数,多语句表值型函数创建后,同样可以在对象管理器中查看到新建的用户定义函数。

因为多语句表值型函数返回的是表值,所以可以用 SELECT 语句调用多语句表值型函数。

例 8.38 调用例 8.32 中定义的多语句表值型函数 S_TABLE,求得学生"李小刚"的成绩表。

```
USE JXGL
GO
SELECT * FROM S_TABLE('李小刚')
```

8.3.3 管理用户定义函数

管理用户定义函数包括查看用户定义函数的相关信息、修改与删除用户定义函数等操作。

1. 查看用户定义函数

执行系统存储过程 sp_helptext 来查看创建的用户定义函数内容；执行系统存储过程 sp_help 来查看用户定义函数名称、拥有者、类型和创建时间，以及用户定义函数中所使用的参数信息等。其语句格式如下：

[EXEC|EXECUTE] sp_helptext <用户定义函数名称>

[EXEC|EXECUTE] sp_help <用户定义函数名称>

2. 修改用户定义函数

在 SQL Server 中修改用户定义函数主要有两种方式：一是利用 SSMS 图形化方式修改用户定义函数；二是利用 Transact-SQL 语句方式修改用户定义函数。

利用 SSMS 图形化方式修改用户定义函数类似于修改存储过程，此处不再赘述。

利用 Transact-SQL 语句方式修改用户定义函数语句格式如下：

```
ALTER FUNCTION <用户定义函数名>
([<@形参名> <数据类型>[, … n]])
RETURNS <@返回变量> TABLE(表结构定义)
[AS]
BEGIN
    < Transact - SQL 语句>|<语句块>
    RETURN
END
```

修改用户定义函数的语句格式及相关参数的含义与创建用户定义函数相同，此处不再赘述。

3. 删除用户定义函数

在 SQL Server 中删除用户定义函数主要有两种方式：一是利用 SSMS 图形化方式删除；二是利用 Transact-SQL 语句方式删除。

利用 SSMS 图形化方式删除用户定义函数类似于存储过程的删除，此处不再赘述。

利用 Transact-SQL 语句方式删除用户定义函数语句格式如下：

DROP FUNCTION <用户定义函数名>

例 8.39 删除用户定义函数 S_TABLE。

```
USE JXGL
GO
DROP FUNCTION S_TABLE
```

习 题 8

习题

自测题

第 9 章　数据库并发控制

为了充分利用数据库资源,发挥数据库共享资源的优势,应该允许多个用户并行地存取数据库中的数据。这样就会产生多个用户程序并发读取或修改同一数据的情况,如果对并发操作不加以控制,就可能会存取和存储不正确的数据,破坏数据库的一致性,所以数据库管理系统必须提供并发控制机制。

并发控制机制的好坏是衡量一个数据库管理系统性能的重要标志之一。SQL Server 以事务(transaction)为单位通常使用封锁来实现并发控制。当用户对数据库进行并发访问时,为了确保事务完整性和数据库一致性,需要使用封锁机制。这样,就可保证多个用户程序任何时候都能在彼此完全隔离的环境中运行。

9.1　事　　务

事务在 SQL Server 中是一个很重要的概念,它相当于一个工作单元,使用事务可以确保同时发生的行为与数据的有效性不发生冲突,较好地维护了数据库的完整性,同时也确保了 Transact-SQL 数据的有效性。

9.1.1　事务概述

事务的概念是现代数据库理论的核心概念之一。一个事务可以是一组 SQL 语句、一条 SQL 语句或整个程序,一个应用程序可以包含多个事务。所谓事务,就是用户对数据库进行的一系列操作的集合,对于事务中的系列操作要么全部完成,要么全部不完成。用一个简单银行转账为例来说明事务的概念。银行用户存款表记录如下:

账号	姓名	余额
1001	张三	2000
1402	李四	1000

假设张三给李四转账 300 元,则对数据库的修改必然有两步:

第一步:减少张三的余额:2000→1700

第二步:增加李四的余额:1000→1300

但是如果第一步完成以后,马上就死机(如断电、硬件故障等)了。待到数据库重启以后,目前的账户情况变为:

账号	姓名	余额
1001	张三	1700
1402	李四	1000

这表示,张三的余额减少了,但是李四并没有收到转账的钱。

因此,"减少张三的余额"和"增加李四的余额"两步必须封装起来,做成一个事务,使得这两步要么全部执行,要么全部不执行。

SQL Server 数据库管理系统具有自动事务处理功能,能够保证数据库操作的一致性和完整性。事务中一旦发生任何问题,整个事务就会重新开始,数据库也将返回到事务开始前的状态。先前发生的任何行为都会被取消,数据也恢复到其原始状态。事务要成功完成的话,便会将操作结果应用到数据库。所以无论事务是否完成或是否重新开始,总能确保数据库的完整性。

1. 事务的 4 种运行模式

在 SQL Server 中,事务是以如表 9.1 所示的 4 种模式运行的。

表 9.1 SQL Server 事务运行的模式

运 行 模 式	具 体 行 为
自动提交事务	每条单独的语句都是一个事务,是 Transact-SQL 默认的事务,每一个 Transact-SQL 语句完成时,都会被提交或回滚
显式事务	每个事务均以 BEGIN TRANSACTION 语句显式开始,以 COMMIT 或 ROLLBACK 语句显式结束
隐式事务	在前一个事务完成时新事务隐式启动,但每个事务仍以 COMMIT 或 ROLLBACK 语句显式完成
批处理级事务	只能应用于多个活动结果集(Multiple Active Result Set,MARS),在 MARS 会话中启动的 Transact-SQL 显式或隐式事务变为批处理级事务。当批处理完成时没有提交或回滚的批处理级事务自动由 SQL Server 进行回滚

例如,使用 UPDATE 语句更新数据表,就可以被看作 SQL Server 的单个事务来运行。

```
USE JXGL
GO
UPDATE C
SET CNAME = '离散数学', CREDIT = 3, C_COLLEGE = 'MA'
WHERE CNO = 'C8'
GO
```

当运行该更新语句时,SQL Server 认为用户的意图是在单个事务中同时修改课程号为 C2 的课程名、课程学分和开课学院。如果有一项不可修改的话(如课程名违反唯一性约束),则对学分修改和开课学院的修改操作都将会失败。如果把这三项的修改分解成 3 个更新语句:

```
USE JXGL
GO
UPDATE C
SET CNAME = '离散数学'
WHERE CNO = 'C8'

USE JXGL
GO
UPDATE C
SET CREDIT = 3
```

```
WHERE CNO = 'C8'

USE JXGL
GO
UPDATE C
SET C_COLLEGE = 'MA'
WHERE CNO = 'C8'
```

执行时,如果违反课程名的唯一性约束,则对其他列的修改没有影响,因为这是 3 个不同的事务。

2. 事务的性质

为了保证数据库的一致性状态,事务应该具有下列四个性质:

1) 原子性(Atomicity)

原子性是指一个事务对数据库的所有操作,是一个不可分割的工作单元。这些操作要么全部执行,要么什么也不做(就效果而言)。

保证原子性是数据库系统本身的职责,由 DBMS 的事务管理子系统来实现。

2) 一致性(Consistency)

一致性是指一个事务独立执行的结果,应保持数据库的一致性,即数据不会因事务的执行而遭受破坏。

确保单个事务的一致性是编写事务的应用程序员的职责。在系统运行时,由 DBMS 的完整性子系统执行测试任务。

3) 隔离性(Isolation)

隔离性是指在多个事务并发执行时,系统应保证与这些事务先后单独执行时的结果一样,此时称事务达到了隔离性的要求。也就是在多个事务并发执行时,保证执行结果是正确的,如同单用户环境一样。

隔离性是由 DBMS 的并发控制子系统实现的。

4) 持久性(Durability)

持久性是指一个事务一旦完成全部操作后,它对数据库的所有更新应永久地反映在数据库中。即使以后系统发生故障,也应保留这个事务执行的痕迹。

持久性是由 DBMS 的恢复管理子系统实现的。

上述四个性质称为事务的 ACID 性质,这一缩写来自四条性质的第一个英文字母。

9.1.2 管理事务

SQL Server 按事务模式进行事务管理,设置事务启动和结束的时间,正确处理事务结束之前产生的错误。

1. 启动和结束事务

SQL Server 事务的运行模式不同,则启动和结束的方式也不同。

1) 显式事务的启动和结束

显式事务需要明确定义事务的启动和结束。在应用程序中,通常是用 BEGIN TRANSACTION 语句来标识一个事务的开始,分别用 COMMIT TRANSACTION 语句和 ROLLBACK TRANSACTION 语句来结束事务和回滚事务。语句格式为:

```
BEGIN TRAN|TRANSACTION
    [<事务名>|<@事务名变量>
    [WITH MARK[<描述字符串> ]]
    ]
```

其中,WITH MARK[<描述字符串>]是指在日志中标记该事务。

例 9.1 定义一个事务,将教学管理数据库 SC 表中所有选修了 C3 号课程的学生成绩都加 5 分,所有选修了 C1 的学生成绩都增加 5%,并提交该事务。

```
USE JXGL
GO
DECLARE @TranName VARCHAR(20)
SELECT @TranName = 'Add_Grade'
BEGIN TRAN @TranName
    UPDATE SC SET GRADE = GRADE + 5
    WHERE CNO = 'C3'
    UPDATE SC SET GRADE = GRADE + GRADE * 0.05
    WHERE CNO = 'C1'
COMMIT TRAN @TranName
```

本例使用了 BEGIN TRAN 定义了一个名为 Add_Grade 的事务,之后使用 COMMIT TRAN 提交。执行该事务后,选修 C3 号课程的学生成绩都增加了 5 分,所有选修了 C1 的学生成绩都增加了 5%。

例 9.2 在教学管理数据库中,将删除 SC 表的学号为 S9 的学生成绩和 S 表中学号为 S9 的学生记录定义为一个事务。执行该事务,并提交。

```
USE JXGL
GO
DECLARE @TranName VARCHAR(20)
SELECT @TranName = 'Del_Grade'
BEGIN TRAN @TranName
    DELETE from SC WHERE SNO = 'S9'
    DELETE from S WHERE SNO = 'S9'
COMMIT TRAN @TranName
```

该例子在 SC 表中删除了学号为 S9 的全部元组,同时在 S 表中删除了学号为 S9 的元组。这是事务常常处理的情况,可以保证不同表中数据的一致性。

2) 隐式事务的启动和结束

隐式事务又称自动提交事务。无须用 BEGIN TRANSACTION 语句描述事务的开始,但需要以 COMMIT TRANSACTION 或 ROLLBACK TRANSACTION 语句显式结束。默认情况下,隐式事务是关闭的。使用隐式事务时需要先将事务模式设置为隐式事务启动模式。不再使用隐式事务时,要结束该模式。其语句格式为:

```
SET IMPLICIT_TRANSACTIONS ON|OFF
```

该语句的含义是通过 Transact-SQL 的 SET IMPLICIT_TRANSACTIONS ON 语句,将隐式事务模式设置为启动模式,下一个语句自动启动一个新事务,当该事务完成时,下一个 Transact-SQL 语句又将启动一个新事务,直到执行 SET IMPLICIT_TRANSACTIONS OFF 语句,则结束隐式事务模式,恢复为自动提交事务模式。

如果设置为隐式事务启动模式,则执行表 9.2 中的任一语句都可以自动启动一个隐式事务。

表 9.2 可启动隐式事务的 SQL 语句

SQL 语句	SQL 语句	SQL 语句
ALTER TABLE	FETCH	REVOKE
CREATE	GRANT	SELECT
DELETE	INSERT	TRUNCATE TABLE
DROP	OPEN	UPDATE

对于执行的隐式事务,只有当执行 COMMIT TRANSACTION(提交)、ROLLBACK TRANSACTION(回滚)等语句时,当前事务才结束。

注意:在使用隐式事务时,不要忘记结束事务,即提交或回滚。

例 9.3 在教学管理数据库中,分别使用显式事务和隐式事务向表 C 中插入 2 条记录。

```
-- 第 1 部分
USE JXGL
GO
SET NOCOUNT ON -- 不返回受 Transact-SQL 语句影响的行数信息
SET IMPLICIT_TRANSACTIONS OFF
GO
PRINT 'Tran count at start = ' + CAST(@@TRANCOUNT AS VARCHAR(10))
BEGIN TRANSACTION
    INSERT INTO C
    VALUES('C9','C#程序设计教程','该课程是编程基础课程',4,'CS')
PRINT 'Tran count at 1st = ' + CAST(@@TRANCOUNT AS VARCHAR(10))
    INSERT INTO C
    VALUES('C10','Web 程序设计基础','是计算机科学与技术专业课程',3,'CS')
PRINT 'Tran count at 2st = ' + CAST(@@TRANCOUNT AS VARCHAR(10))
COMMIT TRANSACTION
GO
-- 第 2 部分
PRINT 'Setting IMPLICIT_TRANSACTIONS ON.'
SET IMPLICIT_TRANSACTIONS ON
PRINT 'Use implicit transaction.'
-- 此处不需要 BEGIN TRAN
INSERT INTO C
    VALUES('C11','网页设计','是信息管理专业专业课程',3,'SI')
PRINT 'Tran count in 1st implicit transaction = ' + CAST(@@TRANCOUNT AS VARCHAR(10))
INSERT INTO C
    VALUES('C12','电子商务','是信息管理专业专业课程',3,'SI')
PRINT 'Tran count in 2st implicit transaction = ' + CAST(@@TRANCOUNT AS VARCHAR(10))
GO
COMMIT TRANSACTION
PRINT 'Tran count after implicit transaction = ' + CAST(@@TRANCOUNT AS VARCHAR(10))
SET IMPLICIT_TRANSACTIONS OFF
```

程序执行的结果如图 9.1 所示。

本例用来比较显式事务与隐式事务的区别。其中使用了@@TRANCOUNT 系统变量来查看打开或关闭的事务的数量。

第 1 部分是显式事务,使用 BEGIN TRANSACTION 定义显式事务,使用 COMMIT TRANSACTION 提交事务。第 2 部分是隐式事务,使用 SET IMPLICIT_TRANSACTION ON 设置为隐式事务模式。隐式事务不需要显式的启动事务语句,直接使用 INSERT 语句启动事务。执行第一个 INSERT 语句后,输出查看打开的事务,结果为 1,说明当前已经打开了一个事务。

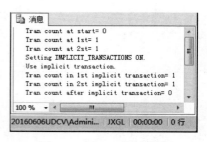

图 9.1　例 9.3 执行结果

再执行第 2 个 INSERT 语句,再次检查@@TRANCOUNT 系统变量的值仍然为 1。这是因为 SQL Server 已经有一个打开的事务,所以没有再开始另一个新的事务。最后使用 COMMIT TRANSACTION 提交事务。再次检查@@TRANCOUNT 系统变量的值为 0,说明事务结束。最后,事务结束后,使用 SET IMPLICIT_TRANSACTIONS OFF 语句退出隐式事务模式。

2. 事务的保存点

为了提高事务的执行效率和方便程序的调试等操作,可以在事务的某一点处设置一个标记,这样当使用回滚语句时,可以不用回滚到事务的起始位置,而是回滚到标记所在的位置,称此标记为事务的保存点。

保存点设置语句格式如下:

SAVE TRAN|TRANSACTION <保存点名>|<@保存点变量>

保存点使用语句格式如下:

ROLLBACK TRAN|TRANSACTION <保存点名>|<@保存点变量>

例 9.4　为教学管理数据库表 S 定义触发器 Trig_Update,如果表 S 更新数据,则把旧数据复制到表 Old_S(预先定义的)中,若出错,则取消复制操作。

```
USE JXGL
GO
CREATE TRIGGER Trig_Update ON S
FOR UPDATE
AS
SAVE TRAN Tran_uptab
INSERT INTO Old_S
    SELECT * FROM deleted
IF (@@error<>0)
    ROLLBACK TRAN tran_uptab
```

本例将事务和触发器结合起来实现数据的完整性。触发器 Trig_Update 内部是一个自动提交事务,使用 SAVE TRAN 设置了保存点 Tran_uptab,回滚操作由 IF 语句控制,只有当 INSERT 操作不能成功完成时,回滚到保存点,避免 ROLLBACK TRAN 回滚到最远的 BEGIN TRAN 语句。

3. 自动提交事务

事务在 BEGIN TRAN 语句启动显式事务或隐式事务模式设置为打开之前,都将以自动提交模式进行操作。当提交或回滚显式事务,或者关闭隐式事务模式时,将返回到自动提交模式。

在自动提交模式下,发生回滚的操作内容取决于遇到的错误类型。当遇到运行错误时,仅回滚发生错误的语句,当遇到编译错误时,回滚所有的语句。

例 9.5 比较自动提交事务发生运行错误和编译错误时的处理情况。

```
-- 发生编译错误的事务示例(第 1 部分)
USE JXGL
GO
INSERT INTO C VALUES('C21','数理统计教程','是数学专业的专业课',4,'MA')
INSERT INTO C VALUES('C22','机械设计','是机械专业的专业课',3.5,'MC')
    -- 语法错误
INSERT INTO C VALUSE('C23','复变函数','是数学专业的专业课',3,'MA')

-- 发生运行时错误事务示例(第 2 部分)
USE JXGL
GO
INSERT INTO C VALUES('C21','数理统计教程','是数学专业的专业课',4,'MA')
INSERT INTO C VALUES('C22','机械设计','是机械专业的专业课',3.5,'MC')
    -- 重复键
INSERT INTO C VALUES('C21','复变函数','是数学专业的专业课',3,'MA')
```

本例中第 1 部分由于发生编译错误,第 3 个 INSERT 语句没有被执行,且回滚前两个 INSERT 语句。第 2 部分的第 3 个 INSERT 语句产生运行时重复键错误。由于前两个 INSERT 语句成功地执行且提交,因此它们在运行发生错误之后被保留下来。

4. 事务的嵌套

SQL Server 支持嵌套事务。也就是说,在前一事务未完成之前可启动一个新的事务,只有在外层的 COMMIT TRAN 语句才会导致数据库的永久更改。

关于嵌套事务做如下说明:

(1) 根据最外部事务结束时采取的操作,将提交或者回滚内部事务。如果提交外部事务,也将提交内部嵌套事务;如果回滚外部事务,也将回滚所有内部事务。

(2) 对 COMMIT TRANSACTION 的每个调用都必须用于事务最后的执行语句。对于嵌套 BEGIN TRANSACTION 语句,则 COMMIT 语句只应用于最后一个嵌套的事务,也就是用于最内部的事务。即使嵌套事务内部的 COMMIT TRANSACTION <事务名> 语句引用外部事务的事务名称,该提交也只应用于最内部的事务。

(3) ROLLBACK TRANSACTION 语句的<事务名>只能引用最外部事务的名称。如果在一组嵌套事务的任意级别执行使用外部事务名称的 ROLLBACK TRANSACTION <事务名>语句,那么所有嵌套事务都将回滚。如果在一组嵌套事务的任意级别执行没有<事务名>参数的 ROLLBACK TRANSACTION 语句,那么所有嵌套事务都将回滚,包括最外部事务。

(4) 系统变量@@TRANCOUNT 记录当前事务的嵌套级别。当不存在打开的事务时,@@TRANCOUNT 等于 0;每执行一次 BEGIN TRANSACTION|TRAN [<事务名>] 语句,将@@TRANCOUNT 增加 1;每执行一次 COMMIT TRANSACTION|TRAN [<事务名>],将@@TRANCOUNT 减 1;执行 ROLLBACK TRANSACTION|TRAN 语句将回滚整个事务,并设置@@TRANCOUNT 为 0。

例9.6 嵌套事务的 BEGIN TRAN 和 ROLLBACK 语句对@@TRANCOUNT 系统变量产生的效果。

```
PRINT @@TRANCOUNT  -- 输出 0
BEGIN TRAN
PRINT @@TRANCOUNT  -- 开始事务增加,输出 1
BEGIN TRAN
    PRINT @@TRANCOUNT  -- 开始事务又增加,输出 2
ROLLBACK
PRINT @@TRANCOUNT  -- 回滚所有嵌套事务,输出 0
```

例9.7 使用系统变量@@TRANCOUNT 查看事务的嵌套级别。

```
PRINT 'Trancount before transaction:' + CAST(@@TRANCOUNT AS VARCHAR(6))
BEGIN TRAN
    PRINT 'After 1st BEGIN TRAN:' + CAST(@@TRANCOUNT AS VARCHAR(6))
    BEGIN TRAN
    PRINT 'After 2st BEGIN TRAN:' + CAST(@@TRANCOUNT AS VARCHAR(6))
    COMMIT TRAN
    PRINT 'After 1st COMMIT TRAN:' + CAST(@@TRANCOUNT AS VARCHAR(6))
COMMIT TRAN
PRINT 'After 2st COMMIT TRAN:' + CAST(@@TRANCOUNT AS VARCHAR(6))
```

程序执行结果如图 9.2 所示。

本例中,利用系统变量@@TRANCOUNT 来查看事务的嵌套级别。当@@TRANCOUNT 值为 0 时,说明没有打开事务。每执行一个 BEGIN TRAN 语句都会使@@TRANCOUNT 值增加 1,而每一个 COMMIT TRAN 语句都会使@@TRANCOUNT 值减少 1。在系统变量@@TRANCOUNT 值从 1 减少到 0

图 9.2 例 9.7 程序执行结果

时,标志着外部事务结束。由于事务起始于第一个 BEGIN TRAN 语句,结束于最后一个 COMMIT TRAN 语句,因此最外层事务决定了是否完全提交内部的事务。如果最外层事务没有被提交,其中嵌套的事务也不会被提交。

9.2 并发数据访问管理

并发数据访问是指多个用户能够同时访问某些数据。当数据库引擎所支持的并发操作数较大时,数据库并发程序就会增多。控制多个用户同时访问和更新共享数据而不会彼此冲突称为并发控制。在 SQL Server 中,并发控制是通过封锁机制来实现的。

9.2.1 并发数据操作引起的问题

多个用户对同一个数据资源进行并发操作时,如果数据存储系统没有并发控制机制,就会出现一系列的问题,这些问题包括以下几种情况。

(1) 丢失更新(lost update)。当一个事务读取一个数据时,另外一个事务也访问同一数据。那么,在第一个事务中更新了这个数据后进行了提交,第二个事务也更新了这个数据进行了提交,并覆盖了第一个事务的数据更新。

例如,考虑航空订票系统中的一个活动序列:
① 甲售票点读出某航班的机票余额 A,设 A=16;
② 乙售票点读出同一航班的机票余额 A,也为 16;
③ 甲售票点卖出一张机票,更新余额 A：=A-1,所以 A 为 15,把 A 写回数据库;
④ 乙售票点也卖出一张机票,更新余额 A：=A-1,所以 A 为 15,把 A 写回数据库。

在并发操作情况下,对甲、乙两个用户操作序列的调度是随机的。若按上面的调度序列执行,甲用户的更新就被丢失。这是由于第④步中乙用户更新 A 并写回后覆盖了甲的数据更新。

如果在甲事务更新数据资源并提交事务之前,不允许任何事务读取或更新该数据资源,则可避免该问题。

(2) 读脏数据(read dirty data),有时也简称为"脏读"。当一个事务 T1 正在访问数据库,并且对某数据 A 进行了更新,而更新结果还没有提交到数据库中,这时,另一个事务 T2 也访问这个数据 A,并使用了该数据。事务 T2 使用了 T1 还没有提交的数据是"读脏数据"。

例如,考虑如下事务操作序列,如图 9.3 所示。

时间序列	事务T1	数据库A的值	事务T2
t0		100	
t1	FIND A		
t2	A=A-30		
t3	UPD A		
t4		70	FIND A
t5	ROLLBACK		
t6		100	

图 9.3 读脏数据示例

读脏数据问题是由于一个事务读另一个更新事务尚未提交的数据所引起的,这也称为"读-写冲突"。

(3) 不可重复读(non-repeatable reads),有时也称不一致分析。一个事务 T1 两次读同一行数据 A,可是这两次读到的数据不一样。这是因为在 T1 读了第一次数据 A 后,事务 T2 对 A 进行了数据更新,而 T1 第二次读到的 A 是更新后的数据 A。

例如,考虑如下事务操作序列,如图 9.4 所示。

时间序列	事务T1	数据库A的值	事务T2
t0		100	
t1	FIND A		
t2			FIND A
t3			A=A-30
t4			UPD A
t5		70	
t6	FIND A		

图 9.4 不可重复读示例

"不可重复读"和"读脏数据"的区别是,读脏数据是读取前一事务未提交的脏数据,不可重复读是重新读取了前一事务已提交的数据。

(4) 幻读(phantom reads)。是指事务并发执行时发生的一种现象,例如,第一个事务 T1 对一个表中的数据进行了修改,这种修改涉及表中的全部数据行。同时,第二个事务 T2 也并发地修改这个表中的数据,但这种修改是向表中插入一行新数据。那么,当 T1 重新查看时会发现表中还有没有修改的数据行,就像产生了幻觉一样。

9.2.2 封锁机制

封锁机制是并发控制的主要手段。封锁是使事务对它要操作的数据有一定的控制能力。封锁具有 3 个环节:第一个环节是申请加锁,即事务在操作前要对它欲使用的数据提出加锁请求;第二个环节是获得锁,即当条件成熟时,系统允许事务对数据加锁,从而使事务获得数据的控制权;第三个环节是释放锁,即完成操作后事务放弃数据的控制权。

1. 锁的类型

锁的类型确定并发事务可以访问数据的方式。对于数据的不同操作,在使用时事务应选择合适的锁,并遵从一定的封锁协议。表 9.3 列出了 SQL Server 支持的主要封锁模式。

表 9.3 SQL Server 支持的主要封锁模式

名称	描述
共享(S)	用于不更改或不更新数据的读取操作,如 SELECT 语句
更新(U)	用于可更新的资源中。防止当多个操作在读取、锁定以及随后可能进行的资源更新时发生常见形式的死锁
排他(X)	用于数据修改操作,例如,INSERT、UPDATE 或 DELETE。确保不会同时对同一资源进行多重更新
意向	用于建立锁的层次结构。意向锁包含三种类型:意向共享(IS)、意向排他(IX)和意向排他共享(SIX)
架构	在执行依赖于表架构的操作时使用。架构锁包含两种类型:架构修改(Sch-M)和架构稳定(Sch-S)
大容量更新(BU)	在向表进行大容量数据复制且指定了 TABLOCK 提示时使用
键范围	当使用可序列化事务隔离级别时保护查询读取的行的范围。确保再次运行查询时其他事务无法插入符合可序列化事务查询的行

2. 可以锁定的资源

可以锁定的资源是指可以锁定 SQL Server 中的各种对象,既可以是一个行,也可以是一个表或数据库。可以锁定的资源在粒度(granularity)上差异很大。从细(行)到粗(数据库或表)。细粒度的封锁允许更大的数据库并发,因为如果锁定许多行,就必须持有更多锁,这样就会引起开销过大。另外用户也可以对某些未锁定的行执行查询。然而,每个由 SQL Server 产生的锁都需要内存,所以数以千计独立的行级别的锁也会影响 SQL Server 的性能。粗粒度的锁降低了并发性,因为锁定整个表(数据库)会限制住其他事务对该表(数据库)某个部分的访问。但粗粒度的锁消耗的资源也较少,因为需要维护的锁较少。

选择封锁粒度时应该综合考虑封锁开销和并发度两个因素,选择适当的封锁粒度以求得最优的效果。通常,需要处理大数量行的事务可以以表为封锁粒度;需要处理多个表的大数量行的事务可以以数据库为封锁粒度;而对于一个处理少数量行的用户事务,以行为封锁粒度比较合适。

表 9.4 给出了 SQL Server 常见的可以锁定的资源。

表 9.4　SQL Server 常见的可以锁定的资源

锁	说　明
KEY	索引中用于保护可序列化事务中的键范围的行锁
PAGE	数据库中的 8 KB 页，例如数据页或索引页
EXTENT	一组连续的八页，例如数据页或索引页
TABLE	包括所有数据和索引的整个表
FILE	数据库文件
RID	用于锁定堆中的单个行的行标识符
APPLICATION	应用程序专用的资源
METADATA	元数据锁
ALLOCATION_UNIT	分配单元
DATABASE	整个数据库

当单个 Transact-SQL 语句在单个表或索引上获取 5000 多个锁，或者 SQL Server 实例中的锁数量超过可用内存阈值时，SQL Server 会尝试启动锁升级。锁升级意味着细粒度的锁（行或页锁）被转换为粗粒度的表锁。

3. 锁的兼容性

锁兼容性可以控制多个事务能否同时获取同一资源上的封锁。如果资源已被另一事务锁定，则仅当请求锁的模式与现有锁的模式相兼容时，才会授予新的封锁请求。如果请求封锁的模式与现有封锁的模式不兼容，则请求新封锁的事务将等待释放现有封锁或等待封锁超时间或过期。例如，没有与排他锁兼容的锁模式。再如，如果某资源具有排他锁（X 锁），则在释放排他锁（X 锁）之前，其他事务均无法获取该资源的任何类型（共享、更新或排他）的封锁。另一种情况是，如果共享锁（S 锁）已应用到某资源，则即使第一个事务尚未完成，其他事务也可以获取该资源的共享锁或更新锁（U 锁）。但是，在释放共享锁之前，其他事务无法获取该资源的排他锁。锁的兼容性如表 9.5 所示。

表 9.5　SQL Server 常用锁的兼容性

请求的模式	IS	S	U	IX	SIX	X
意向共享(IS)	是	是	是	是	是	否
共享(S)	是	是	是	否	否	否
更新(U)	是	是	否	否	否	否
意向排他(IX)	是	否	否	是	否	否
意向排他共享(SIX)	是	否	否	否	否	否
排他(X)	否	否	否	否	否	否

注意：意向排他锁（IX 锁）与 IX 锁模式兼容，因为 IX 只更新部分行而不是所有行。还允许其他事务读取或更新部分行，只要这些行不是当前事务更新的行即可。

4. 死锁

系统中有两个或两个以上的事务都处于等待状态，并且每个事务都在等待其中另一个事务解除封锁，它才能继续执行下去，结果造成任何一个事务都无法继续执行，这种现象称系统进入了"死锁"(dead lock)状态。

对于资源 S1 和 S2，事务 T1 和 T2 满足死锁的四个必要条件如下：

（1）互斥：资源 S1 和 S2 不能被共享，同一时间只能由一个事务操作。

（2）请求与保持条件：T1 持有 S1 的同时请求 S2；T2 持有 S2 的同时请求 S1。

（3）非剥夺条件：T1 无法从 T2 上剥夺 S2，T2 也无法从 T1 上剥夺 S1。

（4）循环等待条件：系统中若干事务组成环路，该环路中每个事务都在等待相邻事务正占用的资源，即存在循环等待。

可以使用动态管理视图 sys.dm_tran_locks 或系统存储过程 sp_lock 来查看事务使用锁的信息。

例 9.8 利用动态管理视图 sys.dm_tran_locks 查看事务信息。

```
USE JXGL
GO
BEGIN TRAN
    UPDATE S
    SET SNAME = '许文秀'
    WHERE SNO = 'S3'
SELECT * FROM sys.dm_tran_locks
ROLLBACK TRAN
```

本例中由于事务回滚，所以没有达到修改的目的。

例 9.9 查看事务使用锁的信息的简单例子。

（1）在 JXGL 数据库中创建两个数据表作为基础。

```
USE JXGL
GO
CREATE TABLE Lock1(C1 int default(0))
CREATE TABLE Lock2(C1 int default(0))
INSERT INTO Lock1 VALUES(1)
INSERT INTO Lock2 VALUES(1)
GO
```

（2）打开查询窗口，启动一个查询事务。

```
-- Query 1
USE JXGL
GO
BEGIN TRAN
    UPDATE Lock1 SET C1 = C1 + 1
    WAITFOR DELAY '00:01:00' -- 等待 1 分钟
    SELECT * FROM Lock2
ROLLBACK TRAN
GO
```

（3）打开另一个查询窗口，启动另一个查询事务。

```
-- Query 2
USE JXGL
GO
BEGIN TRAN
    UPDATE Lock2 SET C1 = C1 + 1
    WAITFOR DELAY '00:01:00' -- 等待 1 分钟
    SELECT * FROM Lock1
ROLLBACK TRAN
GO
```

(4) 查看事务使用锁的信息。

```
GO
EXEC sp_lock -- 看锁住了哪个资源 id,objid
GO
```

程序执行结果如图 9.5 所示。

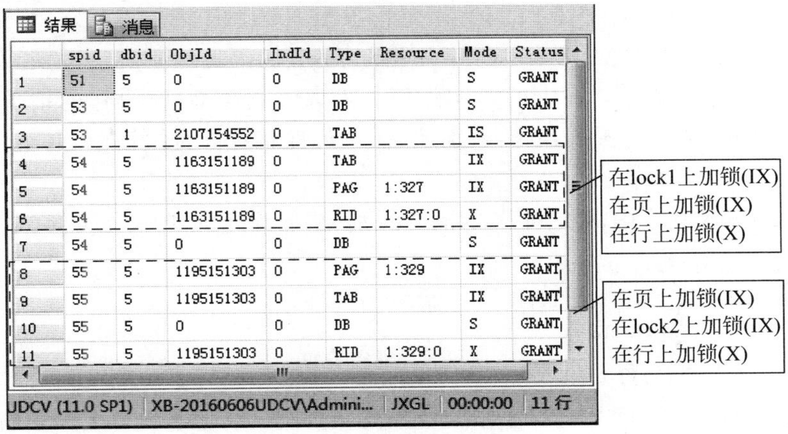

	spid	dbid	ObjId	IndId	Type	Resource	Mode	Status
1	51	5	0	0	DB		S	GRANT
2	53	5	0	0	DB		S	GRANT
3	53	1	2107154552	0	TAB		IS	GRANT
4	54	5	1163151189	0	TAB		IX	GRANT
5	54	5	1163151189	0	PAG	1:327	IX	GRANT
6	54	5	1163151189	0	RID	1:327:0	X	GRANT
7	54	5	0	0	DB		S	GRANT
8	55	5	1195151303	0	PAG	1:329	IX	GRANT
9	55	5	1195151303	0	TAB		IX	GRANT
10	55	5	0	0	DB		S	GRANT
11	55	5	1195151303	0	RID	1:329:0	X	GRANT

图 9.5 查看锁和资源情况

Query1 中,持有 Lock1 中第一行(表中只有一行数据)的行排他锁(RID: X),并持有该行所在页的意向更新锁(PAG: IX)和该表的意向更新锁(TAB: IX); Query2 中,持有 Lock2 中第一行(表中只有一行数据)的行排他锁(RID: X),并持有该行所在页的意向更新锁(PAG: IX)和该表的意向更新锁(TAB: IX)。

执行完 WAITFOR,Query1 查询 Lock2,请求在资源上加 S 锁,但该行已经被 Query2 加上了 X 锁; Query2 查询 Lock1,请求在资源上加 S 锁,但该行已经被 Query1 加上了 X 锁; 于是两个查询持有资源并互不相让,构成死锁。

死锁产生的情形是由于两个事务彼此互相等待对方放弃各自的锁造成的。当出现这种情况时,SQL Server 会自动选择一个关掉进程,允许另一个进程继续执行来结束死锁。关闭的事务会被回滚并抛出一个错误的消息发送给执行该进程的用户。一般来说,系统需要以最少数量的开销来回滚锁撤销的事务。

虽然不能完全避免死锁,但可以使死锁的数量减至最少。防止死锁的途径就是不能让满足死锁的条件发生,为此,用户需要遵循以下原则:

(1) 尽量避免并发地只执行更新数据的语句。

(2) 要求每个事务一次就将所有要使用的数据全部加锁,否则就不予执行。

(3) 预先规定一个封锁顺序,所有的事务都必须按这个顺序对数据执行封锁。例如,不同的过程在事务内部对对象的更新执行顺序尽量保持一致。

(4) 每个事务的执行时间不可太长,在业务允许的情况下可以考虑将事务分割成为几个小事务来执行。

(5) 将逻辑上在一个表中的数据尽量按行或列分解为若干小表,以便改善对表的访问性能。一般来讲,如果数据不是经常被访问,那么死锁就不会经常发生。

(6) 将经常更新的数据库和查询数据库分开。

9.2.3 事务隔离级

在数据库操作中,为了有效保证并发读取数据的正确性,提出了事务隔离级别。每一个事务都有一个隔离级,它定义了事务彼此之间隔离和交互的程度。SQL Server 数据库事务的隔离级别有 5 个,由低到高依次为 READ UNCOMMITTED(未授权读取、读未提交)、READ COMMITTED(授权读取、读提交)、REPEATABLE READ(可重复读取)、SNAPSHOT(快照)、SERIALIZABLE(序列化)。事务的隔离级别控制并发用户如何读写数据的操作,同时对性能也有一定的影响作用。隔离级别越高,读操作的请求锁定就越严格,锁的持有时间就越长。所以,隔离级别越高,一致性就越高,并发性就越低,同时性能也相对影响越大。

在 SQL Server 2012 中,设置事务的隔离级别(从低到高排列)的语句格式如下:

```
SET TRANSACTION ISOLATION LEVEL
    READ UNCOMMITTED|READ COMMITTED|REPEATABLE READ
    |SNAPSHOT|SERIALIZABLE
```

1. READ UNCOMMITTED

处于该级别的事务之间具有最小限度的隔离,允许脏读,但不允许丢失更新。如果一个事务已经开始写数据,则另外一个事务不允许同时进行写操作,但允许其他事务读取此数据。该隔离级别可以通过"排他锁"实现。

2. READ COMMITTED

它是 SQL Server 默认的隔离级别,处于这一级的事务可以看到其他事务添加的新记录,而且其他事务对现存记录做出的修改一旦被提交,也可以看到。也就是说,这意味着在事务处理期间,如果其他事务修改了相应的表,那么同一个事务的多个 SELECT 语句可能返回不同的结果。此时允许读但不允许重复读,也不允许脏读。该隔离级别可以通过"共享锁"和"排他锁"实现。

例 9.10 验证数据库 JXGL 事务隔离级 READ UNCOMMITTED 的简单示例。

在 SSMS 图形化方式中建立两个查询窗口,在第一个窗口中执行如下语句,更新课程表 C 中的信息:

```
USE JXGL
GO
BEGIN TRANSACTION
UPDATE C SET CNAME = 'C#程序设计'
    WHERE CNO = 'C8'
```

执行结果如图 9.6 所示。

由于代码中并没有执行 COMMIT 语句,所以数据更新操作实际上还没有最终完成。接下来,在另一个窗口中执行下列语句查询 C 表中的元组:

```
SELECT * FROM C
```

执行结果如图 9.7 所示。

图 9.6 修改 C8 课程结果

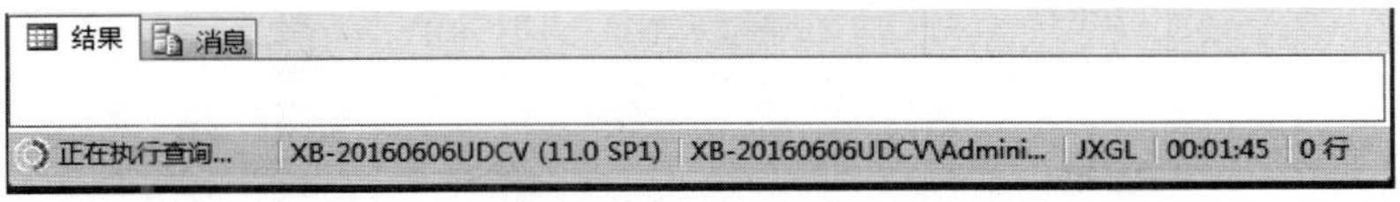

图 9.7　查询课程表 C 数据结果

由图 9.7 可以看出，“结果”窗口中没有显示任何查询结果，窗口底部提示“正在执行查询…”。出现这种情况的原因是，JXGL 数据库没有加隔离级别，其默认是 READ COMMITTED，由于第一个窗口中的数据更新操作使用了排他锁，所以第二个窗口的查询操作一直在等待锁释放。

如果在第二个窗口中使用 SET 语句设置事务的隔离级别：

```
SET TRANSACTION ISOLATION LEVEL READ UNCOMMITTED
SELECT * FROM C
```

这时再重新执行第二个窗口的查询操作就能够查询到事务正在修改的但未提交的元组数据，即读了脏数据，如图 9.8 所示。

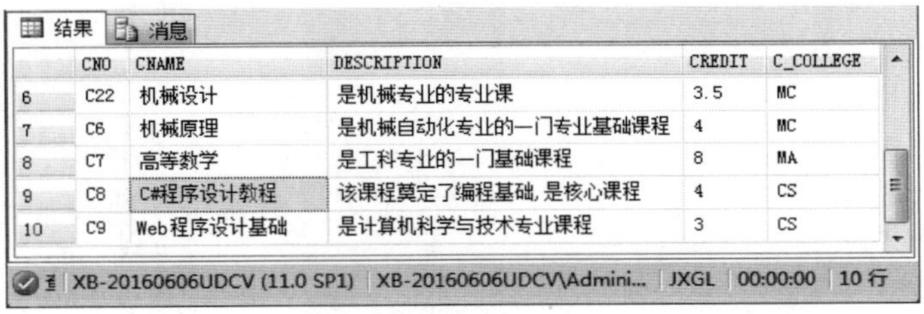

	CNO	CNAME	DESCRIPTION	CREDIT	C_COLLEGE
6	C22	机械设计	是机械专业的专业课	3.5	MC
7	C6	机械原理	是机械自动化专业的一门专业基础课程	4	MC
8	C7	高等数学	是工科专业的一门基础课程	8	MA
9	C8	C#程序设计教程	该课程奠定了编程基础，是核心课程	4	CS
10	C9	Web程序设计基础	是计算机科学与技术专业课程	3	CS

图 9.8　查询操作读到正在修改的但未提交的数据

这是因为将查询的隔离级别设置为 READ UNCOMMITTED 允许读未提交的数据，读操作之前不请求共享锁。

3. REPEATABLE READ

保证在一个事务中的两个读操作之间，其他的事务不能修改当前事务读取的数据，即禁止不可重复读和读脏数据，但有时可能出现幻读。该级别事务获取数据前必须先获得共享锁，同时获得的共享锁不立即释放一直保持共享锁至事务完成，所以此隔离级别查询完并提交事务很重要。

例 9.11　验证数据库 JXGL 事务隔离级 REPEATABLE READ 的简单示例。

查询窗口一：执行查询课程表 C 中 CNO 为 C2 的元组信息，将隔离级别设置为 REPEATABLE READ。

```
SET TRANSACTION ISOLATION LEVEL REPEATABLE READ
BEGIN TRAN
SELECT CNO,CNAME,CREDIT FROM C
WHERE CNO = 'C2'
```

查询窗口二：修改课程表 C 中 CNO 为 C2 元组的 CREDIT 信息。

```
UPDATE C
SET CREDIT = CREDIT - 0.5
WHERE CNO = 'C2'
```

由于查询窗口一隔离级别 REPEATABLE READ 申请的共享锁一直要保持到事务结

束,所以查询窗口二对 CNO 为 C2 的元组修改无法获取排他锁,处于等待状态。

在查询窗口一中执行下面语句,然后提交事务。

```
SELECT CNO,CNAME,CREDIT FROM C
WHERE CNO = 'C2'
COMMIT TRAN
```

查询窗口一的两次查询得到的结果一致,此时事务已提交同时释放共享锁,查询窗口二申请排他锁成功,对元组执行更新。REPEATABLE READ 隔离级别保证一个事务中的两次查询到的结果一致,同时保证了丢失更新。

4. SNAPSHOT

处于这一级别的事务只能识别在其开始之前提交的数据修改。在当前事务中执行的语句将看不到在当前事务开始以后由其他事务所做的数据修改,满足读提交,可重复读,不幻读。其效果就好像事务中的语句获得了已提交数据的快照,因为该数据在事务开始时就存在。必须在每个数据库中将 ALLOW_SNAPSHOT_ISOLATION 数据库选项设置为 ON,才能开始一个使用 SNAPSHOT 隔离级别的事务。设置的方法如下:

```
ALTER DATABASE 数据库名
    SET ALLOW_SNAPSHOT_ISOLATION ON
```

例 9.12 验证数据库 JXGL 事务隔离级 SNAPSHOT 的简单示例。

在 SSMS 图形化方式中建立两个查询窗口,在第一个窗口中执行如下语句,更新课程表 C 中的信息:

```
USE JXGL
GO
BEGIN TRAN
UPDATE C SET CNAME = 'Web 程序设计' WHERE CNO = 'C9'
SELECT * FROM C
```

执行结果如图 9.9 所示。

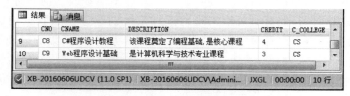

图 9.9 更新数据执行结果

在第二个窗口中使用 SET 语句设置事务的 SNAPSHOT 隔离级:

```
USE JXGL
GO
ALTER DATABASE JXGL SET ALLOW_SNAPSHOT_ISOLATION ON
SET TRANSACTION ISOLATION LEVEL SNAPSHOT
SELECT * FROM C
```

执行结果如图 9.10 所示。

从查询结果中可以看到,如果使用了 SNAPSHOT 隔离级技术,则每一个被修改的数据项都保留了一个备份。如果选择在 SNAPSHOT 隔离级别下查询,则可以查询到原始数据。

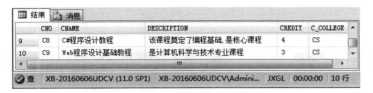

图 9.10 设置事务的 SNAPSHOT 隔离级查询结果

如果在这里直接使用第三个查询窗口：

USE JXGL
GO
SELECT * FROM C

则会提示连接超时，这是因为在查询窗口一中用了事务的概念，在没有提交事务一的情况下其他查询无法在普通模式下访问被事务操纵的数据。

如果在查询窗口一中加入：

COMMIT TRAN

这样事务就可以提交，则查询三可以访问了，查询结果为查询窗口一中语句修改后的结果。

5. SERIALIZABLE

该级别是隔离事务的最高级别，它提供严格的事务隔离。它要求事务序列化执行，即事务只能一个接着一个地执行，不能并发执行。

隔离级别越高，越能保证数据的完整性和一致性，但是对并发性能的影响也越大。对于大多数应用程序，可以优先考虑把数据库的隔离级别设为 READ COMMITTED，它能够避免脏取，而且具有较好的并发性能。

习 题 9

扫一扫

习题

扫一扫

自测题

第 10 章 数据库安全管理

SQL Server 的安全性管理是建立在身份验证（authentication）和访问许可（permission）这两种机制上的。身份验证是指确定登录 SQL Server 的用户的登录账户（也称为"登录名"）和密码是否正确，以此来验证其是否具有连接 SQL Server 的权限。但是，通过身份验证并不代表能够访问 SQL Server 中的数据。用户只有在获取访问数据库的权限之后，才能够对服务器上的数据库进行权限许可下的各种操作。用户访问数据库权限的设置是通过用户账户来实现的，角色的设置简化了安全性管理。

10.1 身份验证

身份验证模式是 Microsoft SQL Server 系统验证客户端和服务器之间连接的方式。SQL Server 提供了两种对用户进行身份验证的模式：Windows 验证模式和混合验证模式，默认模式是 Windows 身份验证模式。

10.1.1 Windows 验证模式

Windows 验证模式使用 Windows 操作系统的安全机制验证用户身份，只要用户能够通过 Windows 用户账户验证，即可连接到 SQL Server 而不再进行身份验证。这种模式只适用于能够提供有效身份验证的 Windows 操作系统。

10.1.2 混合验证模式

混合验证模式是指 SQL Server 和 Windows 混合模式身份验证模式，允许基于 Windows 的和基于 SQL Server 的身份验证，它又被称为混合模式。对于可信任的连接用户（由 Windows 验证），系统直接采用 Windows 的身份验证机制，否则 SQL Server 将通过账户的存在性和密码的匹配性自行进行验证，即采用 SQL Server 身份验证模式。

在 SQL Server 身份验证模式下，用户在连接 SQL Server 时必须提供登录账户和登录密码，这些登录信息存储在 sys.sql_logins（master 数据库中的一个系统视图，用于提供该 SQL Server 实例上的账号相关信息）中，与 Windows 的登录账户无关。SQL Server 自行执行认证处理，如果输入的登录信息与系统表 sys.sql_logins 中的某条记录相匹配时表明登录成功。这种模式安全性相对而言较差一些，容易被恶意入侵者使用暴力破解 sa 账户，而且也容易遭受注入式攻击，但是管理模式简单，目前很有市场。

Windows 身份验证模式相对可以提供更多的功能，如安全验证和密码加密、审核、密码过期、密码长度限定、多次登录失败后锁定账户等，对于账户以及账户组的管理和修改也更为方便。Windows 身份验证比 SQL Server 身份验证更加安全,使用 Windows 身份验证的登录账户更易于管理,用户只需登录 Windows 之后就可以使用 SQL Server,并且也只需要登录一次。但是什么事情都是相对的,因为使用 Windows 身份验证时,所有的用户信息和密码都存储在系统目录中的 SAM(Security Account Manager)文件中,只要得到并破解了 SAM 文件,那么也就没有安全可言了。

10.2 身份验证模式的设置

在安装 SQL Server 时默认是 Windows 身份验证模式。可以使用 SQL Server 管理工具来设置验证模式,但设置验证模式的工作只能由系统管理员来完成,以下是在 Microsoft SQL Server Management Studio 管理平台中的设置方法。

10.2.1 使用"编辑服务器注册属性"

使用"编辑服务器注册属性"设置或改变身份验证模式的步骤如下:

(1) 在 SQL Server Management Studio 窗口内,单击"视图"→"已注册的服务器"命令,打开"已注册的服务器"对话框,选择要验证模式的服务器,右击,在快捷菜单中选择"属性"命令(没有注册的服务器选择"新建服务器注册"命令进行服务器注册),弹出如图 10.1 所示窗口。

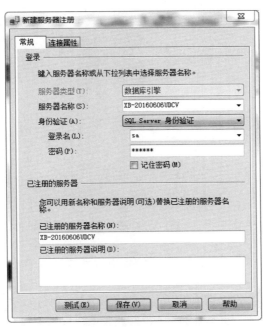

图 10.1 "新建服务器注册"对话框

(2) 在"常规"选项卡中,在"服务器名称"下拉列表框中按"服务器名-实例名"格式选择要注册的服务器实例。"身份验证"下拉列表框中是指在连接 SQL Server 实例时,可以使用的两种验证模式,即 Windows 身份验证或 SQL Server 身份验证。

(3) 设置完成后,单击"测试"按钮以确定设置是否正确,单击"保存"按钮,关闭对话框,即可完成验证模式的设置或改变。

10.2.2 使用"对象资源管理器"

使用"对象资源管理器"设置或改变身份验证模式的步骤如下：

(1) 在 SQL Server 管理平台的"对象资源管理器"中，右击服务器，在弹出的快捷菜单中选择"属性"命令，弹出"服务器属性"对话框。

(2) 选择"安全性"选项卡，如图 10.2 所示。在"服务器身份验证"选项组中，选择新的服务器验证模式，再单击"确定"按钮，完成验证模式的设置或改变。

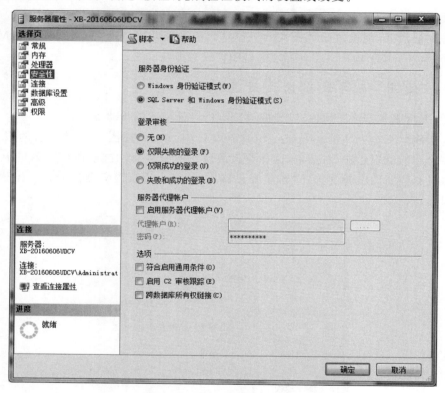

图 10.2 "服务器属性"对话框

注意：身份验证模式的设置或改变都必须重启 SQL Server 后才能生效。

10.3 登录账户管理

通过身份验证并不代表能够访问 SQL Server 中的数据，用户只有在获取访问数据库的权限之后，才能够对服务器上的数据库进行权限许可下的各种操作（主要针对数据库对象，如表、视图、存储过程等），这种用户访问数据库权限的设置是通过用户登录账户来实现的。

10.3.1 创建登录账户

创建登录账户就是创建可以访问 SQL Server 数据库系统的账户（即"登录名"），创建登录账户可以通过 SQL Server Management Studio 图形工具，也可以利用 Transact-SQL 语句或系统存储过程来实现。

1. 通过 Windows 身份验证创建 SQL Server 登录账户

Windows 用户或组通过 Windows 的"计算机管理"创建，它们必须被授予连接 SQL Server 的权限后才能访问数据库，其用户名称用"域名\计算机\用户名"的方式指定。Windows 包含了一些预先定义的内置本地组和用户，例如 Administrators 组、本地 Administrators 账号、sa 登录、Users、Guest、数据库所有者(dbo)等，它们不需要创建。

首先，创建 Windows(以 Windows 2007 为例)用户，操作步骤如下：

(1) 以管理员身份登录到 Windows，依次选择"控制面板"→"管理工具"→"计算机管理"，如图 10.3 所示。

(2) 展开"本地用户和组"文件夹，选择"用户"图标并右击，在弹出的快捷菜单中选择"新用户"命令，打开"新用户"对话框，如图 10.4 所示，输入用户名"w_jx"、密码"123456"，单击"创建"按钮，然后单击"关闭"按钮完成创建。

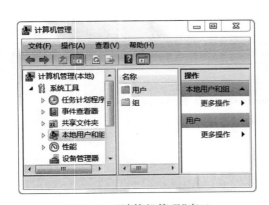

图 10.3　"计算机管理"窗口

图 10.4　创建"新用户"对话框

创建好 Windows 用户后，再使用 SQL Server 管理平台将 Windows 用户映射到 SQL Server 中，以创建 SQL Server 登录账户，即登录名，其步骤如下：

(1) 启动 SQL Server 管理平台，在"对象资源管理器"中分别展开"服务器"→"安全性"→"登录名"。

(2) 右击"登录名"，在弹出快捷菜单中选择"新建登录名"命令，打开"登录名-新建"窗口，如图 10.5 所示。

(3) 在图 10.5 中选择 Windows 身份验证模式，单击"搜索"按钮后出现"选择用户或组"对话框，如图 10.6 所示。在"输入要选择的对象名称"框中直接输入名称，或单击"高级"按钮后查找用户或组名称来完成输入。然后单击"确定"按钮完成"选择用户或组"的设置，返回到如图 10.5 所示的"登录名-新建"对话框。

(4) 在图 10.5 中切换到"服务器角色"选项卡，可以查看或更改登录名在固定服务器角色中的成员成分。

(5) 切换到"用户映射"选项卡，以查看或修改 SQL 登录到数据库用户的映射，并可选择其在该数据库中允许担任的数据库角色。此例中选择 JXGL 数据库，"服务器角色成员身

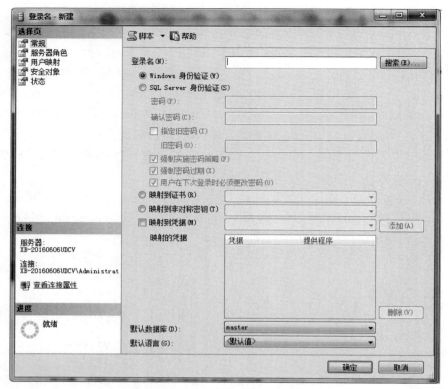

图 10.5 "登录名-新建"对话框

图 10.6 "选择用户或组"对话框

份"选择 db_ddladmin(执行 DDL 的所有权限)。

(6) 单击"确定"按钮,一个 Windows 组或用户即可增加到 SQL Server 登录账户中。

2. 利用 SSMS 图形化方式直接创建 SQL Server 登录账户

利用 SSMS 图形化方式创建 SQL Server 登录账户("登录名")的步骤如下:

(1) 启动 SQL Server 管理平台,在"对象资源管理器"中分别展开"服务器"→"安全性"→"登录名"。

(2) 右击"登录名"子文件夹,在弹出的快捷菜单中选择"新建登录名"命令,出现如图 10.5 所示的"登录名-新建"对话框。

(3) 在"登录名-新建"对话框的"常规"选择页中,设置"登录名"为 jx_login,选择"SQL

Server 身份验证"模式,密码设置为 123456、"默认数据库"设置为 JXGL,"默认语言"设置为
"<默认值>"等。

(4) 切换到"服务器角色"选择页,配置服务器角色,如 sysadmin。

(5) 切换到其他选择页进行"用户映射"(也可以在这里直接设置"映射到此登录名的用户"与"数据库角色成员身份"选项)、"安全对象"和"状态"等配置。

(6) 单击"确定"按钮即可完成登录账户的创建。

用户可以在"对象资源管理器"下查看新建登录账户。依次展开"安全性"→"登录名"即可。

用户也可以查看系统创建登录账户过程的脚本语句:右击登录账户 jx_login,在弹出的快捷菜单中选择"编写登录脚本为"→"CREATE 到"→"新查询编辑窗口"命令。

3. 使用 Transact-SQL 语句直接创建 SQL Server 登录账户

下面用一个例子来说明使用 Transact-SQL 语句创建登录账户("登录名")的语句格式。

例 10.1 使用 Transact-SQL 语句为 JXGL 数据库创建一个登录账户 s_login。

```
USE JXGL
GO
CREATE LOGIN [s_login]
WITH PASSWORD = '123456',
DEFAULT_DATABASE = [JXGL], DEFAULT_LANGUAGE = [简体中文],
CHECK_EXPIRATION = OFF,
-- 仅适用于 SQL Server 登录账户。指定是否对此登录账户强制实施密码过期策略。默认值为 OFF
CHECK_POLICY = OFF
-- 仅适用于 SQL Server 登录账户.指定应对此登录账户强制实施运行 SQL Server 的计算机的
-- Windows 密码策略。默认值为 ON
GO
EXEC sys.sp_addsrvrolemember @loginame = 's_login',
    @rolename = 'sysadmin'
-- 添加登录,使其成为固定服务器角色的成员
GO
    ALTER LOGIN [s_login] DISABLE  -- 禁用登录账户 s_login
```

4. 利用系统存储过程创建登录账户

可以使用系统存储过程 sp_addlogin 创建登录账户("登录名")。具体语句格式如下:

```
EXEC sp_addlogin <登录账户> [,<密码>][,<数据库名>][,<默认语言>]
```

其中,默认密码为 NULL,默认数据库为 master,默认语言为当前服务器使用的语言。

例 10.2 为数据库 JXGL 创建新的登录账户为 ss_login、密码为 123456。

```
USE JXGL
GO
EXEC sp_addlogin 'ss_login','123456','JXGL'
```

对于已经创建的 Windows 用户或组,也可以使用系统存储过程 sp_grantlogin 授予其登录 SQL Server 的权限。语句格式为:

```
EXEC sp_grantlogin < Windows 用户>|<组名称>
```

其中,<Windows用户名>格式为"域名\计算机名\用户名"。

10.3.2 管理登录账户

登录账户的管理主要涉及对登录账户("登录名")查看、修改和删除。

使用 SSMS 图形化方式可以在"对象资源管理器"下查看、修改和删除登录账户。依次展开"安全性"→"登录名",进行相应的操作即可。

也可以利用系统视图 sys.sql_logins 进行查看。如:

```
SELECT * FROM sys.sql_logins
```

下面主要介绍利用系统存储过程对登录账户的查看、修改和删除。

1. 使用系统存储过程查看登录账户

使用系统存储过程 sp_helplogins 查看登录账户的语句格式为:

```
EXEC sp_helplogins [<登录账户名>]
```

其中,如果不指定<登录账户名>,则返回所有登录账户名的相关信息。

例 10.3 查看登录账户 jx_login 的有关信息。

```
USE JXGL
GO
EXEC sp_helplogins 'jx_login'
```

2. 使用系统存储过程修改登录账户

有时需要更改已有的登录账户的一些设置,根据修改的项目不同,可以分别使用 sp_password 进行密码修改、使用 sp_defaultdb 进行默认数据库修改、使用 sp_defaultlanguage 进行默认语言修改。

(1) sp_password 语句格式为:

```
EXEC sp_password [<旧密码>,] <新密码>[,<登录账户>]
```

(2) sp_defaultdb 语句格式为:

```
EXEC sp_defaultdb <登录账户>,<数据库名>
```

(3) sp_defaultlanguage 语句格式为:

```
EXEC sp_defaultlanguage <登录账户> [,<语言名>]
```

例 10.4 修改例 10.2 中登录账户 ss_login 的密码 123456 为 sslogin。

```
USE JXGL
GO
EXEC sp_password '123456','sslogin','ss_login'
```

3. 使用系统存储过程删除登录账户

删除登录账户有两种形式:一是删除 Windows 用户或组登录账户;二是删除 SQL Server 登录账户。

1) 禁止 Windows 用户或组登录账户

使用系统存储过程 sp_revokelogin 可以从 SQL Server 中禁止使用 sp_grantlogin 创建的 Windows 用户或组的登录账户。sp_revokelogin 并不是从 Windows 中删除了指定的

Windows 用户或组,而是禁止了该用户用 Windows 登录账户连接 SQL Server。如果被删除登录权限的 Windows 用户所属的组仍然有权限连接 SQL Server,则该用户也仍然可以连接 SQL Server。

sp_revokelogin 的语句格式为:

EXEC sp_revokelogin <Windows 用户>|<组名称>

例 10.5 使用系统存储过程 sp_revokelogin 禁止使用前面创建的 Windows 用户"XB-20160606UDCV \w_jx"的登录账号。

```
USE JXGL
GO
EXEC sp_revokelogin 'XB－20160606UDCV\w_jx'
```

2) 删除 SQL Server 登录账户

使用系统存储过程 sp_droplogin 可以删除 SQL Server 登录账户,语句格式为:

sp_droplogin <登录账户名>

注意:不能删除 sa(系统管理员)登录账户、拥有现有数据库的登录账户、在 msdb 数据库中拥有作业的登录账户以及当前正在使用且被连接到 SQL Server 的登录账户。

例 10.6 利用系统存储过程删除例 10.2 创建的登录账户 ss.login。

```
USE JXGL
GO
EXEC sp_droplogin 'ss_login'
```

10.4 数据库用户管理

扫一扫

视频讲解

通过 Windows 创建登录账户,如果在数据库中没有授予该用户访问数据库的权限,则该用户仍不能访问数据库。因此,必须将登录账户添加到数据库中,并授予相应的权限,才能成为数据库访问的合法用户。

10.4.1 创建数据库用户

创建数据库用户可以通过 SSMS 图形化方式实现,也可以利用系统存储过程来实现。

1. 利用 SSMS 图形化方式

使用 SQL Server 2012 的 SSMS 图形化方式创建数据库用户步骤如下:

(1) 在"对象资源管理器"下,依次展开"数据库"、要选择的数据库(如 JXGL)、"安全性"子文件夹,然后右击"用户"对象,在弹出的快捷菜单中选择"新建用户"命令,打开"数据库用户-新建"对话框,如图 10.7 所示。

(2) 在打开的"数据库用户-新建"对话框中,单击"登录名"右边的 按钮,可搜索到登录账户,或直接在文本框中输入登录账户(本例中为 s_login)。在"用户名"文本框中输入用户名(本例中为 U_login),用户名可以与登录账户名称不一样。

(3) 单击"默认架构"右边的 按钮,在"选择架构"对话框中选定对象前面的复选框(本例中为 db_owner),单击"确定"按钮返回。

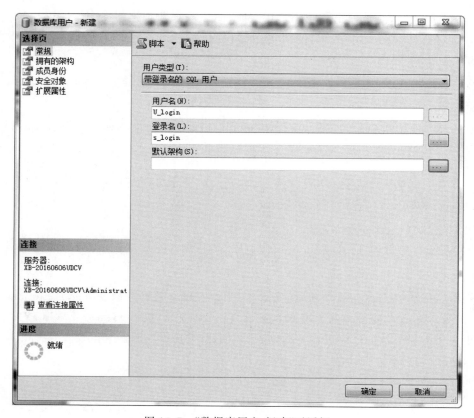

图 10.7 "数据库用户-新建"对话框

（4）单击"新建用户"对话框的"确定"按钮，数据库用户建立完成。

2. 使用系统存储过程创建数据库用户

SQL Server 使用系统存储过程 sp_grantdbaccess 为数据库添加用户，语句格式如下：

EXEC sp_grantdbaccess <登录账户>[<用户名>[OUTPUT]]

其中，<登录账户>是当前数据库中的新登录账户名称，如果是 Windows 组或用户必须用域名限定。<用户名>为 OUTPUT 变量，默认值为 NULL。

10.4.2 删除数据库用户

当数据库的用户不需要时，就删除它，有两种方式：一是利用 SSMS 图形化方式删除；二是使用系统存储过程删除。

1. 利用 SSMS 图形化方式

利用 SSMS 图形化方法删除数据库用户的方法为：在"对象资源管理器"中依次展开"服务器"→"数据库"→"安全性"→"用户"。右击要删除的数据库用户，在弹出的快捷菜单中选择"删除"命令，则从当前数据库中删除该用户。

2. 使用系统存储过程

系统存储过程 sp_revokedbaccess 可将数据库用户从当前数据库中删除，其语句格式为：

```
EXEC sp_revokedbaccess <用户名>
```

例 10.7 删除数据库 JXGL 的用户 U_login。

```
USE JXGL
GO
EXEC sp_revokedbaccess 'U_login'
```

注意：该存储过程不能删除 public 角色、dbo 角色、数据库中固定的角色、master 及 tempdb 数据库中的 guest 用户等。

数据库用户与登录账户的区别：在建立数据库的登录账户后才可以在指定的数据库中将用户添加为该数据库用户。用户对数据库而言，属于数据库级。登录账户是对服务器而言，数据库用户首先必须是一个合法的服务器登录账户，登录账户属于服务器级。

10.5 角色管理

在 SQL Server 中，角色是为了方便权限管理而设置的管理单位，它是一组权限的集合。将数据库用户按所享有的权限进行分类，即定义为不同的角色。管理员可以根据用户所具有的角色进行权限管理，从而大大减少了工作量。

10.5.1 SQL Server 角色类型

SQL Server 中有两类角色，分别为固定角色和用户定义数据库角色。

1. 固定角色

在 SQL Server 中，系统定义了一些固定角色，其权限无法更改，每一个固定角色都拥有一定级别的服务器和数据库管理职能。根据它们对服务器或数据库的管理职能，固定角色又分为固定服务器角色和固定数据库角色。

固定服务器角色独立于各个数据库，具有固定的权限，可以在这些角色中添加用户以获得相关的管理权限，如表 10.1 所示。

表 10.1 固定服务器角色

角 色 名 称	具 有 权 限
bulkadmin	批量管理员，可以执行大容量数据插入操作
dbcreator	数据库创建者，可以创建、更改、删除和还原任何数据库
diskadmin	磁盘管理员，管理磁盘文件
processadmin	进程管理员，管理 SQL Server 服务器中运行的进程
securityadmin	安全管理员，管理登录名及其属性。这类角色可以是 GRANT、DENY 和 REVOKE
serveradmin	服务器管理员，可以更改服务器范围的配置选项和关闭服务器
setupadmin	设置管理员，添加和删除连接服务器，并且也可以执行某些系统存储过程
sysadmin	系统管理员，可以在服务器中执行任何操作

固定数据库角色是指这些角色的数据库权限已被 SQL Server 预定义，不能对其权限进行任何修改，并且这些角色存在于每个数据库中，如表 10.2 所示。

表 10.2　固定数据库角色

角色名称	具有权限
db_accessadmin	为 Windows 登录账户、Windows 组和 SQL Server 登录账户添加或删除访问权限
db_backupoperator	备份该数据库权限
db_datareader	读取该数据库所有用户表中数据的权限,即对任何表具有 SELECT 操作权限
db_datawriter	对该数据库中任何表可以进行增、删、改操作,但不能进行查询操作
db_owner	该数据库所有者,可以执行任何数据库管理工作,该角色包含各角色的全部权限
db_ddladmin	允许在数据库中增加、修改或者删除任何对象(可以执行任何 DDL 语句)
db_denydatareader	不能读取该数据库中任何表的内容
db_denydatawriter	不能对该数据库的任何表进行增、删、改操作
public	每个数据库用户都是 public 角色成员,因此,不能将用户、组或角色指定为 public 角色的成员,也不能删除 public 角色的成员

固定服务器角色信息存储在 sys.server_principals 目录视图中,固定数据库角色信息存储在系统表 sysusers 中,可以利用 SELECT 语句进行查询。也可以使用系统存储过程查看固定角色的相应信息,如表 10.3 所示。

表 10.3　查看固定角色的系统存储过程

系统存储过程名称	实现功能
sp_dbfixedrolepermission	查询固定数据库角色的特定权限
sp_helpsrvrole	查询固定服务器角色的列表
sp_helpdbfixedrole	查询固定数据库角色的列表
sp_srvrolepermission	查询固定服务器角色的特定权限

例 10.8　查看数据库 JXGL 的 db_owner 角色的特定权限。

```
USE JXGL
GO
EXEC sp_dbfixedrolepermission 'db_owner'
```

2. 用户自定义数据库角色

当打算为某些数据库用户设置相同的权限,但是这些权限不同于固定的数据库角色所具有的权限时,就可以定义新的数据库角色来满足这一要求,从而使这些用户能够在数据库中实现某些特定功能。

自定义数据库角色可以使用户在数据库中实现某一种特定功能。其优点主要体现在以下几方面:

(1) 对一个数据库角色授予、拒绝或废除的权限适用于该角色的任何用户。
(2) 在同一数据库中用户可以具有多个不同的自定义角色,这种角色的组合是自由的。
(3) 角色可以进行嵌套,从而使数据库实现不同级别的安全性。

10.5.2　固定服务器角色管理

固定服务器角色不能进行增、删、改等操作,只能将登录账户添加为固定服务器角色的成员。

1. 添加固定服务器角色成员

添加固定服务器角色成员有两种方式:一是利用 SSMS 图形化方式添加;二是使用系

统存储过程来添加。下面用一个例子来说明添加固定服务器角色成员的步骤。

例 10.9 使用 SSMS 图形化方式将登录账户 XB-2016060-6UDCV\w_jx 添加为固定服务器角色 dbcreator 的成员。

(1) 在"对象资源管理器"中，依次展开"安全性"→"服务器角色"，在"服务器角色"下面就自动显示了当前 SQL Server 服务器的角色，如图 10.8 所示。

(2) 选择要添加成员的某固定服务器角色(本例中为 dbcreator)，右击，在弹出的快捷菜单中选择"属性"命令，打开服务器角色属性对话框，如图 10.9 所示。

(3) 在服务器角色属性对话框中，单击"添加"按钮，在弹出的"选择登录名"对话框中单击"浏览"按钮，出现"查找对象"对话框，如图 10.10 所示，可以选定所需的登录账户(本例中为[w_jx])，单击"确定"按钮就添加到服务器角色属性的"此角色的成员"列表框中，再单击"确定"按钮即完成。

图 10.8 显示服务器角色

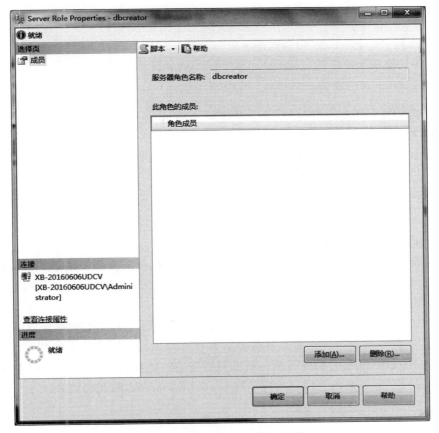

图 10.9 服务器角色属性对话框

图 10.10 "查找对象"对话框

如果想删除用户,在图 10.9 的"此角色的成员"列表框内选中该用户,单击"删除"按钮即可。

利用系统存储过程 sp_addsrvrolemember 也可以添加固定服务器角色成员,其语句格式为:

EXEC sp_addsrvrolemember <登录账户>,<固定角色名>

其中,<固定角色名>为表 10.1 中固定服务器角色名。

例 10.10 使用系统存储过程 sp_addsrvrolemember 将登录账户 ss_login 添加为固定服务器角色 sysadmin 的成员。

EXEC sp_addsrvrolemember 'ss_login','sysadmin'

2. 删除固定服务器角色成员

当固定服务器角色成员不再需要时,就删除它。有两种方式:一是利用上面已经讲过的 SSMS 图形化方式,二是使用系统存储过程来实现。

使用系统存储过程 sp_dropsrvrolemember 删除固定服务器角色成员的语句格式为:

EXEC sp_dropsrvrolemember <角色成员名>,<固定角色名>

3. 查看固定服务器角色成员信息

在使用数据库时,可能需要了解有关固定服务器角色及其成员的信息。查看固定服务器角色成员信息有两种方法:一是利用 SSMS 图形化方式;二是分别使用存储过程 sp_helpsrvrole 和 sp_helpsrvrolemember 来实现。

利用 SSMS 图形化方式查看固定服务器角色成员信息通过依次展开"对象资源管理器"→"安全性"→"服务器角色",选定要查看的固定服务器角色,右击,在弹出的快捷菜单中单击"属性"命令,出现图 10.9 的服务器角色属性对话框,在"此角色的成员"列表框中可以查看。

(1) 查看固定服务器角色信息的存储过程 sp_helpsrvrole 语句格式为:

EXEC sp_helpsrvrole <固定角色名>

（2）查看固定服务器角色成员的存储过程 sp_helpsrvrolemember 语句格式为：

```
EXEC sp_helpsrvrolemember <固定角色名>
```

例 10.11　查看固定服务器角色 sysadmin 的成员信息。

```
EXEC sp_helpsrvrolemember 'sysadmin'
```

10.5.3　固定数据库角色管理

与固定服务器角色一样，对固定数据库角色不能进行添加、删除或修改等操作，只能将登录用户添加为固定的数据库角色。

1. 添加数据库角色

与添加固定服务器角色一样，添加固定数据库角色成员也有两种方式：一是使用 SSMS 图形化方式实现，二是使用系统存储过程来实现。使用 SSMS 图形化方式添加数据库角色与添加固定服务器角色类似，只不过是在"对象资源管理器"中，依次展开"数据库"→所选数据库（如 JXGL）→"安全性"→"角色"→"数据库角色"，然后选择要添加成员的某固定数据库角色。后面的过程与添加固定服务器角色类似，此处不再赘述。

使用系统存储过程 sp_addrolemember 向固定数据库角色添加成员，其语句格式为：

```
EXEC sp_addrolemember <固定角色名>,<数据库用户>
```

其中，<固定角色名>为表 10.2 中固定数据库角色名。

例 10.12　为数据库 JXGL 创建 Windows 登录账户 ww_login，密码 abc，并创建该登录账户的用户名 Uww_login，最后添加到固定数据库角色 db_ddladmin 中。

```
USE JXGL
GO
EXEC sp_addlogin 'ww_login','abc'
GO
EXEC sp_grantdbaccess 'ww_login','Uww_login'
GO
EXEC sp_addrolemember 'db_ddladmin','Uww_login'
```

2. 删除固定数据库角色成员

使用系统存储过程 sp_droprolemember 删除固定数据库角色成员，其语句格式为：

```
EXEC sp_droprolemember <固定角色名>,<角色成员名>
```

其中，<固定角色名>是表 10.2 中创建数据库角色成员时的固定数据库角色名。

例 10.13　删除例 10.12 中创建的固定数据库角色 db_ddladmin 的角色成员 Uww_login。

```
USE JXGL
GO
EXEC sp_droprolemember 'db_ddladmin','Uww_login'
```

3. 查看固定数据库角色成员信息

在使用数据库时，用户可能需要了解有关数据库角色成员的信息。查看固定数据库角色成员信息有两种方法：一是使用 SSMS 图形化方式，二是分别使用存储过程 sp_helpdbfixedrole、sp_helprole 和 sp_helpuser 来实现。

使用 SSMS 图形化方式查看固定数据库角色成员信息的方法是，依次展开"对象资源管理器"→"数据库"→所选数据库(如 JXGL)→"安全性"→"角色"→"数据库角色"。选定要查看的固定数据库角色,右击,在弹出的快捷菜单中单击"属性"命令,弹出类似于图 10.9 的"数据库角色属性"对话框,在"此角色的成员"列表框中可以查看。

(1) 查看当前数据库的固定数据库角色的存储过程 sp_helpdbfixedrole 语句格式如下:

EXEC sp_helpdbfixedrole <固定角色名>

(2) 查看当前数据库定义的角色信息的存储过程 sp_helprole 语句格式如下:

EXEC sp_helprole <固定角色名>

(3) 查看当前数据库定义的角色成员信息的存储过程 sp_helprole 语句格式如下:

EXEC sp_helpuser <角色成员名>

例 10.14 查看数据库 JXGL 的固定角色信息及角色成员信息。

```
USE JXGL
GO
EXEC sp_helpdbfixedrole 'db_ddladmin'
GO
EXEC sp_helprole 'db_ddladmin'
GO
EXEC sp_helpuser 'Uww_login'
```

执行结果如图 10.11 所示。

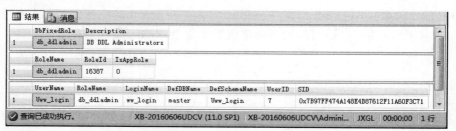

图 10.11 例 10.14 结果图

10.5.4 用户定义数据库角色

当一组用户需要在 SQL Server 中执行同一组权限且没有满足需求的固定数据库角色时,就需要自己定义数据库角色。

1. 创建和删除用户定义数据库角色

在 SQL Server 中创建和删除用户定义数据库角色有两种方法:一是利用 SSMS 图形化方式;二是使用存储过程实现。

利用 SSMS 方式创建数据库角色的步骤如下:

(1) 在"对象资源管理器"中,依次展开"数据库"→所选数据库(如 JXGL)→"安全性"→"角色"。

(2) 右击"角色"或具体数据库角色(如 db_owner),在弹出的快捷菜单中选择"新建"→"新建数据库角色"命令,打开如图 10.12 所示的"数据库角色-新建"对话框。指定角色的名称与所有者,其中,"所有者"文本框中的内容可以通过单击右边的按钮 ,再通过浏览数据库角色选择。

图 10.12 "数据库角色-新建"对话框

(3) 单击"确定"按钮,即创建了新的数据库角色。

如果在具体数据库角色(如 db_owner)上右击,在弹出的快捷菜单中选择"属性"命令,打开"数据库角色属性"对话框,如图 10.13 所示。

可以在"数据库角色属性"对话框中查看或修改角色信息,如指定新的所有者、安全对象、拥有架构、角色成员等信息的修改。

使用系统存储过程 sp_addrole 和 sp_droprole 可以分别创建和删除用户自定义的数据库角色。

(1) 创建用户数据库角色的语句格式为:

EXEC sp_addrole <用户数据库角色名> [,<角色名>|<用户>]

(2) 删除当前数据库中的数据库角色的语句格式为:

EXEC sp_droprole <用户数据库角色名>

其中,<用户数据库角色名>是自定义的用户数据库角色的名字,<角色名>必须是当前数据库中的某个角色,<用户>必须是当前数据库中的某个用户。

例 10.15 使用系统存储过程为数据库 JXGL 创建名为 role_1 的用户数据库角色。

```
USE JXGL
GO
EXEC sp_addrole 'role_1'
```

图 10.13 "数据库角色属性"对话框

2. 添加和删除用户数据库角色成员

在 SQL Server 中添加和删除用户数据库角色成员有两种方式:一是使用 SSMS 图形化方式;二是使用系统存储过程方式。

1) 使用 SSMS 图形化方式

在图 10.13 的某数据库角色的"数据库角色属性"对话框中,在"常规"选择页右下角的"角色成员"区域中,单击"添加"或"删除"按钮,即完成用户数据库角色成员的添加或删除。

2) 使用系统存储过程方式

使用系统存储过程添加或删除用户定义数据库角色成员与添加或删除固定数据库角色成员方法一样。分别使用存储过程 sp_addrolemember 和 droprolemember 添加或删除用户定义数据库角色成员。

例 10.16 使用存储过程 sp_addrolemember 将用户 U_login 添加到数据库 JXGL 的 role_1 角色中成为新成员。

```
USE JXGL
GO
EXEC sp_addrolemember 'role_1','U_login'
```

10.6 权限管理

权限是指用户对数据库中对象的使用及操作的权利,当用户连接到 SQL Server 服务器后,该用户要进行的任何涉及修改数据库或访问数据的活动都必须具有相应的权限,也就是用户可以执行的操作均由其被授予的权限决定。

SQL Server 中的权限包括 3 种类型：语句权限、对象权限和隐含权限。

10.6.1 语句权限

语句权限主要指用户对数据库的操作权限，表明用户是否具有权限来执行某一语句。这些语句通常完成一些管理性的操作，如创建数据库、表、存储过程等。这种语句虽然也含有操作（如 CREATE）的对象，但这些对象在执行语句之前并不存在于数据库中，所以将其归为语句权限范畴。表 10.4 列出了语句权限及其功能。

表 10.4 语句权限及其功能

语　句	功　能　描　述
CREATE DATABASE	创建数据库
CREATE TABLE	在数据库中创建表
CREATE VIEW	在数据库中创建视图
CREATE DEFAULT	在数据库中创建默认对象
CREATE PROCEDURE	在数据库中创建存储过程
CREATE FUNCTION	在数据库中创建函数
BACKUP DATABASE	备份数据库
BACKUP LOG	备份日志

在默认状态下，只有 sysadmin、db_owner、dbcreator 或 db_securityadmin 角色的成员才能授予语句权限。例如，用户若要在数据库中创建表，则应该向该用户授予 CREATE TABLE 语句权限。

在 SQL Server Management Studio 中，为查看现有的角色或用户的语句权限，以及"授予""具有授予权限""允许"或"拒绝"语句权限提供了图形界面。其中，"授予"是指要为被授权者授予指定的权限；"具有授予权限"是指被授权者还可以将指定权限授予其他的用户或角色；"拒绝"是指将覆盖表级对列级权限以外的所有层次的权限设置。

下面用一个例子来说明数据库用户或角色权限的设置。

例 10.17 查看和设置教学管理数据库 JXGL 的用户或角色。

具体步骤如下：

(1) 在"对象资源管理器"下，依次展开"数据库"→JXGL。

(2) 右击 JXGL，在弹出的快捷菜单选择"属性"命令，打开"数据库属性-JXGL"对话框。

(3) 选择"权限"选择页，可以查看、设置角色或用户语句权限，如图 10.14 所示。

在图 10.14 中，可以看到下方列表中包含上方列表框中指定的数据库用户或角色的语句权限。可以对"用户或角色"列表中选定的对象设置"授予"、"具有授予权限"或"拒绝"的权限。

10.6.2 对象权限

对象权限用于用户对数据库对象执行操作的权力，即处理数据或执行存储过程所需要的权限，如 INSERT、UPDATE、DELETE、EXECUTE 等。这些数据库对象包括表、视图、存储过程等。

图 10.14　管理语句权限

不同类型的对象支持不同的针对它的操作,例如,不能对表对象执行 EXECUTE 操作。常用数据库对象的可能的操作如表 10.5 所示。

表 10.5　常用数据库对象的操作

对　　象	操　　作
表	SELECT、INSERT、UPDATE、DELETE、REFERENCES
视图	SELECT、INSERT、UPDATE、DELETE
存储过程	EXECUTE
列	SELECT、UPDATE

在 SQL Server Management Studio 中,为查看现有的对象权限提供了图形界面方式。下面用一个例子来说明对象权限的管理。

例 10.18　在教学管理数据库中,查看和设置表 S 的权限。

具体步骤如下:

(1) 在"对象资源管理器"中,依次展开"数据库"→JXGL→"表"。

(2) 右击表 S,在弹出的快捷菜单选择"属性"命令,在"表属性-S"对话框中打开"权限"选择页,可以查看、设置表 S 的对象权限,如图 10.15 所示。

(3) 如果选择一个操作语句,然后单击"列权限"按钮,在弹出的"列权限"对话框中还可以设置表 S 中的某些列的权限,如图 10.16 所示。本例中表 S 的列 COLLEGE 设置"授予"和"具有授予权限"的权限。

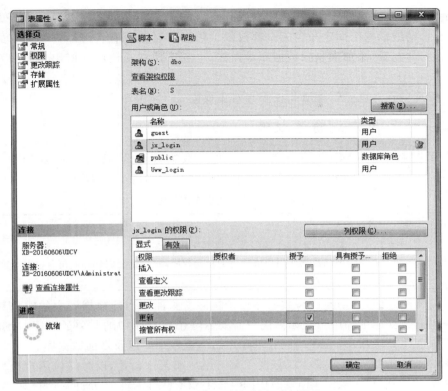

图 10.15 对象 S 表权限查看与设置

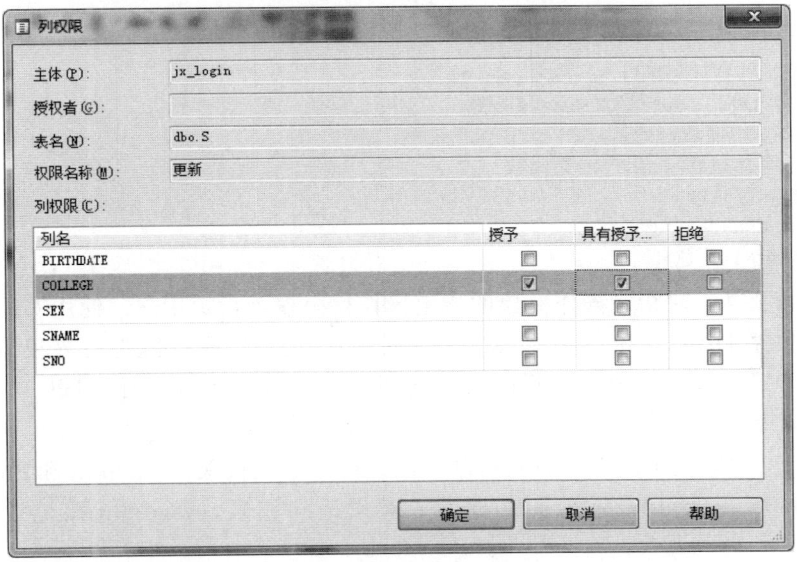

图 10.16 "列权限"对话框

10.6.3 隐含权限

隐含权限是指系统自行预定义而不需要授权就有的权限,包括固定服务器角色、固定数据库角色和数据库对象所有者拥有的权限。

固定角色拥有确定的权限,例如固定服务器角色 sysadmin 拥有完成任何操作的全部权限,其成员自动继承这个固定角色的全部权限。数据库对象所有者可以对所拥有的对象执行一切活动,如查看、添加或删除数据库等操作,也可以控制其他用户使用其所拥有的对象的权限。

权限管理的任务就是管理语句权限和对象权限。

10.6.4 授予用户或角色权限

数据库控制语言(DCL)是用来设置、更新数据库数据或角色权限的语句,包括 GRANT、DENY 和 REVOKE 等语句。三种语句的功能如表 10.6 所示。

表 10.6 管理数据库语句权限

语句	含义	功能描述
GRANT	授予	将指定的操作权限授予数据库用户或角色
DENY	拒绝	拒绝数据库用户或角色的特定权限,并阻止它们从其他角色中继承这个权限
REVOKE	撤销	取消先前被授予或拒绝的权限

这里需要注意的是,不允许跨数据库授予权限。只能将当前数据库中的对象和语句的权限授予当前数据库中的用户。如果用户需要另一个数据库中的对象的权限时,就需要在该数据库中创建登录账户,或者授权登录账户访问该数据库以及当前数据库。

使用 GRANT 语句来把某些权限授予某一用户或某一角色,以允许该用户执行针对该对象的操作,如 UPDATE、SELECT、DELETE、EXECUTE 等;或允许其运行某些语句,如 CREATE TABLE、CREATE DATABASE。

GRANT 语句的完整语法非常复杂。其简化语句格式为:

```
GRANT [ALL[PRIVILEGES]]|<权限>[, … n]
    [(<列名>[, … n])] ON <表>|<视图>
    |<表>|<视图>[(<列名>[, … n]
    |ON <存储过程>|<用户定义函数>
TO <用户>|<登录账户>[, … n]
    [WITH GRANT OPTION]
    [AS <组>|<角色>]
```

语句的含义为:对指定操作对象的指定操作权限授予指定用户。使用 GRANT 语句授权的用户可以是 DBA,也可以是该数据库的创建者,也可以是已经拥有该权限的用户。接受权限的用户可以是一个或多个具体用户,也可以是 PUBLIC,即全体用户。

参数说明如下。

(1) ALL:说明授予所有可以获得的权限。对于对象权限,sysadmin 和 db_owner 角色成员和数据库所有者可以使用 ALL 选项;对于语句权限,sysadmin 角色成员可以使用 ALL 选项。

注意:不推荐使用此选项,保留此选项仅用于向后兼容。

(2) PRIVILEGES:包含此参数是为了符合 ISO(International Organization for Standardization)标准。

(3) WITH GRANT OPTION:表示由 GRANT 授权的<用户>或<登录账户>有权将当前获得的对象权限转授予其他<用户>或<登录账户>。

(4) AS <组>|<角色>：表明要授予权限的用户从该<组>或<角色>处继承的权限。

例 10.19 使用 GRANT 语句给数据库用户 U_login 授予 CREATE TABLE 的权限。

```
USE JXGL
GO
GRANT CREATE TABLE TO U_login
```

通过图 10.14"数据库属性-JXGL"对话框的"权限"选择页可以查看用户 U_login 获得的权限。

例 10.20 授予角色和用户对象权限。

```
USE JXGL
GO
GRANT SELECT ON SC
TO public
GO
GRANT INSERT,UPDATE,DELETE ON SC
TO Stu_1,Stu_User
```

通过给 public 角色授予 SC 表的 SELECT 权限，使得 public 角色中的所有成员都拥有 SELECT 权限，而数据库 JXGL 的所有用户均为 public 角色的成员，所以该数据库的所有成员都拥有对 SC 表的查询权。本例还授予 Stu_1 和 Stu_User 对 SC 表拥有 INSERT、UPDATE 和 DELETE 权限。

10.6.5 拒绝用户或角色权限

SQL Server 利用 DENY 语句拒绝用户或角色使用授予的权限。在授予了用户或角色对象权限以后，数据库管理员可以根据实际情况在不撤销用户或角色授予权限的情况下，拒绝用户或角色使用已被拒绝的权限。其基本语句格式如下：

```
DENY [ALL[PRIVILEGES]]|<权限>[, … n]
     [(<列名>[, … n])] ON <表>|<视图>
     |<表>|<视图>[(<列名>[, … n])
     |ON <存储过程>|<用户定义函数>
TO <用户>|<登录账户>[, … n]
     [CASCADE]
```

其中，CASCADE 指定授予用户拒绝权限，并撤销用户的 WITH GRANT OPTION 权限。其他参数的含义与 GRANT 相同，此处不再赘述。

例 10.21 利用 DENY 语句拒绝用户 Stu_User 使用 CREATE VIEW 语句。

```
USE JXGL
GO
DENY CREATE VIEW TO Stu_User
```

例 10.22 给 public 角色授予表 S 上的 INSERT 权限，但用户 User_01、User_02 不具有对 S 表的 INSERT 权限。

```
USE JXGL
GO
GRANT INSERT ON S
TO public
```

```
GO
DENY INSERT ON S
TO User_01,User_02
```

这个例子首先把对表 S 的 INSERT 权限授予 public 角色，这样所有的数据库用户都拥有了该项权限。然后，又拒绝了用户 User_01 和 User_02 拥有该项权限。

说明：如果使用了 DENY 命令拒绝某用户获得某项权限，即使该用户后来又加入了具有该项权限的某工作组或角色，该用户依然无法使用该项权限。

10.6.6 撤销用户或角色权限

SQL Server 利用 REVOKE 语句撤销某种权限以停止以前授予或拒绝的权限。使用撤销权限类似于拒绝权限，但是撤销权限是收回已授予的权限，这并不妨碍用户、组或角色从更高级别层次处获得权限。

1. 撤销语句权限

撤销语句权限是从指定的数据库用户或角色收回所有的或指定的权限，其语句格式如下：

```
REVOKE ALL|<权限>[, … n]
FROM <用户>|<角色>[, … n]
```

例 10.23 在教学管理数据库中，收回用户 Stu_1 的建表权限。

```
USE JXGL
GO
REVOKE CREATE TABLE
FROM Stu_1
```

2. 撤销对象权限

撤销对象权限是指撤销数据库用户对数据库操作对象的操作权限，即撤销对表、视图等数据库对象的一些操作。

```
REVOKE [ALL[PRIVILEGES]]|<权限>[, … n]
    [(<列名>[, … n])] ON <表>|<视图>
    |<表>|<视图>[(<列名>[, … n]
    |ON <存储过程>|<用户定义函数>
TO|FROM <用户>|<登录账户>[, … n]
    [CASCADE]
    [AS <组>|<角色>]
```

各参数的含义与 GRANT 语句相同。

例 10.24 使用 REVOKE 语句撤销用户 Stu_1、Stu_User 在 SC 表上的 INSERT、UPDATE、DELETE 权限。

```
USE JXGL
GO
REVOKE INSERT,UPDATE,DELETE ON SC
FROM Stu_1,Stu_User
```

10.6.7 使用系统存储过程查看权限

可以使用系统存储过程 sp_helprotect 查看当前数据库中某对象（如表、视图等）的权限

信息。它返回一个报表,报表中包含当前数据库中某对象的用户权限或语句权限的信息。语句格式如下:

```
EXEC sp_helprotect [[@name = ]<对象名>]
    [,[@username = ]<用户名>]
    [,[@grantorname = ]<已授权用户>]
    [,[@permissionarea = ]<权限类型>]
```

参数说明如下。

(1) <对象名>:当前数据库中一个有效的对象,如表、视图、存储过程或扩展存储过程等。默认值为 NULL,将返回所有的对象及语句权限。

(2) <用户名>:当前数据库中的合法用户,默认值为 NULL,这个默认值将返回当前数据库中所有的合法用户。

(3) <已授权用户>:已授权的数据库用户的名称。默认值为 NULL,这个默认值将返回数据库中任何用户所授权限的信息。对于 Windows 用户,指用 sp_grantdbaccess 添加的可被识别的用户。

(4) <权限类型>:一个字符串,表示是显示对象权限(字符串 o)、语句权限(字符串 s),还是两者都显示(os)。默认值为 os。<权限类型>可以是 o 和 s 的任意组合,在 o 和 s 之间可以有也可以没有逗号或空格。

例 10.25 查询数据库 JXGL 的表 S 的权限。

```
USE JXGL
GO
EXEC sp_helprotect @name = NULL
```

例 10.26 查询数据库用户 U_login 的权限。

```
USE JXGL
GO
EXEC sp_helprotect @username = 'U_login'
```

例 10.27 查询 JXGL 数据库授予方 dbo 的所有权限。

```
USE JXGL
GO
EXEC sp_helprotect @grantorname = 'dbo'
```

例 10.28 查询 JXGL 数据库的对象权限和语句权限。

```
USE JXGL
GO
EXEC sp_helprotect @permissionarea = 'os'
```

习 题 10

扫一扫
习题

扫一扫
自测题

第 11 章　数据库备份与还原

由于计算机系统的各种软/硬件故障、用户的错误操作以及一些恶意破坏会影响到数据的正确性,甚至造成数据损失、服务器崩溃的严重后果。所以备份和还原数据库对于保证系统的可靠性具有重要的作用。经常备份可以有效地防止数据丢失,能够把数据从错误的状态还原到正确的状态。如果用户采取适当的备份策略,就能够以最短的时间使数据库还原到最少数据损失的状态。

视频讲解

11.1　备份与还原概述

对于数据库存储的大量数据来说,数据的安全性至关重要,任何数据的丢失都会给用户带来严重的损失。数据丢失可能由于以下的多种原因造成:硬件故障、病毒、错误地使用 UPDATE 和 DELETE 语句、软件错误、自然灾害等。

11.1.1　备份方式

SQL Server 提供了四种备份方式:完整备份(complete backup)、差异备份(differential backup)、事务日志备份(transaction log backup)、文件和文件组备份(file or file group backup)。

1. 完整备份

完整备份是指备份整个数据库的所有内容,包括事务日志。该备份类型需要比较大的存储空间来存储备份文件,备份时间也比较长,在还原数据时,也只要还原一个备份文件即可。

例如,在 2025 年 1 月 1 日上午 8 点进行了完整备份,那么将来在还原时,就可以还原到 2025 年 1 月 1 日上午 8 点时的数据库状态。

2. 差异备份

差异备份是对完整备份的补充,只是备份上次完整备份后更改的数据。相对于完整备份来说,差异备份的数据量比完整数据备份小,备份的速度也比完整备份要快。因此,差异备份通常作为常用的备份方式。在数据还原时,要先还原前一次做的完整备份,然后再还原最后一次所做的差异备份,这样才能使数据库中的数据还原到与最后一次差异备份时的数据相同。

例如,在 2025 年 1 月 1 日上午 8 点进行了完整备份后,在 1 月 2 日和 1 月 3 日又分别进行了差异备份,那么在 1 月 2 日差异备份的数据是从 1 月 1 日到 1 月 2 日这一段时间内更新的数据,而在 1 月 3 日的差异备份的数据是从 1 月 1 日到 1 月 3 日这一段时间内更新的数据。因此,如果需要还原到1月3日的状态,应先还原1月1日做的完整备份,再还原1月3日做的差异备份。

3. 事务日志备份

事务日志备份只备份事务日志中的内容。事务日志记录了上一次完整备份或事务日志备份后数据库的所有变动过程。因此,与差异备份类似,在进行事务日志备份之前,必须要进行完整备份。事务日志备份生成的文件较小、占用时间较短,但是在还原数据时,除了先要还原完整备份之外,还要依次还原每个事务日志备份,而不是只还原最后一个事务日志备份(这是与差异备份的区别)。

例如,在2025年1月1日上午8点进行了完整备份后,到1月2日上午8点为止,数据库里的数据更新了100次,如果此时做了差异备份,那么差异备份记录的是第100次数据更新后的数据库状态,而如果此时做了事务日志备份,备份的将是这100次的数据变动情况。

又如,在2025年1月1日上午8点进行了完整备份后,在1月2日和1月3日又进行了事务日志备份,那么在1月2日的事务日志备份里记录的是从1月1日到1月2日这一段时间里的数据更新情况,而在1月3日的事务日志备份里记录的是从1月2日到1月3日这一段时间里的数据更新情况。因此,如果要还原到1月3日的数据,需要先还原1月1日做的完整备份,再还原1月2日做的事务日志备份,最后还要还原1月3日所做的事务日志备份。

4. 文件或文件组备份

如果在创建数据库时创建了多个数据库文件或文件组,就可以使用文件或文件组的备份方式。使用文件或文件组备份方式可以只备份数据库中的某些文件,该备份方式在数据库文件非常庞大时十分有效。由于每次只备份一个或几个文件或文件组,可以分多次来备份数据库,避免大型数据库备份的时间过长。另外,由于文件或文件组备份只备份其中一个或多个数据文件,当数据库里的某个或某些文件损坏时,只需要还原损坏的文件或文件组备份。

合理备份数据库需要考虑几方面,首先是数据安全,其次是备份文件大小,最后是做备份和还原能承受的时间范围。

例如,如果数据库里每天更新的数据量很小,可以每周(周日)做一次完整备份,以后的每天(下班前)做一次事务日志备份,那么一旦数据库发生问题,可以将数据还原到前一天(下班时)的状态。

当然,也可以在周日做一次完整备份,周一到周六每天下班前做一次差异备份,这样一旦数据库发生问题,同样可以将数据还原到前一天下班时的状态。只是一周的后几天做差异备份时,备份的时间和备份的文件都会跟着增加。但这也有一个好处,在数据损坏时,只要还原完整备份的数据和前一天差异备份的数据即可,不需要去还原每一天的事务日志备份,还原的时间会比较短。

如果数据库中数据更新的比较频繁,损失一个小时的数据都是十分严重的损失时,用上面的办法备份数据则不可行,此时可以交替使用三种备份方式来备份数据库。例如,每天下班时做一次完整备份,在两次完整备份之间每隔八小时做一次差异备份,在两次差异备份之间每隔一小时做一次事务日志备份。如此一来,一旦数据损坏可以将数据还原到最近一个小时以内的状态,同时又能减少数据库备份数据的时间和备份数据文件的大小。

在前面还提到过当数据库文件过大不易备份时,可以分别备份数据库文件或文件组,将一个数据库分多次备份。在现实操作中,还有一种情况可以使用到数据库文件的备份。例如在一个数据库中,某些表中的数据更新的很少,而某些表中的数据却经常更新,那么可以考虑将这些数据表分别存储在不同的文件或文件组内,然后通过不同的备份频率来备份这些文件或文件组。但使用文件或文件组来进行备份,还原数据时也要分多次才能将整个数据库还原完毕,所以除非数据库文件大到备份困难,否则不要使用该备份方式。

11.1.2 备份与还原策略

通常而言,我们总是根据所要求的还原能力(如将数据库还原到故障点)、备份文件的大小(如只进行完整数据库备份或事务日志的备份或是差异数据库备份)以及留给备份的时间等来决定使用哪种类型的备份。

1. 备份前需要考虑的几个问题

选用怎样的备份方案将对备份和还原产生直接影响,同时也决定了数据库在遭到破坏前后的一致性水平。因此在做出备份决策前,必须先考虑以下几个问题:

(1) 如果只进行完整数据库备份,那么将无法还原自最近一次数据库备份以来数据库中发生更新的所有数据。这种方案的优点是简单,而且在进行数据库还原时操作也很方便。

(2) 如果在进行完整数据库备份时也进行事务日志备份,那么可以将数据库还原到故障点,而那些在故障前未提交的事务将无法还原。但如果在数据库发生故障后立即对当前处于活动状态的事务进行备份,则未提交的事务也可以还原。

从以上论述可以看出,对数据库一致性要求程度成为选择这种或那种备份方案的主要原因。但在某些情况下,对数据库备份提出了更为严格的要求。例如,在处理比较重要业务的应用环境中,常要求数据库服务器连续工作,至多只留有一小段时间来执行系统维护任务,在该情况下一旦发生系统故障,则要求数据库在最短时间内立即还原到正常状态,以避免丢失过多的重要数据,由此可见备份或还原所需时间往往也成为我们选择何种备份方案的重要影响因素。

那么如何才能减少备份和还原所花费时间呢? SQL Server 提供了几种方法来减少备份或还原操作的执行时间。

(1) 使用多个备份设备同时进行备份处理。同理,可以从多个备份设备上同时进行数据库还原操作处理。

(2) 综合使用完整数据库备份、差异备份或事务日志备份减少每次需要备份的数据数量。

(3) 使用文件或文件组备份以及事务日志备份,这样可以只备份或还原那些包含相关数据的文件,而不是整个数据库。

另外,需要注意的是,在备份时也需要决定使用哪种备份设备,如磁盘或光盘、移动硬盘等设备,并且决定如何在备份设备上创建备份,比如将备份添加到备份设备上或将其覆盖。

2. 还原模式

如果数据库还原模式设置不正确,会导致数据无法还原。SQL Server 数据库还原模式分为三种:完全还原模式、大容量日志还原模式和简单还原模式。

1) 完全还原模式

完全还原模式为数据库的默认还原模式。它是指通过使用数据库备份和事务日志备份将数据库还原到发生故障的时刻，因此几乎不造成任何数据丢失，这成为解决因存储介质损坏丢失数据的最佳方法。为了保证数据库的这种还原能力，所有的批数据操作（例如SELECT INTO、创建索引等）都被写入日志文件。选择完全还原模式时常使用的备份策略如下：

（1）首先进行完整数据库备份。
（2）然后进行差异数据库备份。
（3）最后进行事务日志的备份。

如果准备让数据库还原到发生故障时刻，必须对数据库发生故障前正处于运行状态的事务进行备份。

2) 大容量日志还原模式

大容量日志还原模式是对完全还原模式的补充。也就是要对大容量操作进行最小日志记录，节省日志文件的空间（如导入数据、批量更新、SELECT INTO 等操作时）。例如一次在数据库中插入数十万条记录时，在完全还原模式下每一个插入记录的动作都会记录在日志中，使日志文件变得非常大；在大容量日志还原模式下，只记录必要的操作，不记录所有日志，这样一来，可以大大提高数据库的性能，但是由于日志不完整，一旦出现问题，数据将可能无法还原。因此，一般只有在需要进行大量数据操作时才将还原模式改为大容量日志还原模式，数据处理完毕之后，马上将还原模式改回完全还原模式。

3) 简单还原模式

所谓简单还原，是指在进行数据库还原时仅使用了数据库完整备份或差异备份，而不涉及事务日志备份。简单还原模式可使数据库还原到上一次备份的状态，但由于不使用事务日志备份来进行还原，所以无法将数据库还原到故障点状态。当选择简单还原模式时常使用的备份策略是：首先进行数据库完整备份，然后再进行数据库差异备份。

通常，此模式只用于对数据安全要求不太高的数据库备份与还原。

在实际应用中，备份策略和还原策略的选择不是相互孤立的，而是有着紧密的联系。因为在采用何种数据库还原模式的决策中需要考虑该怎样进行数据库备份，更多的是在选择应该使用哪种备份类型时，必须考虑到当使用该备份进行数据库还原时，它能把遭到损坏的数据库还原到怎样的状态（是数据库发生故障的时刻，还是最近一次备份的时刻）。但有一点必须强调，即备份类型的选择和还原模式的确定都应服从于这一目标：尽最大可能，以最快速度减少或消除数据丢失。

11.2 分离和附加数据库

分离和附加数据库是数据库备份与还原的一种常用方法。它类似于"文件拷贝"方式。但由于数据库管理系统的特殊性，需要利用 SQL Server 提供的工具才能完成以上工作，而简单的文件拷贝导致数据库根本无法正常使用。

这个方法涉及 SQL Server 分离数据库和附加数据库这两个互逆操作工具。

分离数据库就是将某个数据库（如 JXGL）从 SQL Server 数据库列表中移出，使其不再被 SQL Server 管理和使用，但必须保证该数据库的数据文件(.mdf)和对应的日志文件(.ldf)完好无损。分离成功后，就可以把该数据库文件(.mdf)和对应的日志文件(.ldf)拷贝到其他磁盘或移动设备上作为备份保存。

附加数据库就是将一个备份磁盘或移动设备上的数据库文件(.mdf)和对应的日志文件(.ldf)拷贝到需要的计算机，并将其添加到某个 SQL Server 数据库服务器中，由该服务器来管理和使用这个数据库。

11.2.1 分离数据库

分离数据库方法主要有两种：一是使用 SSMS 图形化方式；二是使用系统存储过程方式。

1. 使用 SSMS 图形化方式

下面以分离教学管理数据库 JXGL 为例进行介绍，具体步骤如下：

(1) 在"对象资源管理器"中，展开"数据库"，选定需要分离的数据库名称 JXGL，右击 JXGL 数据库，在弹出的快捷菜单中选择"属性"命令，弹出"数据库属性-JXGL"对话框。

(2) 将"数据库属性-JXGL"对话框切换到"选项"选择页，在"其他选项"列表框中找到"状态"选项，然后单击"限制访问"下拉列表框，从中选择 SINGLE_USER 选项，如图 11.1 所示。

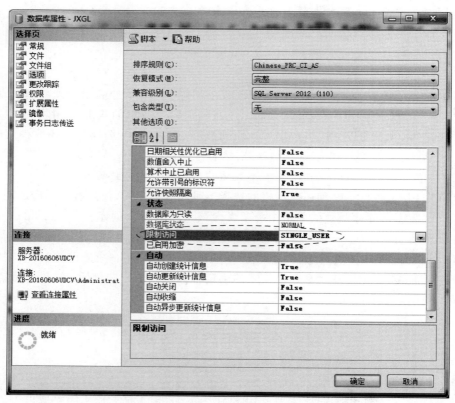

图 11.1　"数据库属性-JXGL"对话框

(3) 在图 11.1 中单击"确定"按钮后将弹出一个"打开连接"消息框，提示信息"若更改数据库属性，SQL Server 必须关闭此数据库的所有其他连接。是否确实要更改属性并关闭所有其他连接?"。这里应注意：在大型数据库系统中，随意断开数据库的其他连接是一个危险的动作，一般地，在进行数据库操作时，无法知道连接到数据库上的应用程序正在做什么，也许被断开的是一个正在对数据进行复杂的更新操作且已经运行较长时间的事务。

（4）在弹出的"打开连接"消息框中单击"是"按钮后，"对象资源管理器"中数据库名称 JXGL 后面会增加显示"单个用户"。然后右击该数据库名称，在快捷菜单中选择"任务"→"分离"命令，出现"分离数据库"对话框。

（5）在"分离数据库"对话框中列出了要分离的数据库名称。选中"更新统计信息"复选框。若"消息"列中没有显示存在活动连接，则"状态"列显示为"就绪"，如图 11.2 所示；否则显示"未就绪"，此时必须选中"删除连接"列的复选框。

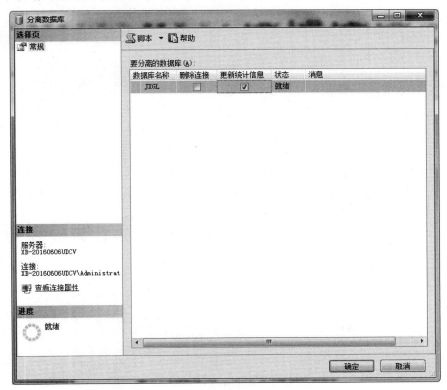

图 11.2 "分离数据库"对话框

（6）分离数据库参数设置完成后，单击图 11.2 的"确定"按钮，就完成了所选数据库的分离操作。这时在"对象资源管理器"的数据库对象列表中就看不到刚才被分离的数据库名称 JXGL 了。

2. 使用系统存储过程方式

使用系统存储过程 sp_detach_db 可以分离数据库，其简单语句格式为：

```
EXEC sp_detach_db <数据库名>
```

例 11.1 使用存储过程 sp_detach_db 分离 JXGL 数据库。

```
USE master
GO
EXEC sp_detach_db 'JXGL'
```

11.2.2 附加数据库

附加数据库方法主要有两种：一是使用 SSMS 图形化方式；二是使用 Transact-SQL 语句方式。

1. 使用 SSMS 图形化方式

下面以附加教学管理数据库 JXGL 为例，给出该方法的具体步骤。

（1）将需要附加的数据库文件和日志文件拷贝到某个已经创建好的文件夹中。假设教学管理数据库 JXGL 已经存储在 D:\JXGLSYS\DATA 文件夹下。在"对象资源管理器"中右击"数据库"对象，并在快捷菜单中选择"附加"命令，打开"附加数据库"对话框。

（2）在"附加数据库"对话框中，单击页面中间的"添加"按钮，打开"定位数据库文件-XB-20160606UDCV"对话框，在此对话框中展开 D:\JXGLSYS\DATA 文件夹，选择要附加的数据库文件 JXGL.mdf（后缀.mdf），如图 11.3 所示。

图 11.3 "定位数据库文件"对话框

（3）单击"确定"按钮就完成了附加数据库文件的设置工作。

2. 使用 Transact-SQL 语句方式

使用 Transact-SQL 语句方式附加数据库语句格式为：

```
CREATE DATABASE <数据库名>
ON(FILENAME = <物理文件名>)
FOR ATTACH
```

其中，<数据库名>是指要还原的数据库的逻辑文件名，<物理文件名>是指数据库的数据文件（包括完整路径）。

例 11.2 将 D 盘上 JXGLSYS\DATA 文件夹中教学管理（JXGL）数据库附加到当前 SQL Server 服务器中。

```
USE master
```

```
GO
CREATE DATABASE JXGL
ON(FILENAME = 'D:\JXGLSYS\DATA\JXGL.mdf')
FOR ATTACH
```

11.3 数据库备份

数据库的备份范围可以是完整的数据库、部分数据库、文件或文件组。对于这些范围，SQL Server 均支持完整备份、差异备份和文件或文件组备份。

11.3.1 创建和删除备份设备

进行数据库备份前必须首先创建备份设备。备份设备是用来存储数据库、事务日志的存储介质。

创建和删除备份设备的方法主要有两种：一是使用 SSMS 图形化方式；二是使用系统存储过程方式。

1. 创建备份设备

SQL Server 允许将本地主机硬盘或远程主机的硬盘作为备份设备，备份设备在硬盘中是以文件的形式存储的。

1) 使用 SSMS 图形化方式

例 11.3 在 D:\JXGL 文件夹下，创建一个用来备份数据库 JXGL 的备份设备 back_JXGL。

创建步骤如下：

(1) 在"对象资源管理器"中展开"服务器对象"，然后右击"备份设备"。

(2) 从弹出的快捷菜单中选择"新建备份设备"命令，将打开"备份设备"对话框，在"设备名称"文本框中输入 back_JXGL，并在目标区域中设置好文件，如图 11.4 所示。本例中备份设备存储在 D:\JXGL 文件夹下，这里必须保证 SQL Server 所选择的硬盘驱动器上有足够的可用空间。

(3) 单击"确定"按钮完成创建永久备份设备。

创建完毕之后，立即转到 Windows 资源管理器，并查找一个名为 back_JXGL.bak 的文件，有时可能找不到它，因为 SQL Server 还没有创建这个文件，SQL Server 只是在 master 数据库中的 sysdevices 表上简单地添加了一条记录，这条记录在首次备份到该设备时，会通知 SQL Server 将备份文件创建在什么地方。

2) 使用系统存储过程方式

可以使用系统存储过程 sp_addumpdevice 来创建备份设备。其语句格式为：

sp_addumpdevice DISK|PIPE|TAPE,<逻辑名>,<物理名>

参数说明如下。

(1) DISK|PIPE|TAPE：为创建的设备类型，取值为：DISK 表示硬盘，PIPE 表示命名管道，TAPE 表示磁带设备。

(2) <逻辑名>：指备份设备的逻辑名称，该逻辑名称用于 BACKUP 和 RESTORE 语

图 11.4 "备份设备"对话框

句中,数据类型为 sysname,它没有默认值,并且不能为 NULL。

(3)<物理名>:指备份设备的物理名称。物理名称必须遵循操作系统文件名称的命名规则或者网络设备的通用命名规则,必须包括完整的路径。它没有默认值,并且不能为 NULL。

也可以利用系统存储过程 sp_addumpdevice 创建远程备份设备,此时需要指明具体的服务器名及路径。同时要注意的是,当创建远程网络位置上的备份设备时,需要确保 SQL Server 对远程的服务器有适当的写入能力。

注意:不能在事务内执行 sp_addumpdevice。只有 sysadmin 和 diskadmin 固定服务器角色的成员才能执行该系统存储过程。

例 11.4 创建一个名为 mydiskdump 的备份设备,其物理名称为 D:\JXGL\Dump1.bak。

```
USE master
GO
EXEC sp_addumpdevice 'disk','mydiskdump','D:\JXGL\Dump1.bak'
```

例 11.5 查看创建的设备文件。

```
USE master
GO
SELECT * FROM sysdevices
```

执行结果如图 11.5 所示。

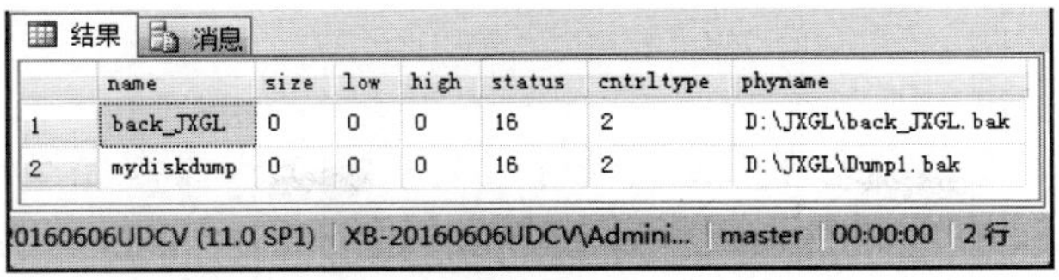

图 11.5 查看备份设备

2. 删除备份设备

如果不再需要备份设备,可以将其删除。

1) 利用 SSMS 图形化方式

具体步骤如下:

(1) 在"对象资源管理器"中展开"服务器对象"→"备份设备"。

(2) 选择要删除的具体备份设备,右击,从弹出的快捷菜单中选择"删除"命令,即可完成删除操作。

2) 使用系统存储过程方式

可以使用系统存储过程 sp_dropdevice 删除备份设备。其语句格式为:

EXEC sp_dropdevice <备份设备名>

其中,<备份设备名>是指备份设备的逻辑名。

例 11.6 删除例 11.4 创建的备份设备。

```
USE master
GO
EXEC sp_dropdevice 'mydiskdump'
```

3. 查看备份设备信息

可以使用 SSMS 图形化方式或使用 Transact-SQL 语句来查看备份设备的信息。

使用 SSMS 图形化方式查看备份设备信息的具体方法是:在"对象资源管理器"中,依次展开"服务器对象"→"备份设备",右击所要查看信息的备份设备名称,在弹出的快捷菜单中选择"属性"命令,打开"备份设备"属性窗口。可以利用"备份设备"属性窗口的"常规"和"媒体内容"选择页来查看相关信息。

使用 RESTORE HEADRONLY 的 Transact-SQL 语句也可以查看备份设备的相关信息。简单语句格式是:

RESTORE HEADRONLY FROM DISK = <备份设备名>

例 11.7 使用 Transact-SQL 语句查看备份设备 back_JXGL 的相关信息。

RESTORE HEADERONLY FROM DISK = 'D:\JXGL\back_JXGL.bak'

11.3.2 备份数据库方法

SQL Server 数据库备份类型有 4 种,即完整数据库备份、差异数据库备份、事务日志备份和文件或文件组备份。在 Microsoft SQL Server 中创建 4 种数据库备份的方法主要有两种:一是使用 SSMS 图形化方式;二是使用 Transact-SQL 语句方式。

1. 使用 SSMS 图形化方式

完整备份是数据库最基础的备份方式,差异数据库备份、事务日志备份都依赖于完整数据库备份。

1) 完整数据库备份

例如，需要对教学管理数据库 JXGL 进行一次完整备份，操作步骤如下：

(1) 在"对象资源管理器"中，展开"数据库"，右击 JXGL，在快捷菜单中选择"属性"命令，弹出"数据库属性-JXGL"对话框。

(2) 切换到"选项"选择页，从"还原模式"下拉列表框中选择"完整"选项。单击"确定"按钮，即可应用所修改的结果。

(3) 右击数据库 JXGL，从快捷菜单中选择"任务"→"备份"命令，弹出"备份数据库-JXGL"对话框，从"数据库"下拉列表框中选择 JXGL 数据库；在"备份类型"下拉列表框中选择"完整"选项；保留"名称"文本框的内容不变。在"说明"输入框中可以输入 complete backup of JXGL。

(4) 设置备份到磁盘的目标位置，通过单击"删除"按钮删除已存在的目标，如图 11.6 所示。

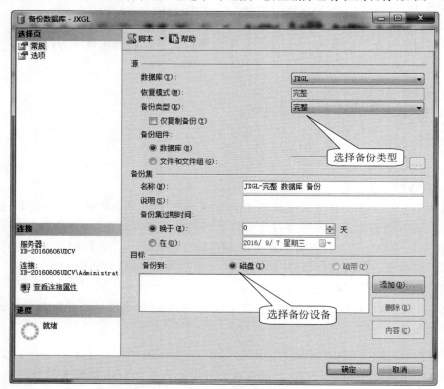

图 11.6 设置备份"常规"选择页

(5) 单击"添加"按钮，弹出"选择备份目标"对话框，选中"备份设备"单选按钮，然后从下拉列表框中选择 back_JXGL 选项，如图 11.7 所示。

(6) 设置好以后，单击"确定"按钮返回"备份数据库-JXGL"对话框，这时在图 11.6 中可以看到"目标"下面的文本框中增加了一个备份设备 back_JXGL。

(7) 切换到"选项"选择页，选中"覆盖所有现有备份集"选项，该选项用于初始化新的设备或覆盖现在的设备；选中"完成后验证备份"复选框，该复选框用来核对实际数据库与备份副本，并确保它们在备份完成之后是一致的。具体设置情况如图 11.8 所示。

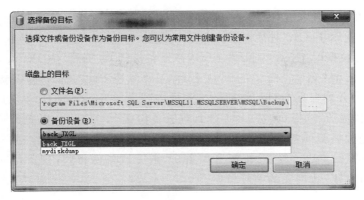

图 11.7 "选择备份目标"对话框

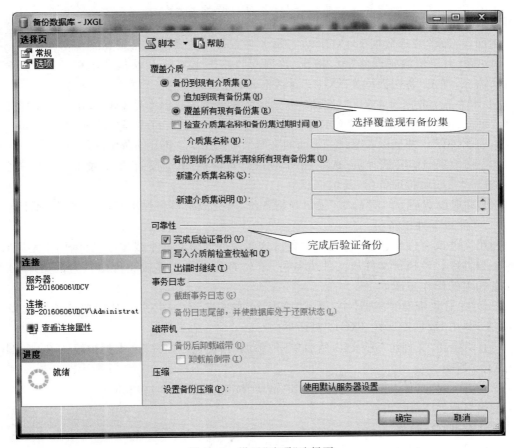

图 11.8 设置"选项"选择页

(8) 完成设置后,单击"确定"按钮开始备份,若完成备份后弹出"备份完成"对话框,则表示已经完成了对数据库 JXGL 的一个完整备份。

2) 差异数据库备份

创建差异备份的过程与创建完整备份的过程几乎相同。

例如,创建教学管理数据库 JXGL 的差异备份,操作过程如下:

(1) 在"对象资源管理器"中展开"数据库"文件夹。右击 JXGL,选择"任务"→"备份"命令,打开"备份数据库-JXGL"对话框,如图 11.6 所示。

(2) 在"备份数据库-JXGL"对话框中,选择要备份的"数据库"为 JXGL,并选择"备份类型"为"差异"。保留"名称"框中的默认名称,在"说明"输入框中可以输入 differential backup of JXGL,并确保在"目标"下面的文本框中列出了 back_JXGL 备份设备。

(3) 切换到"选项"选择页,选中"追加到现有备份集"单选按钮,以免覆盖现有的完整备份,并且选中"完成后验证备份"复选框,以确保它们在备份完成之后是一致的。

(4) 完成设置后,单击"确定"按钮开始备份,若完成备份将弹出"备份完成"对话框,表示已经完成了"JXGL"数据库的差异备份。

3) 事务日志备份

尽管事务日志备份依赖于完整备份,但它并不备份数据库本身。这种类型的备份只记录事务日志的适当部分。

例如,对教学管理数据库 JXGL 进行事务日志备份。操作步骤如下:

(1) 在"对象资源管理器"中,展开"数据库",右击 JXGL,从快捷菜单中选择"任务"→"备份"命令,弹出"备份数据库-JXGL"对话框,如图 11.6 所示。

(2) 在"备份数据库-JXGL"对话框中,选择所要备份的数据库是 JXGL,并且选择"备份类型"为"事务日志"。保留"名称"文本框中的默认名称,在"说明"框中可以输入"Transaction log backup of JXGL"。并确保在"目标"下面的文本框中列出了 JXGL 的备份设备。

(3) 切换到"选项"选择页,选中"追加到现有备份集"单选按钮,以免覆盖现有的完整备份,并选中"完成后验证备份"复选框。

(4) 完成设置后,单击"确定"按钮开始备份,若完成备份将弹出"备份完成"对话框。

4) 文件或文件组备份

利用文件或文件组备份,每次可以备份这些文件当中的一个或多个文件,而不是同时备份整个数据库。要执行文件或文件组备份,首先必须添加文件或文件组。为数据库 JXGL 添加文件组的操作步骤如下:

(1) 在"对象资源管理器"中,展开"数据库"文件夹,右击 JXGL,从快捷菜单中选择"属性"命令,弹出"数据库属性-JXGL"对话框。

(2) 切换到"文件组"选择页,然后单击"添加"按钮,在"名称"文本框中输入 Secondary,如图 11.9 所示。

(3) 切换到"文件"选择页,然后单击"添加"按钮,设置各个选项如下。

逻辑名称:JXGL_data

文件类型:行数据

文件组:Secondary

初始大小:4

具体设置如图 11.10 所示。

(4) 单击"确定"按钮关闭"数据库属性-JXGL"对话框。

下面来执行文件或文件组备份,具体步骤如下:

(1) 右击 JXGL,从快捷菜单中选择"任务"→"备份"命令,弹出"备份数据库-JXGL"对话框。选择要备份的数据库为 JXGL,并且选择备份类型为"完整"。

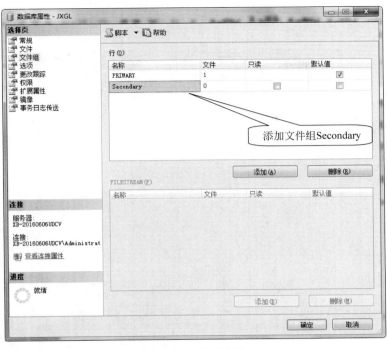

图 11.9 添加文件组

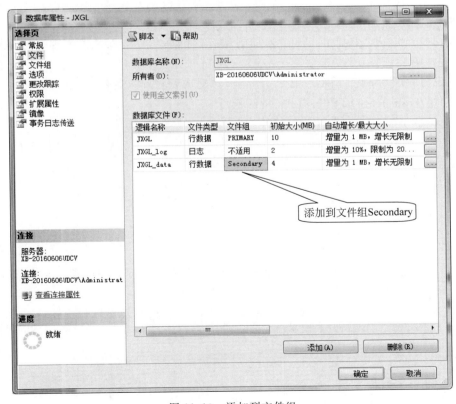

图 11.10 添加到文件组

（2）在"备份组件"中选择"文件组"选项，打开"选择文件和文件组"窗口，然后选中 Secondary 旁边的复选框，如图 11.11 所示。

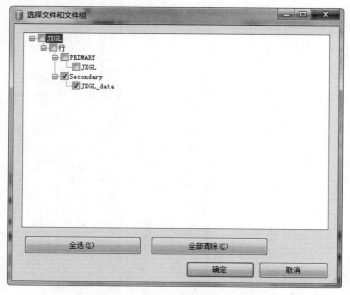

图 11.11 "选择文件和文件组"对话框

（3）单击"确定"按钮，保留其他项为默认值，或者根据需要修改相应的选项，但应确保"目标"项中为 back_JXGL 备份设备。

（4）切换到"选项"选择页，选中"追加到现有备份集"选项，以免覆盖现有的完整备份，并选中"完成后验证备份"复选框。

（5）设置完成后，单击"确定"按钮开始备份，完成后将弹出备份成功的消息框。

2. 使用 Transact-SQL 语句方式

1）完整备份

使用系统命令 BACKUP DATABASE 可以完成数据库的完整备份，其语句格式如下：

```
BACKUP DATABASE <数据库名>
    TO DISK|TAPE = <物理文件名>[, … n]
[WITH
[[,]NAME = <备份设备名>]
[[,]DESCRIPTION = <备份描述>]
[[,]INIT|NOINIT]
```

其中，INIT | NONINT 中 INIT 表示新备份的数据覆盖当前备份设备上的每一项内容，NOINIT 表示新备份的数据添加到备份设备上已有的内容后面。

例 11.8 在例 11.3 创建的备份设备 back_JXGL 上重新备份数据库 JXGL，并覆盖以前的数据。

```
USE master
GO
BACKUP DATABASE JXGL
TO DISK = 'D:\JXGL\tmpxsbook.bak'  -- 物理文件名
WITH INIT,  -- 覆盖当前备份设备上的每一项内容
```

```
    NAME = 'd:\JXGL\back_JXGL',  -- 备份设备名
    DESCRIPTION = 'This is then full full backup JXGL'
```
程序执行结果如图 11.12 所示。

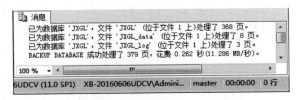

图 11.12　例 11.8 程序执行结果

从结果可以看出，完整数据库备份将数据库中的所有数据文件和日志文件都进行了备份。

当然也可以将数据库备份到一个磁盘文件中，此时 SQL Server 将自动为其创建备份设备。

例 11.9　将数据库 JXGL 备份到磁盘文件 JXGL_backup.bak 中。

```
USE master
GO
BACKUP DATABASE JXGL
TO DISK = 'D:\JXGLSYS\JXGL_backup.bak'
```

2）差异备份

使用系统命令 BACKUP DATABASE 的 Transact-SQL 可以完成数据库的差异备份。

```
BACKUP DATABASE <数据库名>
    TO DISK|TAPE = <物理文件名>[, … n]
WITH DIFFERENTIAL
[[,]NAME = <备份设备名>]
[[,]DESCRIPTION = <备份描述>]
[[,]INIT|NOINIT]
```

其中，WITH DIFFERENTIAL 子句指明了本次备份是差异备份，其他选项与完整备份类似，此处不再赘述。

例 11.10　在例 11.8 的基础上，创建 JXGL 的差异备份，并将此次备份追加到以前所有备份的后面。

```
USE master
GO
BACKUP DATABASE JXGL
TO DISK = 'D:\JXGLSYS\firstbackup'
WITH DIFFERENTIAL,
NOINIT
```

程序执行结果如图 11.13 所示。

从执行结果可以看出，JXGL 数据库的差异备份与完整备份相比，数据量较少，时间也较快。

图 11.13　例 11.10 执行结果

3）日志备份

使用系统命令 BACKUP LOG 的 Transact-SQL 语句可以创建事务日志备份。

BACKUP LOG 的语句格式为：

```
BACKUP LOG <数据库名>
    TO DISK|TAPE = <物理文件名>[, … n]
WITH DIFFERENTIAL
[[,]NAME = <备份设备名>]
[[,]DESCRIPTION = <备份描述>]
[[,]INIT|NOINIT]
[[,]NORECOVERY]
```

其中，BACKUP LOG 子句指明了本次备份创建的是事务日志备份，NORECOVERY 是指备份到日志尾部并使数据库处于正在还原的状态，只能和 BACKUP LOG 一起使用。其他选项与以上备份类似，此处不再赘述。

例 11.11　对数据库 JXGL 做事务日志备份。要求追加到现有的备份集 firstbackup 本地磁盘设备上。

```
USE master
GO
BACKUP LOG JXGL
TO DISK = 'D:\JXGLSYS\firstbackup'
WITH NOINIT
```

程序执行结果如图 11.14 所示。

图 11.14　例 11.11 执行结果

4）文件或文件组备份

使用系统命令 BACKUP 创建文件或文件组备份的 Transact-SQL 语句格式为：

```
BACKUP DATABASE <数据库名>
FILE = <逻辑文件名>|FILEGROUP = <逻辑文件组名>
TO DISK|TAPE = <物理文件名> [, … n]
WITH INIT|NOINIT
```

其中各选项与以上备份类似，此处不再赘述。

例 11.12　将数据库中添加的文件组 Secondary 备份到本地磁盘设备 firstbackup。

```
USE master
```

```
GO
BACKUP DATABASE JXGL
FILEGROUP = 'Secondary'
TO DISK = 'firstbackup'
WITH NOINIT
```

程序执行结果如图 11.15 所示。

图 11.15 例 11.12 执行结果

11.4 数据库还原

数据库还原也称为数据库恢复。当数据库出现故障时,将备份的数据库加载到系统,从而使数据库还原到备份时的正确状态。

11.4.1 数据库还原的技术

SQL Server 会自动将备份文件中的数据全部复制到数据库,并保证数据库中数据的完整性。系统能把数据库从被破坏、不正确的状态,还原到最近的一个正确状态,DBMS 的这种能力称为数据库的可还原性(recovery)。

要使数据库具有可还原性,基本原则很简单,就是"冗余",即数据库重复存储。

1. 数据库的基本维护

为了使 DBMS 具有更好的可还原性,DBA 必须做好数据库的基本维护工作。

1) 平时做好两件事:转储和建立日志

(1) 周期性地(比如一天一次)对整个数据库进行拷贝,转储到另一个磁盘或移动设备一类存储介质中。

(2) 建立日志数据库。记录事务的开始、结束标志,记录事务对数据库的每一次插入、删除和修改前后的值,写到"日志"库中,以便有案可查。

2) 一旦发生数据库故障,分两种情况进行处理

(1) 如果数据库已被破坏,例如,磁头脱落、磁盘损坏等,这时数据库已不能用了,要装入最近一次复制的数据库备份到新的磁盘,然后利用日志库执行"重做"(REDO)处理,将这两个数据库状态之间的所有更新重新做一遍。这样既还原了原有的数据库,又没有丢失对数据库的更新操作。

(2) 如果数据库未被破坏,但某些数据不可靠,受到怀疑。例如,程序在批处理修改数据库时异常中断。这时不必去复制存档的数据库,只要通过日志库执行"撤销"(UNDO)处理,撤销所有不可靠的修改,把数据库还原到正确的状态。

还原的原则很简单,实现的方法也比较清楚,但做起来相当复杂。

2. 故障类型和还原技术

在 DBS 引入事务概念以后,数据库的故障可以用事务的故障表示。也就是数据库的故

障具体体现为事务执行的成功与失败。常见的故障可分成下面三类。

1) 事务故障

事务故障又可分为两种：

(1) 可以预期的事务故障。即在程序中可以预先估计到的错误，例如存款余额透支、商品库存量达到最低等，此时继续取款或发货就会出现问题。这种情况可以在事务的代码中加入判断和 ROLLBACK 语句。当事务执行到 ROLLBACK 语句时，由系统对事务进行回滚操作，即执行 UNDO 操作。

(2) 非预期的事务故障。即在程序中发生的未预测到的错误，例如运算溢出、数据错误、并发事务发生死锁而被选中撤销该事务等，此时由系统直接对该事务执行 UNDO 处理。

2) 系统故障

引起系统停止运转随之要求重新启动的事件称为"系统故障"。例如硬件故障、软件（DBMS、OS 或应用程序）错误或掉电等情况，都称为系统故障。系统故障影响正在运行的所有事务，并且主存内容丢失，但不破坏数据库。由于故障发生时正在运行的事务都非正常终止，从而造成数据库中某些数据不正确。DBMS 的还原子系统必须在系统重新启动时，对这些非正常终止的事务进行处理，把数据库还原到正确的状态。

重新启动时，具体处理分两种情况考虑。

(1) 对未完成事务做 UNDO 处理。

(2) 对已提交事务但更新还留在缓冲区的事务进行 REDO 处理。

3) 介质故障

在发生介质故障和遭受病毒破坏时，磁盘上的物理数据库遭到毁灭性破坏。此时还原的过程如下：

(1) 重装转储的后备副本到新的磁盘，使数据库还原到转储时的一致状态。

(2) 在日志中找出转储以后所有已提交的事务。

(3) 对这些已提交的事务进行 REDO 处理，将数据库还原到故障前某一时刻的一致状态。

事务故障和系统故障的还原由系统自动进行，而介质故障的还原需要 DBA 配合执行。在实际中，系统故障通常称为软故障（soft crash），介质故障通常称为硬故障（hard crash）。

3. 检查点技术

一般来说，事务的 REDO（重做）和 UNDO（撤销）处理的具体实现比较复杂，因此可以使用检查点技术来实现。

1) 检查点方法

SQL Server 提供一种检查点（checkpoint）方法实现数据库的还原。检查点机制是自动把已完成的事务从高速缓存区写入磁盘数据库的一种方法。SQL Server 提供两种方法建立检查点：一是 SQL Server 自动执行的检查点；二是由数据库所有者或 DBA 调用 CHECKPOINT 强制执行的检查点。因为事务日志记录所有更新事务，在电源掉电、系统软件故障或客户提出撤销事务请求的事件下，SQL Server 可以自动还原数据库。当数据库需要还原时，只有那些在检查点后面还在执行的事务需要还原。若每小时进行 3~4 次检查，则只有不超过 15~20 分钟的处理需要还原。这种检查点机制大大减少了 DB 还原的时间。一般 DBMS 产品自动实行检查点操作，无须人工干预。此方法如图 11.16 所示。

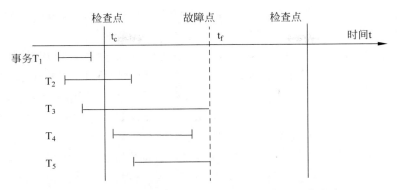

图 11.16 与检查点和系统故障有关的事务的可能状态

设 DBS 运行时，在 t_c 时刻产生了一个检查点，而在下一个检查点来临之前的 t_f 时刻系统发生故障。我们把这一阶段运行的事务分成五类（$T_1 \sim T_5$）：

（1）事务 T_1 不必还原。因为它们的更新已在检查点 t_c 时写到数据库中去了。

（2）事务 T_2 和事务 T_4 必须重做（REDO）。因为它们结束在下一个检查点之前，它们对 DB 的修改仍在内存缓冲区，还未写到磁盘中。

（3）事务 T_3 和事务 T_5 必须撤销（UNDO）。因为它们还未做完，需要撤销事务已对 DB 所做的修改。

2）检查点方法的还原算法

采用检查点方法的基本还原算法分成两步。

（1）根据日志文件建立事务重做队列和事务撤销队列。

此时，从头扫描日志文件（正向扫描），找出在故障发生前已经完成的事务（这些事务还未执行 COMMIT），将其事务标识记入重做队列。

同时，还要找出故障发生时尚未完成的事务，将其事务标识记入撤销队列。

（2）对重做队列中的事务进行 REDO 处理，对撤销队列中的事务进行 UNDO 处理。

进行 REDO 处理的方法是：正向扫描日志文件，根据重做队列的记录对每一个重做事务重新实施对数据库的更新操作。

进行 UNDO 处理的方法是：反向扫描日志文件，根据撤销队列的记录对每一个撤销事务的更新操作执行逆操作（对插入操作执行删除操作，对删除操作执行插入操作，对修改操作则用修改前的值代替修改后的值）。

4. 运行记录优先原则

从前面的还原处理可以看出，将一个修改提交到数据库中和写一个表示这个修改的运行记录到日志中是两个不同的操作。这样就有可能在这两个操作之间发生故障。那么先写入的一个得以保留下来，而另一个就丢失了。如果保留下来的是数据库的修改，而在运行日志中没有记录下这个修改，那么以后就无法撤销这个修改了。因此，为了安全，运行记录应该先写下来，这就是"运行记录优先原则"，具体有以下两点：

（1）至少要等相应运行记录已经写入运行日志后，才能允许事务向数据库中提交记录；

（2）直到事务的所有运行记录都已经写入运行日志后，才能允许事务完成 COMMIT 处理。

这样，如果出现故障，则可能在运行日志中而不是在数据库中记录了一个修改。在重新启动时，就有可能请求 UNDO/REDO 处理原先根本没有对数据库做过的修改。

5. 数据库镜像

数据库镜像(DataBase mirror)是一种提高 SQL Server 数据库可用性的解决方案。数据库镜像维护一个数据库的两个副本，这两个副本必须驻留在不同的 SQL Server 数据库引擎服务器实例上。通常，这些服务器实例驻留在不同位置的计算机上。启动数据库上的数据库镜像操作时，在这些服务器实例之间形成一种关系，称为"数据库镜像会话"。

数据库镜像是一种简单的策略，具有下列优点：

(1) 提高数据库的可用性。发生灾难时，在具有自动故障转移功能的高安全性模式下，自动故障转移可快速使数据库的备用副本联机(而不会丢失数据)。在其他运行模式下，数据库管理员可以选择强制服务(可能丢失数据)，以替代数据库的备用副本。增强数据保护功能。

(2) 数据库镜像提供完整或接近完整的数据冗余，具体取决于运行模式是高安全性还是高性能。

(3) 在高版本 SQL Server Enterprise 上运行的数据库镜像会自动尝试解决某些阻止读取数据页的错误。

(4) 提高数据库在升级期间的可用性。

随着磁盘容量越来越大，价格越来越便宜。为避免磁盘介质出现故障影响数据库的可用性，根据 DBA 的要求，应自动把整个数据库或其中的关键数据复制到另一个磁盘上。每当主数据库更新时，DBMS 自动把更新后的数据复制过去，即 DBMS 自动保证镜像数据与主数据库的一致性，如图 11.17(a)所示。这样，一旦出现介质故障，可由镜像磁盘继续提供服务，同时 DBMS 自动利用镜像磁盘数据进行数据库的还原，不需要关闭系统和重装数据库副本，如图 11.17(b)所示。

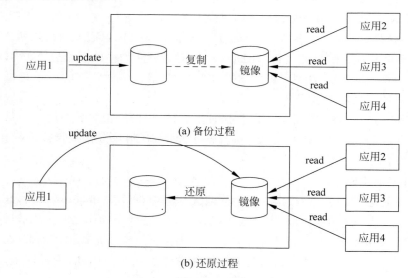

图 11.17 数据库镜像示意图

由于数据库镜像是通过复制数据实现的，频繁地复制数据自然会降低系统运行效率，因此，在实际应用中用户往往只选择对关键数据和日志文件镜像，而不是对整个数据库进行镜像。

11.4.2 数据库还原的方法

在数据库还原时,SQL Server 会自动将备份文件中的数据全部复制到数据库,并回滚任何未完成的事务,以保证数据库中数据的完整性。SQL Server 还原数据库方法主要有两种:一是使用 SSMS 图形化方式;二是使用 Transact-SQL 语句方式。

1. 利用 SSMS 图形化方式

例如,对数据库 JXGL 进行还原。在 SQL Server 2012 中操作步骤如下:

(1) 在"对象资源管理器"中,右击 JXGL 数据库,从弹出的快捷菜单中选择"任务"→"还原"→"数据库"命令,打开"还原数据库-JXGL"对话框,如图 11.18 所示。

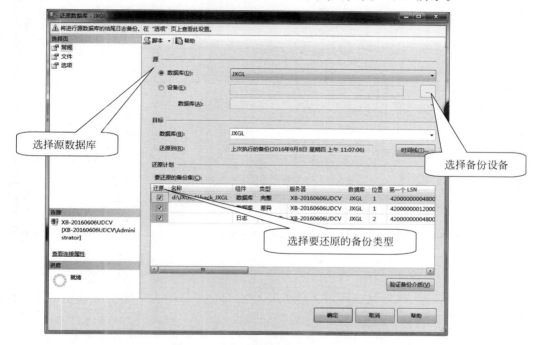

图 11.18 "还原数据库-JXGL"对话框

(2) 选择还原的"源"数据库为 JXGL 或者选择还原的源设备。在"要还原的备份集"中选择备份集,可以同时选择"完整""差异""事务日志",也可以选择其中的任何一个。设置情况如图 11.18 所示。

(3) 在"选项"选择页中,配置还原操作的选项,如图 11.19 所示。

"还原选项"部分可以选择如下选项。

① 覆盖现有数据库(WITH REPLACE):允许还原操作覆盖现有的任何数据库以及它们的相关文件。

② 保留复制设置(WITH KEEP_REPLICATION):当正在还原一个发布的数据库到一个服务器的时候,确保保留任何复制的设置。

③ 限制访问还原的数据库(WITH RESTRICTED_USER):使还原的数据库只能供 db_owner、dbcreator 或 sysadmin 的成员使用。

在"恢复状态"下拉列表框中可以选择如下选项。

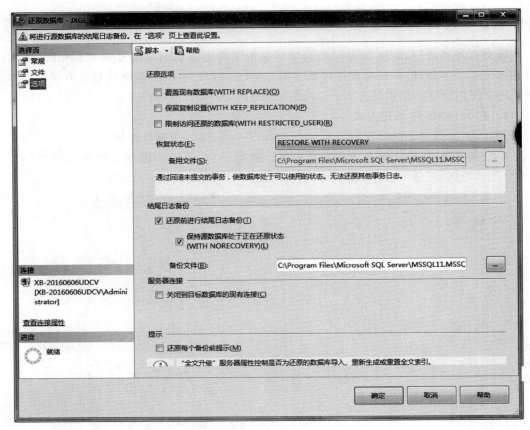

图 11.19 "选项"选择页

① RESTORE WITH RECOVERY：还原了"常规"选择页的"要还原的备份集"列表框中最后一个备份之后，恢复数据库。这是默认选项，等效于 Transact-SQL 方式中 RESTORE 语句指定的 WITH RECOVERY 参数。

注意：在完整恢复模式或大容量日志恢复模式下，只有在需要还原所有日志文件时才选择此选项。

② RESTORE WITH NORECOVERY：使数据库处于还原状态。此时系统允许还原当前恢复路径中的其他备份。若要恢复数据库，则必须使用 RESTORE WITH RECOVERY 选项来执行还原操作。该选项等效于 Transact-SQL 方式中 RESTORE 语句指定的 WITH NORECOVERY 参数。值得注意的是，如果选择此选项，那么"保留复制设置"选项将不可用。

③ RESTORE WITH STANDBY：使数据库处于备用状态，在该状态下只能对数据库进行有限的只读访问。该选项等效于 Transact-SQL 方式中 RESTORE 语句指定的 WITH STANDBY 参数。如果选择该选项要求在"备用文件"文本框中指定一个备用文件。备用文件允许撤销恢复效果。

④ 备用文件：指用户指定的备用文件，用户可以浏览到该备用文件，也可以在文本框中直接输入其路径名。

⑤ 还原前进行结尾日志备份：该选项指定结尾日志备份与数据库还原一起执行。

⑥ 服务器连接：该选项可用于关闭现有的数据库连接。

⑦ 关闭到目标数据库的现有连接：如果存在与数据库的活动连接，则还原操作可能会失败。选中该选项以确保关闭 SSMS 和数据库之间的所有活动连接。此复选框可在执行还原操作之前将数据库设置为单用户模式，并在该操作完成后将数据库设置为多用户模式。

最后一项是"还原每个备份之前提示"，指定在还原了每个备份之后，将显示"继续还原"对话框，提示是否要继续还原顺序。该对话框将显示下一个介质集（如果已知）的名称以及下一个备份集的名称和说明。

（4）设置好上述选项后，单击"确定"按钮，任何时候可以通过单击"立即停止操作"按钮来停止还原。如果发生错误，可以看到关于错误消息的提示。

使用 SSMS 图形化方式可以还原文件和文件组，以及从数据库备份或文件的备份中还原文件和文件组，还可以还原单个文件、文件集或同时还原所有文件。由于使用图形化方式的过程与还原数据库基本相似，此处不再赘述。

2. 使用 Transact-SQL 语句方式

可以使用 Transact-SQL 命令语句 RESTORE 还原整个数据库及数据库的日志，还可以还原数据库指定的某个文件或文件组。其语句格式如下：

```
RESTORE DATABASE|LOG <数据库名>
[FROM <备份设备>[, … n]]
[ WITH
    [[,]FILE = <文件序号>|<@文件序号变量>]
    [[,]MOVE <逻辑文件名> TO <物理文件名>]
    [[,]NORECOVERY|RECOVERY]
    [[,]REPLACE]
][STOPAT = <日期时间>|<@日期时间变量>]
```

参数说明如下。

（1）DATABASE|LOG：指定从备份还原整个数据库或日志文件。如果指定了文件和文件组列表，则只还原文件和文件组。

（2）<数据库名>：指定将日志或整个数据库还原到的数据库。

（3）FROM：指定从中还原备份的备份设备。如果没有指定 FROM 子句，则不会发生备份设备还原，而只是还原数据库。

（4）<备份设备>：指定还原操作要使用的逻辑或物理备份设备。

（5）FILE=<文件序号>|<@文件序号变量>：标识要还原的备份集。

例如，文件序号为 1 表示备份媒体上的第一个备份集，文件序号为 2 表示第二个备份集。

（6）MOVE <逻辑文件名> TO <物理文件名>：指定应将给定的<逻辑文件名>移到<物理文件名>，可以在不同的 MOVE 语句中指定数据库内的每个逻辑文件。

（7）NORECOVERY|RECOVERY：NORECOVERY 参数是指还原操作不回滚任何未提交的事务，以保持数据库的一致性。RECOVERY 参数用于最后一个备份的还原，它是默认值。

（8）REPLACE：指即使存在另一个具有相同名称的数据库，SQL Server 也能够创建指定的数据库及其相关文件，在这种情况下将删除现有的数据库。

(9) STOPAT=<日期时间>|<@日期时间变量>：指定将数据库还原到其在指定日期和时间的状态。

例 11.13 完成创建备份设备，备份数据库 JXGL 和还原数据库 JXGL 的全过程。

（1）添加一个名为 my_disk 的备份设备，其物理名称为 D:\JXGL_1\Dump2.bak。

```
USE master
GO
EXEC sp_addumpdevice 'disk','my_disk','D:\JXGL_1\Dump2.bak'
```

（2）将数据库 JXGL 的数据文件和日志文件都备份到磁盘文件 D:\JXGL\Dump2.bak 中。

```
USE master
GO
BACKUP DATABASE JXGL
TO DISK = 'D:\JXGL_1\Dump2.bak'
BACKUP LOG JXGL TO DISK = 'D:\JXGL_1\Dump2.bak' WITH NORECOVERY
```

执行程序段后结果如图 11.20 所示。

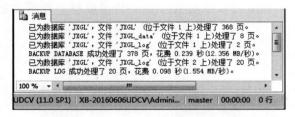

图 11.20 例 11.3 程序段（2）执行的结果

（3）从 my_disk 备份设备中还原 JXGL 数据库。

```
USE master
GO
RESTORE DATABASE JXGL
FROM DISK = 'D:\JXGL_1\Dump2.bak'
```

执行程序段后结果如图 11.21 所示。

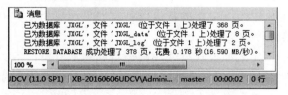

图 11.21 例 11.13 程序段（3）执行的结果

习　题　11

第三部分 应 用 篇

第 12 章　ADO.NET 访问 SQL Server 数据库

第 12 章 ADO.NET 访问 SQL Server 数据库

在基于 Web 的编程时代,ADO.NET 数据访问体系结构成为一种重要的数据访问模型,是应用程序访问和使用数据源数据的桥梁。ASP.NET 利用 ADO.NET 接口可以连接 SQL Server 数据库进行一些复杂的数据操作。由于 ADO.NET 在开发的时候就已经在内部对访问 SQL Server 的机制做了优化,因此在同等数据量的情况下,访问 SQL Server 要比其他数据库快得多。

本章的简单案例运行在 Visual Studio 2012 环境中,调用 SQL Server 2012 数据库管理系统下的数据库。

12.1 数据库访问技术 ADO.NET

ADO.NET 是重要的应用程序级接口,在 Microsoft .NET 平台中提供数据访问服务。它含有一系列对象,利用这些对象,可以很容易地实现对数据库的复杂操作。

12.1.1 ADO.NET 概述

ADO.NET 是 .NET Framework 的一部分,是一种全新的数据库访问技术。ADO.NET 技术的一个重要优点就是可以以离线的方式操作数据库,被设计成可以以断开的方式操作数据集,应用程序只有在取得数据或是更新数据的时候才对数据源进行联机,这样可以减少应用程序对服务器资源的占用,提高了应用程序的效率。

ADO.NET 主要由两个核心组件组成:.NET 数据提供程序(data providers)和数据集(data set)。前者实现数据操作和对数据的快速、只读访问,后者代表实际的数据。

1. .NET Framework 数据提供程序

.NET Framework 数据提供程序用于连接到数据库、执行命令和检索结果。这些结果将被直接处理,放置在数据集中以便根据需要向用户公开、与多个数据源中的数据组合,或在层之间进行远程处理。ADO.NET 与数据提供程序关系如图 12.1 所示。

.NET Framework 中所包含的数据提供程序如表 12.1 所示。

.NET 数据提供程序包含 Connection、Command、DataReader 和 DataAdapter 对象,.NET 程序员使用这些元素实现对实际数据的操作。Connection 对象用来实现和数据源的连接,是数据访问者和数据源之间的对话通道。Command 对象用来对数据源执行查询、添加、删除和修改等各种操作,操作实现的方式可以使用 SQL 语句,也可以使用存储过程。DataReader 是一个简单的数据集,用于从数据源中进行只读的、单向(向前)的数据访问,常

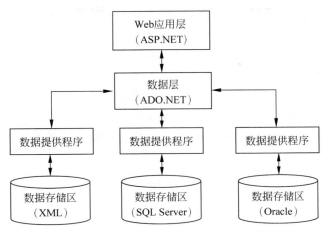

图 12.1 ADO.NET 与数据提供程序关系图

表 12.1 .NET Framework 中所包含的数据提供程序

.NET 数据提供程序	描 述
SQL Server 数据提供程序	提供 Microsoft SQL Server 的数据访问。使用 System.Data.SqlClient 命名空间
OLE DB 的数据提供程序	提供对使用 OLE DB 公开的数据源中数据的访问。使用 System.Data.OleDb 命名空间
ODBC 的数据提供程序	提供对使用 ODBC 公开的数据源中数据的访问。使用 System.Data.Odbc 命名空间
Oracle 的数据提供程序	适用于 Oracle 数据源。用于 Oracle 的.NET Framework 数据提供程序支持 Oracle 客户端软件 8.1.7 和更高版本,并使用 System.Data.OracleClient 命名空间
EntityClient 提供程序	提供对实体数据模型(EDM)应用程序的数据访问。使用 System.Data.EntityClient 命名空间
Compact 4.0 的 SQL Server 数据提供程序	提供 SQL Server Compact 4.0 的数据访问。使用 System.Data.SqlServerCe 命名空间

用于查询大量数据,要注意的是,使用 DataReader 对象读取数据时,必须一直保持与数据库的连接,所以也称为连接模式。一般来讲,DataReader 对象提供的数据访问接口没有 DataSet 对象那样功能强大,但性能更高,因此在某些场合下(例如一个简单的、不要求回传更新数据的查询)往往更能符合应用程序的需要。DataAdapter(即数据适配器)对象充当 DataSet 对象和数据源之间的桥梁,它使用 Command 对象、在 Connection 对象的连接辅助下访问数据源,将 Command 对象中的命令执行结果传递给 DataSet 对象,并将 DataSet 对象中的数据的改动回馈给数据源。DataAdapter 对象对 DataSet 对象隐藏了实际数据操作的细节,操作 DataSet 即可实现对数据库的更新。

相对上面提到的 Connection、Command、DataReader 和 DataAdapter 对象都有两个派生类版本,它们分别位于 System.Data.SqlClient 命名空间和 System.Data.OleDb 命名空间中,具体名称如下。

(1) Connection:SqlConnection 和 OleDbConnection。
(2) Command:SqlCommand 和 OleDbCommand。

(3) DataReader:SqlDataReader 和 OleDbDataReader。

(4) DataAdapter:SqlDataAdapter 和 OleDbDataAdapter。

两者实际上仅仅是前缀不同,使用时需要注意。

2. DataSet 对象

DataSet 对象是一个存储在客户端内存中的数据库,它可以把经过 SqlCommand 对象中从数据库中取回来的数据,通过 SqlDataAdapter 对象产生,存储在它里面。而客户端所有的存取都是对它进行的。因为 DataSet 对象和数据库没有联机关系,故它的存取速度必然很快。DataSet 的结构如图 12.2 所示。

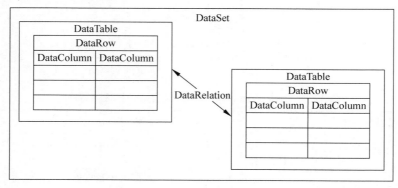

图 12.2 DataSet 结构示意图

与 DataSet 相关的对象及说明如表 12.2 所示。

表 12.2 与 DataSet 相关的对象

对象	说明	对象	说明
DataSet	数据在内存中的缓存	DataRow	DataTable 中的行
DataTable	内存中数据的一个表	DataColumn	DataTable 中的列

DataSet 是 ADO.NET 中最核心的成员之一,也是各种基于.NET 平台开发数据库应用程序最常接触的对象。DataSet 的主要特征是独立于各种数据源。无论什么类型的数据源,都会提供一致的关系编程模型。既可以离线方式,也可以实时连接来操作数据库中的数据。DataSet 对象是一个可以用 XML 形式表示的数据视图,是一种数据关系视图。

编写代码来创建 DataSet 对象,需要调用 DataSet 构造函数来创建 DataSet 实例,并可以指定一个名称参数:

```
DataSet <对象名称> ds = new DataSet([<数据集名>]);
```

3. SqlDataAdapter 对象

SqlDataAdapter(数据适配器)对象可以建立并初始化数据表(即 DataTable),对数据源执行 SQL 指令,为 DataSet 对象提供存取数据,可视为 DataSet 对象的操作核心,是 DataSet 对象与数据操作对象之间的沟通媒介。SqlDataAdapter 对象可以隐藏 SqlConnection 对象与 SqlCommand 对象沟通的数据。可允许使用 DataSet 对象存取数据源。

其主要的工作流程是:

由 SqlConnection 对象建立与数据源联机,SqlDataAdapter 对象经由 SqlCommand 对象操作 SQL 指令以存取数据,存取的数据通过 SqlConnection 对象返回给 SqlDataAdapter

对象,SqlDataAdapter 对象将数据放入其所产生的 DataTable 对象,再将 SqlDataAdapter 对象中的 DataTable 对象加入 DataSet 对象中的 DataTables 对象中。

SqlDataAdapter 对象声明格式:

SqlDataAdapter <对象名称> = New sqlDataAdapter("SQL 字符串", <SqlConnection 对象名称>);

程序中通常利用 SqlDataAdapter 对象中的 Fill 方法打开数据库,并利用其所附属的 SqlCommand 对象操作 SQL 指令,将结果保存到 DataSet 对象中。其格式为:

< SqlDataAdapter 对象名称>.Fill(< DataSet 对象名称>[,"< DataTable 对象名称>"]);

如果带有参数< DataTable 对象名称>(符合命名规范的字符串),则系统自动建立一个名称为< DataTable 对象名称>的临时表,否则系统会创建一个新表。

注意: SqlDataAdapter 对象基本上是在 SqlCommand 对象的基础上建立的对象,以非连接的模式处理数据的连接,即在需要存取时才会连接数据库。

由于 DataSet 独立于数据源,DataSet 可以包含应用程序本地的数据,也可以包含来自多个数据源的数据。与现有数据源的交互通过 SqlDataAdapter 来控制。

DataSet 对象常和 SqlDataAdapter 对象配合使用。通过 SqlDataAdapter 对象,向 DataSet 中填充数据的一般过程是:

(1) 创建 SqlDataAdapter 和 DataSet 对象。

(2) 使用 SqlDataAdapter 对象,为 DataSet 产生一个或多个 DataTable 对象。

(3) SqlDataAdapter 对象将从数据源中取出的数据填充到 DataTable 中的 DataRow 对象里,然后将该 DataRow 对象追加到 DataTable 对象的 Rows 集合中。

(4) 重复第(2)步,直到数据源中所有数据都已填充到 DataTable 中。

(5) 将第(2)步产生的 DataTable 对象加入 DataSet 中。

使用 DataSet 对象,将程序里修改后的数据更新到数据源的过程是:

(1) 创建待操作 DataSet 对象的副本,以免因误操作而造成数据损坏。

(2) 对 DataSet 的数据行(如 DataTable 里的 DataRow 对象)进行插入、删除或更改操作,此时的操作不会更新到数据库中。

(3) 调用 SqlDataAdapter 的 Update 方法,把 DataSet 中修改的数据更新到数据源中。

12.1.2 数据库访问模式

ADO.NET 提供了一套丰富的对象,用于对任何种类的存储数据进行连接式或断开式访问,当然包括关系数据库。过去,编写数据库应用程序主要使用基于连接的、紧密耦合的模式。在此模式中,连接会在程序的整个生存期中保持打开,而不需要对状态进行特殊处理。随着应用程序开发的发展演变,数据处理越来越多地使用多层结构,断开方式的处理模式可以为应用程序提供更好的性能和伸缩性。ADO.NET 访问数据库的对象模型如图 12.3 所示。

1. 断开式数据访问模式

断开式数据访问模式指的是客户不直接对数据库操作。在.NET 平台上,使用各种开发语言开发的数据库应用程序,一般并不直接对数据库操作(直接在程序中调用存储过程等除外),而是先完成数据库连接和通过数据适配器填充 DataSet 对象,然后客户端再通过读

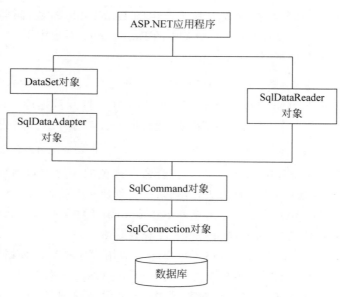

图 12.3 ADO.NET 的对象模型

取 DataSet 对象来获取所需要的数据。同样在更新数据库中的数据时,也需要首先更新 DataSet 对象,然后再通过数据适配器来更新数据库中对应的数据。使用断开式数据访问模式的基本过程如下:

(1) 使用连接对象 SqlConnection 连接并打开数据库。
(2) 使用数据适配器 SqlDataAdapter 填充数据集 DataSet。
(3) 关闭连接,对 DataSet 进行操作。
(4) 操作完成后打开连接。
(5) 使用数据适配器 SqlDataAdapter 更新数据库。

断开式数据访问模式特别适用于远程数据处理、本地缓存数据及大批量数据的处理,不需要时时与数据源保持连接,从而将连接资源释放给其他客户端使用。

2. 连接式数据访问模式

连接式数据访问模式是指客户在操作过程中,与数据库的连接是打开的。如果不需要 DataSet 所提供的功能,则打开连接后可以直接使用命令对象 SqlCommand 进行数据库相关操作,使用 SqlDataReader 对象以仅向前只读方式返回数据并显示,从而提高应用程序的性能。在实际应用中,选择数据访问模式的基本原则是首先满足需求,而后考虑性能优化。

12.2 数据库的连接

数据库应用程序与数据库进行交互首先必须建立与数据库的连接,本节主要讨论使用对象 SqlConnection 进行数据库的连接及其相关的应用。

12.2.1 使用 SqlConnection 对象连接数据库

SqlConnection 对象主要负责与数据源的连接,建立程序与数据源之间的联系,这是存取数据库的第一步,然后再利用方法 Open()打开数据库,最后利用方法 Close()关闭数据库。

下面是 ASP.NET 下给予 C#语言连接 SQL Server 2012 数据库的代码:

```
using System.Data;
using System.Data.SqlClient;                    //使用命名空间
…
string strcon = "Server=<服务器名>; DataBase=<数据库名>;User ID=<用户名>;Password=<密码>;";                                     //创建数据库连接字符串
SqlConnection conn = new SqlConnection(strcon); //创建数据库连接对象
conn.Open();                                    //打开数据库连接
…
conn.Close();                                   //关闭数据库连接
```

可以看出是先引用 System.Data、System.Data.SqlClient 两个命名空间。System.Data 包含的是一些数据库操作所需要用到的普通数据,如数据表、数据行等,这个对所有数据库都是必需的;System.Data.SqlClient 包含有关专门操作 SQL Server 数据库的类,如 SqlConnection、SqlCommand、SqlDataAdapter 等,引入后,可以在代码中使用这些数据库对象来访问 SQL Server 数据库。其中最重要的是数据库连接字符串 Strcon 的构造,它指定了要使用的数据库服务器、数据提供者以及登录数据库的用户信息。各参数的具体含义及设置如下。

1) Server 参数

这个参数设置的是系统的后台数据库服务器,使用方式为:"Server=服务器名",其中,服务器名就是数据库服务器的实例名称。该参数在设置的时候还可以有别名,可以是 Data Source、Address、Addr。如果使用的是本地数据库且定义了实例名,则可以写为"Server=服务器名";如果是远程服务器,则需要给出远程服务器的名称或 IP 地址,SQL Server 默认的连接端口为 1433 端口,默认情况下不需要设置端口号,如果端口不是默认的,则需要在服务器名称后面加冒号再连上端口号(:端口号)。例如,使用的数据提供者是 202.201.56.57 服务器上面的名为 MySource 的 SQL Server 服务器实例,并且连接端口为 1455,参数设置如下:

```
"Server = 202.201.56.57\MySource:1455"
```

2) Database 参数

Database 参数用于指定使用的数据库名称。需要指出的是,在连接字符串中所用的登录信息要对该参数设置的数据库下面相应的数据表具有操作权限。该参数还有一个别名为 Initial Catalog,也可设置为"Initial Catalog =<数据库名>"。

3) User ID 与 Password 参数

User ID 为连接数据库验证用户名,它还有一个别名 UID;Password 为连接数据库验证密码,它的别名为 PWD。这里要注意,SQL Server 必须预先已经设置了需要用户名和密码来登录,否则不能用这样的方式来登录。如果 SQL Server 设置为 Windows 登录,那么在这里就不需要使用 User ID 和 Password 这样的方式来登录,而需要使用 Trusted_Connection=SSPI 或 Trusted_Connection= true 或 Integrated Security=SSPI 来进行登录,表示以当前 Windows 系统用户身去登录 SQL Server 服务器(信任连接)。

在数据库连接所需要构造的字符串中,各参数之间用分号隔开。

12.2.2 ASP.NET 连接数据库测试

为了问题的简单化,该示例只是测试信任连接,即利用 Windows 登录 SQL Server 服务器方式进行连接。程序语句如下:

```
using System.Data;
using System.Data.SqlClient;
…
private void button1_Click(object sender, EventArgs e)
    {
        string strcon = "Server = XB - 20160606UDCV;Trusted_Connection = true; DataBase = JXGL";
        SqlConnection conn = new SqlConnection(strcon);
        conn.Open();
        if (conn.State == System.Data.ConnectionState.Open)
            MessageBox.Show("SQL Server 2012 数据库连接成功!");
        conn.Close();
        if (conn.State == System.Data.
        ConnectionState.Closed)
            MessageBox.Show("SQL Server 2012 数据库连接关闭!");
    }
```

程序执行结果如图 12.4 所示。

图 12.4 ASP.NET 与 SQL Server 连接示例

12.3 数据库的基本操作

利用 SqlConnection 对象连接数据源后,就可以对 SQL Server 数据库中的数据进行基本操作,ADO.NET 中提供的 SqlCommand 对象可以用来对数据库执行增、删、改等操作。

12.3.1 用户登录界面

例 12.1 教学管理数据库 JXGL 中有用户表 User(userName,password),存储了用户名和密码分别为 liu 和 123456 的记录,用户登录界面程序代码如下:

```
private void button1_Click(object sender, EventArgs e)
    {
        string userName = textBox1.Text;
        string password = textBox2.Text;
        string strcon = "Server = XB - 20160606UDCV;Trusted_Connection = true; DataBase = JXGL";
        SqlConnection conn = new SqlConnection(strcon);
```

```csharp
string sq1 = String.Format("select count(*) from [User] where userName = '{0}' and password = '{1}'", userName, password);
try
{
    conn.Open();
    SqlCommand comm = new SqlCommand(sq1, conn);
    int n = (int)comm.ExecuteScalar();
    if (n == 1)
    {
        MessageBox.Show("已经进入管理系统!", "登录成功!", MessageBoxButtons.OK, MessageBoxIcon.Exclamation);
        this.Tag = true;
    }
    else
    {
        MessageBox.Show("您输入的用户名或密码错误!请重试", "登录失败!", MessageBoxButtons.OK, MessageBoxIcon.Exclamation);
        this.Tag = false;
    }
}
catch(Exception ex)
{
    MessageBox.Show(ex.Message, "操作数据库出错!", MessageBoxButtons.OK, MessageBoxIcon.Exclamation);
    this.Tag = false;
}
finally
{
    conn.Close();
}
```

程序运行结果如图 12.5 所示。

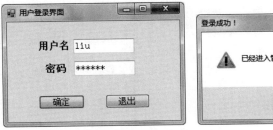

图 12.5 用户登录界面示例

12.3.2 向数据库添加数据

例 12.2 利用教学管理数据库 JXGL 学生信息表 S(SNO,SNAME,SEX,BIRTHDATE,COLLEGE),设计一个简单的向 S 表中添加记录信息的界面。

```csharp
private void button1_Click(object sender, EventArgs e)
{
```

```csharp
            string s_ex = "";
            if (radioButton1.Checked)
                s_ex = radioButton1.Text;
            else
                s_ex = radioButton2.Text;
            string no = textBox1.Text;
            string name = textBox2.Text;
            string b_th = textBox4.Text;
            string dept = textBox3.Text;
            string strcon = "Server = XB - 20160606UDCV;Trusted_Connection = true;DataBase = JXGL";
            SqlConnection conn = new SqlConnection(strcon);
            string sql = String.Format("INSERT INTO S(SNO,SNAME,SEX,BIRTHDATE,COLLEGE) VALUES('{0}','{1}','{2}','{3}','{4}')", no, name, s_ex, b_th, dept);
            conn.Open();
            SqlCommand comm = new SqlCommand(sql,conn);        //创建 Command 对象
            int n = comm.ExecuteNonQuery();
                                                //执行插入命令,返回值为出入记录数
            if(n > 0)
              {
                MessageBox.Show("插入学生信息成功!","提示信息",MessageBoxButtons.OK,MessageBoxIcon.Information);
              }
            else
              {
                MessageBox.Show("插入学生信息失败!","提示信息",MessageBoxButtons.OK,MessageBoxIcon.Information);
              }
           }
```

向数据库插入一条记录,程序执行结果如图 12.6 所示。

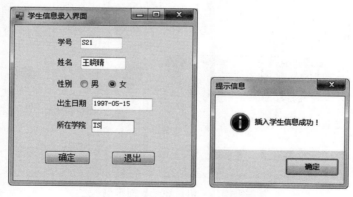

图 12.6　向 S 表添加记录及运行结果

12.3.3　记录数据管理

例 12.3　完成教学管理数据库 JXGL 学生信息表 S(SNO,SNAME,SEX,BIRTHDATE,COLLEGE)的信息管理功能,提供浏览、编辑和删除学生记录的功能。具体步骤如下。

(1) 在窗体 Form1 上添加一个 dataGridView 控件、一个标签控件和两个按钮控件,如

图 12.7 所示。

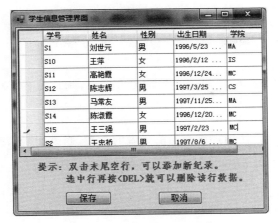

图 12.7　学生信息管理界面

(2) 进入 Form1 窗体的源代码编辑视图，在 Form1 类中定义以下成员：

```
private SqlDataAdapter da = new SqlDataAdapter();        //定义数据适配器
private DataSet ds = new DataSet();                      //定义数据集
private void ShowStudent()
 {
    string strcon = "Server = XB - 20160606UDCV;Trusted_Connection = true;DataBase = JXGL";
    string sql = "SELECT SNO AS 学号,SNAME AS 姓名,SEX AS 性别,BIRTHDATE AS 出生日期,COLLEGE AS 学院 FROM S";
    SqlConnection conn = new SqlConnection(strcon);
    conn.Open();
    SqlCommand comm = new SqlCommand(sql, conn);         //创建 Command 对象
    da.SelectCommand = comm;                             //把命令对象绑定数据适配器对象
    SqlCommandBuilder builder = new SqlCommandBuilder(da);
        da.Fill(ds, "CourseMsg");                        //填充数据集
        dataGridView1.DataSource = ds.Tables["CourseMsg"];
                                                         //将数据表绑定到 DataGridView 控件
        conn.Close();
    }
```

关于上述代码段，做如下两点说明：

① 在上述代码中，SqlCommandBuilder 对象用于将对 DataSet 所做的更改与关联的 SQL Server 数据库的更改相协调，具有自动生成单表命令的功能，因此只需创建，而不需要任何绑定操作。

② SqlDataAdapter 和 DataSet 依赖 SqlConnection 对象把用户更新结果返回数据源保存，在数据访问期间，虽然允许断开已打开数据源的连接，但不能释放 SqlCommand 对象。因此，编程时不能使用 using 语句块来管理 SqlConnection 对象。

(3) 为 Form1 窗体定义 Load 事件方法，在加载窗体时显示学生信息，代码如下：

```
private void Form1_Load(object sender, EventArgs e)
    {
        ShowStudent();
    }
```

(4) 单击"保存"按钮,编写 Click 事件方法,实现将在 DataGridView 中修改的结果保存到数据库中。其代码如下:

```
private void button1_Click(object sender, EventArgs e)
{
    da.Update(ds, "CourseMsg");
    MessageBox.Show("数据修改已经成功!","注意",MessageBoxButtons.OKCancel,
    MessageBoxIcon.Warning);
}
```

(5) 单击"取消"按钮,让用户放弃当前所做的添加、修改和删除操作,代码如下:

```
private void button2_Click(object sender, EventArgs e)
{
    if(MessageBox.Show("您是否真的要取消目前添加、修改或删除操作?","注意",
    MessageBoxButtons.OKCancel,MessageBoxIcon.Question) == DialogResult.OK)
      {
        ds.Clear();
        ShowStudent(); //重新显示更新之间的数据信息
        dataGridView1.Refresh();
      }
}
```

(6) 编译并运行程序。

12.4 存储过程调用

存储过程是经过编译的,永久保存在数据中的一组 SQL 语句,通过创建和使用存储过程可以提高程序的重用性和可扩展性,为程序提供模块化的功能,还有利于对程序的维护和管理。

12.4.1 无参数存储过程调用

可以利用 SqlDataAdapter 对象进行数据库连接,调用存储过程。语句格式如下:

```
SqlDataAdapter dp = new SqlDataAdapter(<存储过程名>,<数据库连接对象>);
```

例 12.4 在教学管理数据库 JXGL 中,创建如下存储过程:

```
CREATE PROCEDURE S_SHOW
AS
SELECT S.SNO AS '学号',SNAME AS '姓名',CNAME AS '课程名',GRADE AS '成绩'
FROM S JOIN SC ON S.SNO = SC.SNO JOIN C ON SC.CNO = C.CNO
```

调用该存储过程的代码如下:

```
public static string conn = "Server = XB - 20160606UDCV; Trusted_Connection = true; DataBase = JXGL";
public SqlConnection con = new SqlConnection(conn);
void ProcedureTest()
{
 SqlDataAdapter dp = new SqlDataAdapter("S_SHOW",con);
      //S_SHOW 为存储过程的名称
```

```csharp
    DataSet ds = new DataSet();
    dp.Fill(ds,"user");                              //填充数据集
    dataGridView1.DataSource = ds.Tables["user"];
    con.Open();
    foreach (DataRow mDr in ds.Tables[0].Rows)       //遍历一个表多行多列
    {
        foreach (DataColumn mDc in ds.Tables[0].Columns)
        {
            Console.WriteLine(mDr[mDc].ToString());
        }
    }
}
private void Form1_Load(object sender, EventArgs e)
{
    ProcedureTest();
}
private void button1_Click(object sender, EventArgs e)
{
    this.Close();
}
```

代码执行结果如图 12.8 所示。

图 12.8 调用存储过程 S_SHOW 执行的结果

12.4.2 带参数存储过程调用

对于调用带有参数的存储过程，主要是对输入、输出参数的确定及获得存储过程输出参数的值。

下面的例子是调用例 8.8 的存储过程 PV_GRADE，输入一个同学的姓名后，输出该同学的平均成绩。

```csharp
private void button1_Click(object sender, EventArgs e)
{
    string strcon = "Server=XB-20160606UDCV;Trusted_Connection=true;DataBase=JXGL";
    using (SqlConnection conn = new SqlConnection(strcon))
    {
        conn.Open();
        using (SqlCommand sqlComm = conn.CreateCommand())
        {
            sqlComm.CommandText = "PV_GRADE";           //设置要调用的存储过程的名称
            sqlComm.CommandType = CommandType.StoredProcedure;
            SqlParameter s_name = sqlComm.Parameters.Add(new SqlParameter("@S_NAME", SqlDbType.VarChar, 20));
```

```
            //指定 SqlCommand 对象传给数据库的是存储过程的名称而不是 SQL 语句
            s_name.Direction = ParameterDirection.Input;
            //指明"@S_NAME"是输入参数
            s_name.Value = this.textBox1.Text;          //为 s_name 参数赋值
             SqlParameter s_avg = sqlComm.Parameters.Add(new SqlParameter("@S_AVG",SqlDbType.
        VarChar,20));
            s_avg.Direction = ParameterDirection.Output;
            //指定@password 为输出参数
            sqlComm.ExecuteNonQuery();                  //调用存储过程
            this.textBox2.Text = Convert.ToString(s_avg.Value);
            //得到输出参数的值,在文本框中输出时要进行相应的类型转换
        }
    }
}
```

程序语句执行的结果如图 12.9 所示。

图 12.9 带参数的存储过程调用

12.4.3 用户自定义函数调用

用户自定义函数像内置函数一样返回标量值,也可以将结果集用表格变量返回。为了问题的简化,这里只对返回一个标量值的函数进行调用。本例对例 8.33 中的函数 S_AVG 进行调用,输入一个学生姓名,返回学生的平均成绩,代码如下:

```
private void button1_Click(object sender, EventArgs e)
{
  string strcon = "Server = XB - 20160606UDCV;Trusted_Connection = true;DataBase = JXGL";
  SqlConnection con = new SqlConnection(strcon);
  string strSql = "S_AVG";                                          //自定义 SQL 函数
  SqlCommand cmd = new SqlCommand(strSql, con);
  cmd.CommandType = CommandType.StoredProcedure;
  cmd.Parameters.Add("@S_NAME", SqlDbType.NVarChar).Value = this.textBox1.Text;
                                                                     //输入参数
  cmd.Parameters.Add("@re", SqlDbType.NVarChar);
  cmd.Parameters["@re"].Direction = ParameterDirection.ReturnValue;  //返回参数
  try
   {
     con.Open();
     object o = cmd.ExecuteScalar();
     this.textBox2.Text = cmd.Parameters["@re"].Value.ToString();
    }
   catch (Exception ex)
    {
     this.label1.Text = ex.Message;
    }
```

```
        finally
        {
            if (!(con.State == ConnectionState.Closed))
            {
                con.Close();
            }
        }
    }
```

运行结果如图 12.10(a)、(b)所示,其中,图 12.10(b)是当程序代码有重复语句"con.Open();"时的错误提示。

(a) 运行结果　　　　　　(b) 错误提示

图 12.10　用户自定义函数调用结果显示

12.5　执行 SQL 事务处理

事务是作为单个逻辑工作单元执行的一系列操作。由事务管理特性,需要强制保持事务的原子性和一致性。事务启动之后,就必须成功完成,否则 SQL Server 将撤销该事务启动之后对数据所做的所有修改。本例将应用事务的一致性来排除程序在运行过程中可能发生的一系列"危险"因素,确保数据的安全。例如,一个用户在取钱时,将银行卡放入取款机进行操作,等待取款,这时突然停电,通过事务可以帮助用户挽回损失,将信息恢复到操作之前的状态。该实例数据库为 BANK,数据表为 B_User,主要程序代码如下:

```
using System;
using System.Collections.Generic;
using System.Linq;
using System.Web;
using System.Web.UI;
using System.Web.UI.WebControls;
using System.Configuration;
using System.Data;
using System.Data.SqlClient;
…
private void button1_Click(object sender, EventArgs e)
{
    string strcon = "Server = XB - 20160606UDCV;Trusted_Connection = true; DataBase = BANK";
    using(SqlConnection con = new SqlConnection(strcon))
    {
        con.Open();
        using (SqlTransaction tran = con.BeginTransaction())
```

```
            //开始数据库事务,即创建一个事务对象 tran
        {
     using (SqlCommand cmd = new SqlCommand())
      {
       cmd.Connection = con;
       cmd.Transaction = tran; //获取或设置将要其执行的事务
       try
       {
       //在 try{}块里执行 sqlconnection 命令
       cmd.CommandText = "update B_User set Moneys = Moneys - " + this.textBox3.
       Text + " where Account = " + this.textBox1.Text;
       cmd.ExecuteNonQuery();
       cmd.CommandText = "update B_User set Moneys = Moneys + " + this.textBox3.
       Text + " where Account = " + this.textBox2.Text;
       cmd.ExecuteNonQuery();
       tran.Commit();
       //如果两条 SQL 命令都执行成功,则执行 commit 这个方法来执行这些操作
       this.textBox4.Text = "转账成功";
        }
       catch
       {
       this.textBox4.Text = "转账失败";
       tran.Rollback();
       //如果执行不成功,发送异常,则执行 rollback 方法,回滚到事务操作开始之前
       }
      }
     }
    }
```

转账前如图 12.11(a)所示,将源转账账号(Account)"15802156"转账 500 元到目标账号"12314563",运行成功后如图 12.11(b)所示,运行界面如图 12.11(c)所示。

(a) 转账前

(b) 运行成功后

(c) 运行界面

图 12.11 执行转账事务处理过程

习 题 12